Die Welt der Roboter

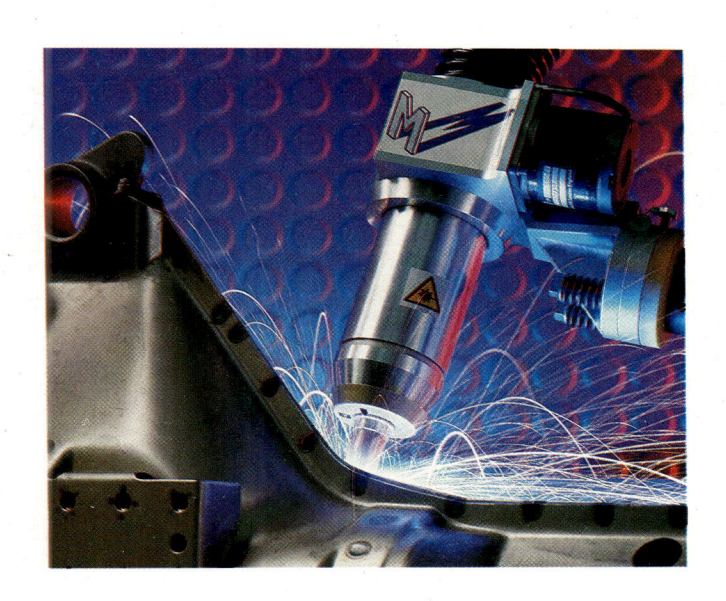

Die Welt der Roboter

Brian Morris

Ins Deutsche übersetzt von Friedrich W. Gutbrod

Umschau Verlag Frankfurt am Main

CIP Kurztitelaufnahme der Deutschen Bibliothek

Morris, Brian:
Die Welt der Roboter/Brian Morris,
Ins Dt. übers. von Friedrich W. Gutbrod.
Frankfurt am Main: Umschau Verlag, 1986.
   Einheitssacht.: The world of robots (dt.)
  ISBN 3-524-69058-0

Die Originalausgabe erschien 1985 unter
dem Titel »The World of Robots« bei
Multimedia Publications (UK) Ltd.
© 1985 Multimedia Publications Ltd.,
London
© 1986 Umschau Verlag Breidenstein
GmbH, Frankfurt am Main (deutsche
Ausgabe)

Umschlaggestaltung: Manfred Sehring
Dieses Buch wurde entworfen und
produziert von Multimedia Publications Ltd.
Herausgeber: Anthony J. Lambert
Produktion: Karen Bromley
Gestaltung: Terry Allen
Bilddokumentation: Mary Fane und Virginia
Landry
Technische Dokumentation: Gero Vasco

Alle Rechte der Verbreitung in deutscher
Sprache, auch durch Film, Funk, Fernsehen,
fotomechanische Wiedergabe, Tonträger
jeder Art, auszugsweisen Nachdruck oder
Einspeicherung und Rückgewinnung in
Datenverarbeitungsanlagen aller Art, sind
vorbehalten.

Satz: Brönners Druckerei Breidenstein
GmbH, Frankfurt am Main
Printed in Italy 1986

Abbildung Seite 1: Die eigenartige Schönheit
technischer Präzisionsarbeit ist das Leitmotiv
der Roboterästhetik, beherrschte und
gezielt eingesetzte Kraft sind ihr Ausdruck.

Abbildung Seite 2–3: Der geschlossene
und geordnete Aufbau „klassischer"
technischer Geräte paßt hier irgendwie
sehr gut in den menschlichen Zusammenhang.
Mark Twain, ein öffentlich auftretender
mechanischer Roboter, blickt uns aus
der Vergangenheit an.

Abbildung Seite 4–5: Die Wüsten des
Mars, die Tiefen des Raums und die
Meeresböden sind weite unerforschte
Gebiete, zwar im Bereich menschlichen
Zugriffs, aber so feindselig-abweisend,
daß ihre Erforschung und Ausbeutung
weitestgehend Robotern überlassen werden
dürfte.

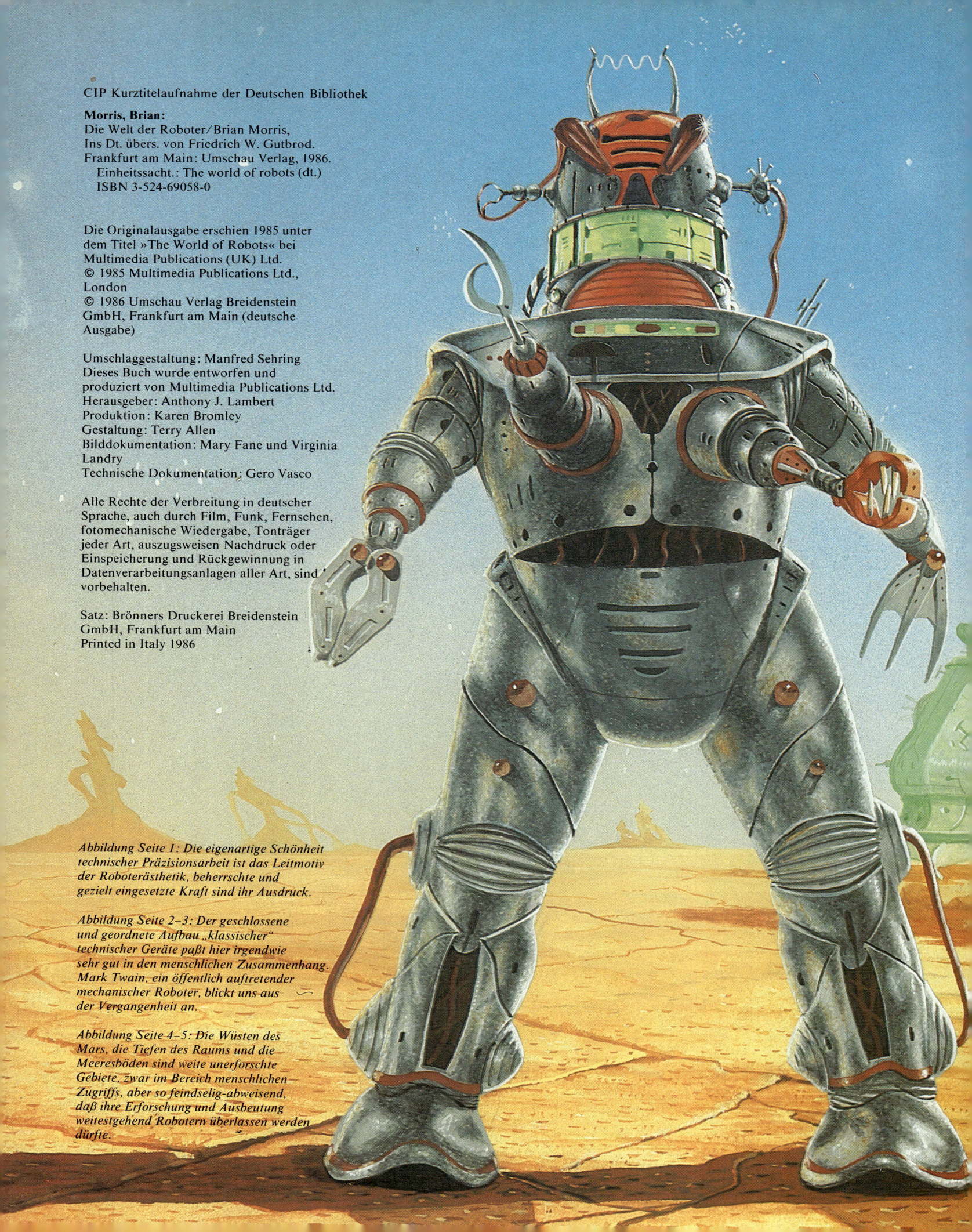

Inhalt

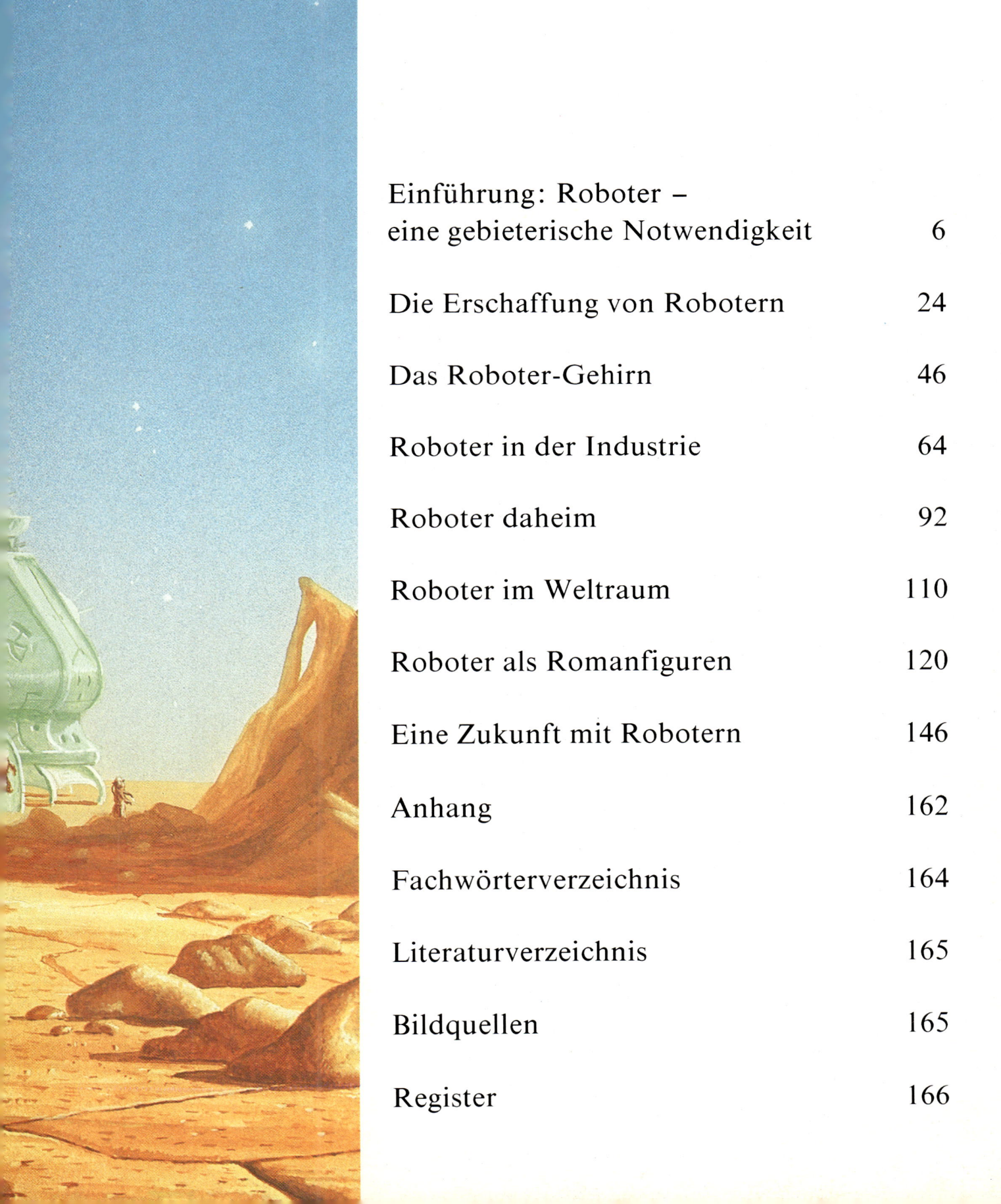

Einführung: Roboter – eine gebieterische Notwendigkeit	6
Die Erschaffung von Robotern	24
Das Roboter-Gehirn	46
Roboter in der Industrie	64
Roboter daheim	92
Roboter im Weltraum	110
Roboter als Romanfiguren	120
Eine Zukunft mit Robotern	146
Anhang	162
Fachwörterverzeichnis	164
Literaturverzeichnis	165
Bildquellen	165
Register	166

Einführung

Roboter – eine gebieterische Notwendigkeit

»Diese zweihändige Maschine vor der Tür...«
›Lycidas‹ – John Milton

»Meine Damen und Herren – darf ich Ihnen die Zukunft vorstellen?« – Mit diesen ebenso eindrucksvollen wie ominösen Worten präsentiert der Handlungsreisende in dem amerikanischen Film *Butch Cassidy and the Sundance Kid* der Menge ein Sicherheitsfahrrad. Sie passen nicht weniger gut an den Anfang eines Buches über Roboter als seinerzeit in einen Film über Wildwestbanditen.

Wir leben in der westlichen Welt in einer industrialisierten, vielschichtigen Gesellschaft, die sich den Verheißungen und den Problemen einer postindustriellen Zukunft gegenübersieht, in der der Roboter entweder eine unerschöpfliche Quelle billiger und geduldiger Arbeitskraft darstellt, oder nur wieder eine weitere heimtückische Bedrohung des industriellen Arbeitsmarkts und des Wohlstands der Arbeitnehmerschaft. Die Zuhörer unseres Handlungsreisenden lebten in dem alten »Westen« gerade zu der Zeit, als das Grenzertum mit seinem Pioniergeist der Produktionsgesellschaft wich und die Fabriken des Ostens und des Mittleren Westens begannen, billige Massenartikel des täglichen Gebrauchs auf den Markt zu werfen und damit das selbstgenügsame bukolische Dasein des »typischen« Nordamerikaners unwiderruflich zu verändern. Das Fahrrad war das erste persönliche mechanische Transportmittel, das für jeden Geldverdiener unabhängig von Stand oder Klasse erschwinglich war; es war der Vorläufer des Automobils, der Waschmaschine, des Fernsehers, des Telefons und des Computers – aller der persönlichen Gerätschaften, die der in Wohlstand lebende Teil der heutigen Gesellschaft für selbstverständlich hält, mit denen aber unsere friedliche, auf Muße und Freizeitgenuß gerichtete Lebensweise steht und fällt.

Natürlich war der Fahrradverkäufer trotz der Platte, die er abspielte, kein selbstloser Missionar; er befand sich Hunderte von Meilen von der nächsten gepflasterten Straße und der nächsten Straßenbahn in irgendeinem gottverlassenen Kuhdorf, bewegt von derselben Antriebskraft, die heute den Roboter an unsere Türen pochen läßt: dem Gewinnstreben. Fahrräder konnten billiger produziert werden als die Pferde, die sie mehr oder weniger zu ersetzen vermochten, und so bauten Unternehmer Fabriken für die Herstellung von Fahrrädern aus und sandten nach allen Richtungen Verkäufer aus, um sie an den Mann zu bringen, ohne auch nur einen Gedanken an die Zukunft oder die sozialen Konsequenzen zu verschwenden – das Geschäftsziel des Geschäfts ist das Geschäft! Man schreite ein Jahrhundert weiter voran, ersetze »Fahrrad« durch »Roboter« und »Pferd« durch »Arbeiter«, und sowohl die Überschrift dieses Kapitels wie das zur Vorsicht mahnende Motto werden verständlich. Die Früchte der Mechanisierung sind üppig und vielgestaltig, aber sie haben oft auch einen deutlich bitteren Beigeschmack.

Die ersten Stufen der Industrialisierung, die das Fahrrad hervorbrachten, brachten einem großen Teil der Welt persönliche Freiheit und Wohlstand, aber derselbe Vorgang führte auch zu mechanisierter Kriegführung, zur Fließbandfertigung und zu totalitären Gesellschaftsformen. Die »dark satanic mills« (die dunklen satanischen Mühlen) William Blakes waren gewaltige Motoren des Fortschritts, aber das erbärmliche Leben der Männer, Frauen und Kinder, die da in Hitze, Qualm, Gefahr und Lärm Sklavenarbeit verrichteten, war die Münze, mit der diese Zukunft erkauft werden mußte. Billige Kohle, Stahl und Gummi machten das Fahrrad damals wirtschaftlich möglich; billige Elektrizität, Silizium und Kunststoffe machen heute den Roboter möglich.

Zweihundert Jahre industrieller Entwicklung mögen uns hinsichtlich der sozialen Folgekosten der Roboter argwöhnisch, wenn nicht gar zynisch stimmen, aber die Sagen und Märchenerzählungen der Geschichte sollten genügen, das Thema ein für allemal abzuschließen. Das Bild von dem künstlich geschaffenen Wesen, das sich mit schrecklichen Folgen gegen sich selbst oder seinen Schöpfer wendet, ist Tausende von Jahren alt und Gemeingut der meisten Kulturen.

Das Urbild des bösartigen Roboters dürfte der Golem der jüdischen Sage sein. Im Talmud (der Sammlung rabbinischer Schriften über alttestamentarische, bürgerliche und moralische Fragen, die bis auf die babylonische und ägyptische Gefangenschaft im ersten und zweiten vorchristlichen Jahrtausend zurückgeht) wird das Wort als Bezeichnung für den noch unförmigen Tonklumpen verwendet, dem der Schöpfer den Lebensodem einhauchte. Der Prager Rabbi Löw hat 1580 angeblich einen solchen Golem aufgezogen und als Synagogendiener beschäftigt, bis sein Selbstbewußtsein und sein Widerspruchsgeist erwachten und den Rabbi zwangen, ihn im Alter von dreizehn Jahren in Ton zurückzuverwandeln. Eine Sanskrit-Sage etwa gleichen Alters berichtet von einem weiblichen Menschenbild namens Tilottama, das von solcher Schönheit war, daß zwei Götter darum kämpften und sich gegenseitig umbrachten. Spätere Sagen erzählen von einem geheimnisvollen Schmied, der Lamas und Mönche aus Gold, Könige und Höflinge aus Bronze, liebliche Chorsänger aus Silber und Soldaten aus Messing schuf. Im Mittelalter gehören solche Roboter als Erzeugnisse menschlicher Kunstfertigkeit, als mechanische Wunderwerke aus Holz und Metall, zum normalen Inventar indischer Märchen.

Die griechische Sage berichtet von dem zyprischen König Pygmalion, der sich in ein elfenbeinernes Standbild, die schöne Galatea verliebte. Aphrodite, die Göttin der Liebe, erweckt Galatea zu menschlichem Leben, so daß der König sie zur Frau nehmen kann – ein glücklicher Ausgang in der ursprünglichen Fassung, aber in einigen der späteren Nacherzählungen von W. S. Gilbert (*Pygmalion and Galatea*), G. B. Shaw (*Pygmalion*) und Derner und Loewe (*My Fair Lady*) auch mit Eifersucht und Mißklang durchwirkt.

In späteren griechischen Sagen treten dann auch die ersten Roboterkonstrukteure auf, Hephästus und Dädalus. Der erstere schuf zahlreiche mechanische Automatenmenschen, unter denen besonders Talos zu erwähnen ist, ein bronzener Riese, der die Strände Kretas bewachte; er tötete seine Feinde, indem er sie an

---

Rechts: Die bedeutendsten mechanischen Geräte sind nicht immer auch die kompliziertesten und stärksten. Das massengefertigte Fahrrad des neunzehnten Jahrhunderts machte dieses individuelle Verkehrsmittel auch den meisten Lohnempfängern zugänglich; die »Sklavenarbeit« des Fabriksystems brachte die Freiheit des Straßenverkehrs hervor. Die Menschen waren immer bereit, sich auf einen solchen Handel einzulassen, und der Roboter scheint das Tauschgeschäft des Jahrhunderts zu sein. Nur – kennen wir auch wirklich die Geschäftsbedingungen, und können wir die Mittel aufbringen?

CYCLING IS LIKE FLYING.

THE BEST WHEEL.

COLUMBIA BICYCLES

It runs Ahead of ALL Other Cycles For **LIGHTNESS, STRENGTH, & ELEGANCE.**

Manufactured by the
POPE MANUFACTURING CO., HARTFORD U.S.A.

seiner rotglühenden Brust erdrückte, fand aber selbst ein Ende, als seine Lebenssäfte durch ein Loch in seiner Ferse entwichen. Dädalus war jener sagenhafte athenische Erfinder, der das kretische Labyrinth erbaute, die Säge, die Axt und den Handbohrer erfand und eine hölzerne Figur schuf, die er zum Leben erweckte, indem er Quecksilber in ihre Adern goß. Sein Erfindungsreichtum wurde von den Göttern schlecht gelohnt, als sein Sohn Ikarus sich auf den wunderbaren Flügeln des Vaters in die Luft schwang, aber vertrauensselig zu nah an die Sonne heranflog und zu Tode stürzte. Wenn wir schon die Griechen in ihrer unbeschwerten, auf Sklavenarbeit gestützten Lebensweise bewundern, dann sollten wir von ihnen wenigstens etwas von ihrem gesunden Argwohn gegenüber der Technik übernehmen.

Die klassische Robotertragödie der modernen westlichen Phantasiewelt ist natürlich Frankensteins unheimliches Geschöpf aus Mary Shelleys Gruselstory. Der Wissenschaftler formt seinen Golem, der am Ende auch seinen Namen trägt, aus menschlichem Fleisch, das dann durch einen Blitz zum Leben erweckt wird, muß bald jedoch erleben, daß sich sein Geschöpf zu einem kindermordenden Scheusal entwickelt und sich schließlich gegen ihn selbst wendet. Seitdem folgt praktisch jede neue Robotergeschichte diesem Schema von Erschaffung, Rebellion und Verderben.

Diese dramatischen Geschichten verraten offensichtlich eine im Menschen tief verwurzelte Vorstellungswelt, die Ingenieure seit langem mit Leben zu erfüllen sich bemühten. Trotz der oben geschilderten griechischen Sagen verfügten die Ingenieure des Altertums weder über die für solche Konstruktionen erforderlichen Materialien noch über die erforderlichen Techniken, wenn auch Heron von Alexandria, der Erfinder des Prinzips der Reaktionsdampfturbine, raffinierte Automatentheater konstruierte, in denen durch Luft oder Wasser angetriebene Menschen- und Tierfiguren auftraten. Der erste echte »Automat« scheint jedoch die mechanische Ente gewesen zu sein, die Jacques de Vaucanson 1738 der Académie Royale des Sciences in Paris vorführte. Die Ente schlug mit den Flügeln, quakte, fraß und – schiß; über ihren Eindruck auf die Académiciens wird nichts berichtet.

Zur selben Zeit wie Vaucanson war der Schweizer Erfinder Pierre Jacquet-Droz tätig, der Puppen und andere mechanische Wunderwerke schuf. Sein berühmtester Automat, »Der Schreiber«, das großartig konstruierte Modell eines Knaben, der an einem kleinen Schreibtisch sitzt, ist noch heute in einem Museum in Neuchâtel zu sehen. Er taucht die Feder in das Tintenfaß und bringt mit sauberen Schriftzügen den Satz »Cogito ergo sum« zu Papier (»Ich denke, also bin ich«). Die Wahl dieser Sentenz ist eine passende Huldigung für ihren Autor, den Philosphen René Descartes, da er selbst im 17. Jahrhundert angeblich eine mechanische Hausgehilfin namens Francine hergestellt hat, die dann von einem abergläubischen Seemann ins Wasser geworfen wurde.

In dem Maße, wie die Ingenieurkenntnisse des 19. Jahrhunderts neue mechanische Möglichkeiten eröffneten, wurde auch die Palette der Automaten und mechanischen Attrappen bunter und vielgestaltiger: Von dem »Türken«(!), dem mechanischen Schachspieler, der in Wirklichkeit von einem verborgenen Zwerg gesteuert wurde, bis zu dem 1892 von dem Engländer George Moore erfundenen Mann mit Dampfantrieb, der in ebenem Gelände bei Rückenwind eine Geschwindigkeit von angeblich zwölf Stundenkilometern entwickelte. Keiner von ihnen besaß jedoch irgendeine praktische Bedeutung; wirklich praktisch brauchbare Roboter mußten noch bis zu den für das 20. Jahrhundert kennzeichnenden Entwicklungen auf dem Gebiet der Elektrizität, der Metallegierungen und der Kunststofftechnik, vor allem aber der Computertechnik warten.

Die Geschichte der modernen Roboter, der halb- oder pseudointelligenten, sich selbst steuernden Automaten, wie sie die mei-

Links: Die lange Liebesgeschichte zwischen den Menschen und ihren Maschinen hatte auch ihr dramatischen Augenblicke: Charlie Chaplins »Moderne Zeiten« ist für uns Heutige eine bittersüße Beschwörung eines untergehenden industriellen Zeitalters, das durch die komplizierteren Beziehungen der Roboter-Ära ersetzt wird.

Rechts: Bilder von Robotern tauchen in der Geschichte der Mechanik immer wieder auf; dieser orthopädische Apparat aus dem siebzehnten Jahrhundert ist ein unheimlicher Vorläufer der Roboter des zwanzigsten Jahrhunderts. C3PO würde bestimmt die Kniegelenke bewundern.

Unten: Jacques de Vaucansons 1738 gebaute mechanische Ente war typisch für die Spielzeugautomaten jener Zeit, ein Glied in einer langen Kette, die bis in das alte Griechenland zurückreicht. Ingenieure und Tüftler haben schon immer Nachbildungen von Menschen und Tieren gebaut – wenn nicht immer mit der Präzision dieses quakenden, flügelschlagenden Entenmodells, aber sicherlich in derselben schöpferischen Absicht.

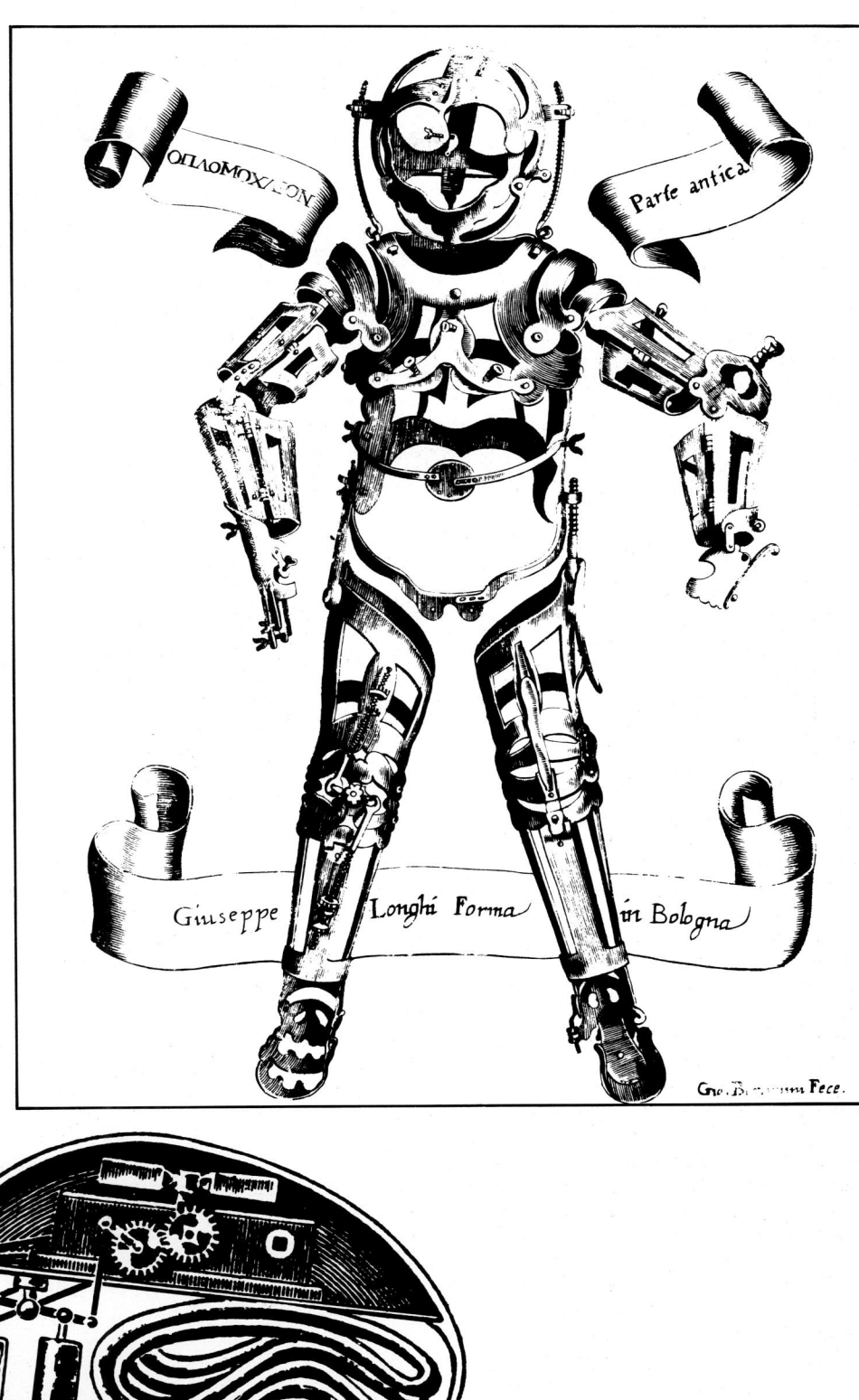

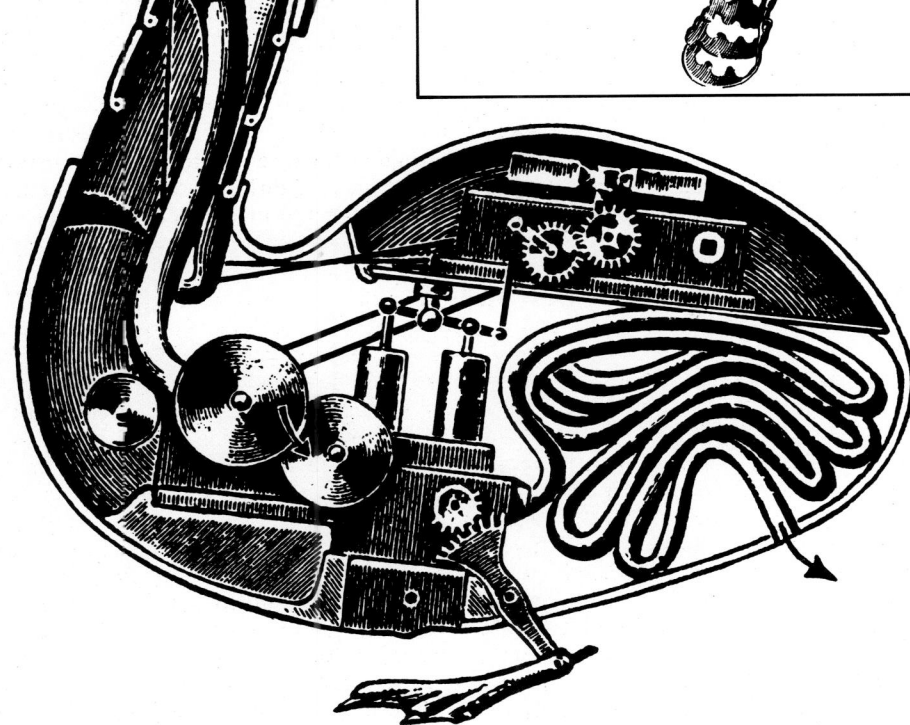

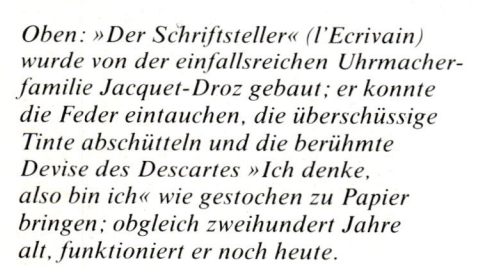

Oben: »Der Schriftsteller« (l'Ecrivain) wurde von der einfallsreichen Uhrmacherfamilie Jacquet-Droz gebaut; er konnte die Feder eintauchen, die überschüssige Tinte abschütteln und die berühmte Devise des Descartes »Ich denke, also bin ich« wie gestochen zu Papier bringen; obgleich zweihundert Jahre alt, funktioniert er noch heute.

Rechts: Robotik ist auch die Wissenschaft von der Steuerung und Regelung, und deren Wesenskern ist die Rückkopplung. Das Prinzip wird besonders einleuchtend von James Watts Dampfregler demonstriert: In dem Maße, wie die Drehzahl der Dampfmaschine zunimmt, fliegen die beiden Kugeln auf ihrer Kreisbahn weiter nach außen und zugleich nach oben; über ein Gestänge wird das Dampfventil so gesteuert, daß die Maschine nicht zu schnell (bzw. zu langsam) läuft.

Rechts: Ein zweites wesentliches Element der Robotik ist die Rechenautomatik. Charles Babbage erfand zu Beginn des neunzehnten Jahrhunderts den größten Teil der Grundlagen des automatischen Rechnens, doch reichten die damaligen technischen Möglichkeiten nicht aus, seine Ideen zu verwirklichen. Immerhin gelang es ihm, die britische Regierung für die Förderung seiner Studien zu gewinnen, was viele für eine besonders beachtliche Leistung halten.

Unten: In dem Bestreben, die langwierigen und fehlerträchtigen Rechenoperationen zu mechanisieren, die durch den Aufschwung des Maschinenbaus, der Navigation und der Astronomie erforderlich wurden, entwickelte Babbage ehrgeizige Pläne für eine mechanische Rechenmaschine. Seine »Differenz-Maschine«, wie er sie nannte, sollte mittels Zahnrädern funktionieren und mit Dampfkraft angetrieben werden, aber obwohl Babbage zwanzig Jahre daran arbeitete, wurde sie nie gebaut.

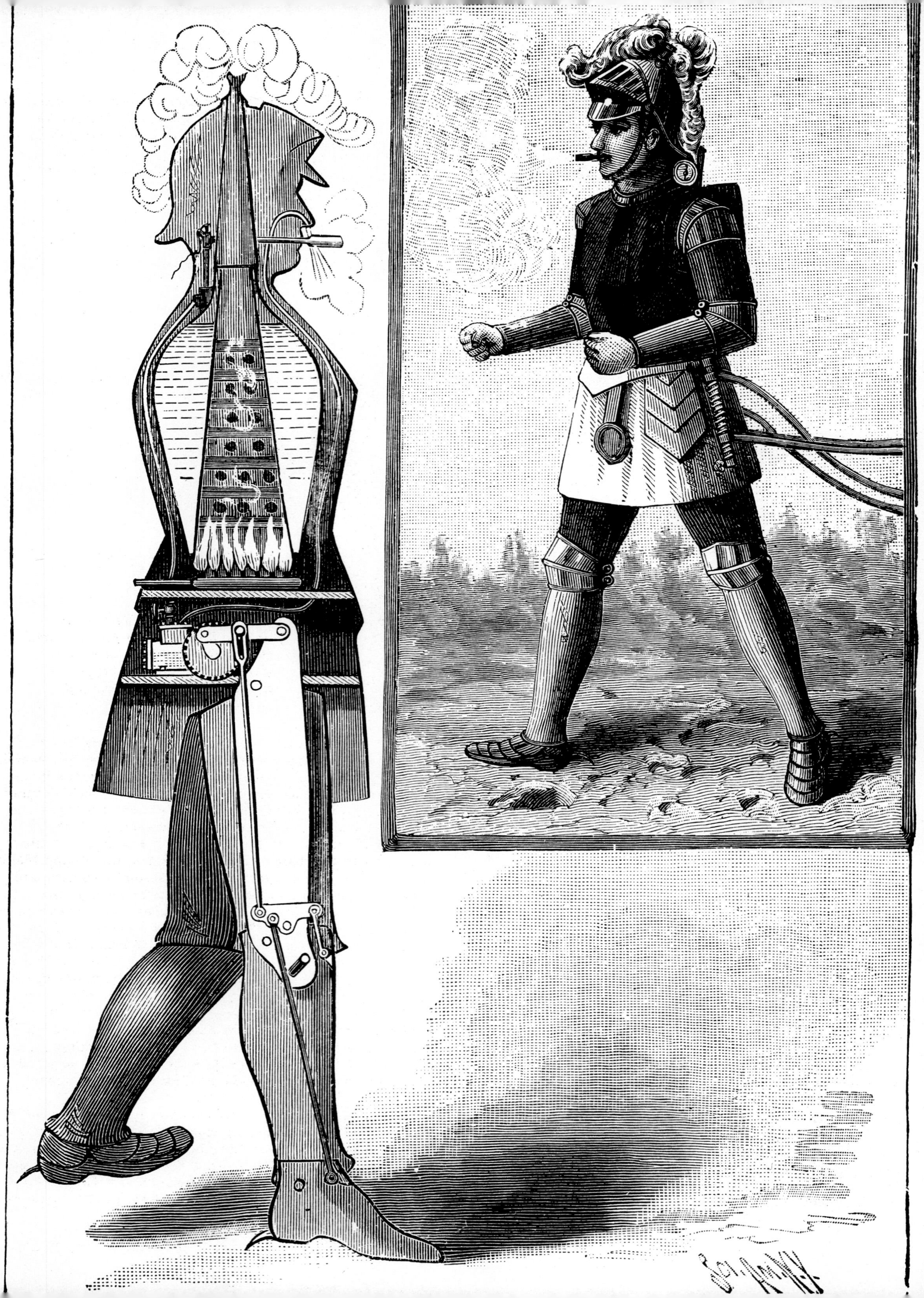

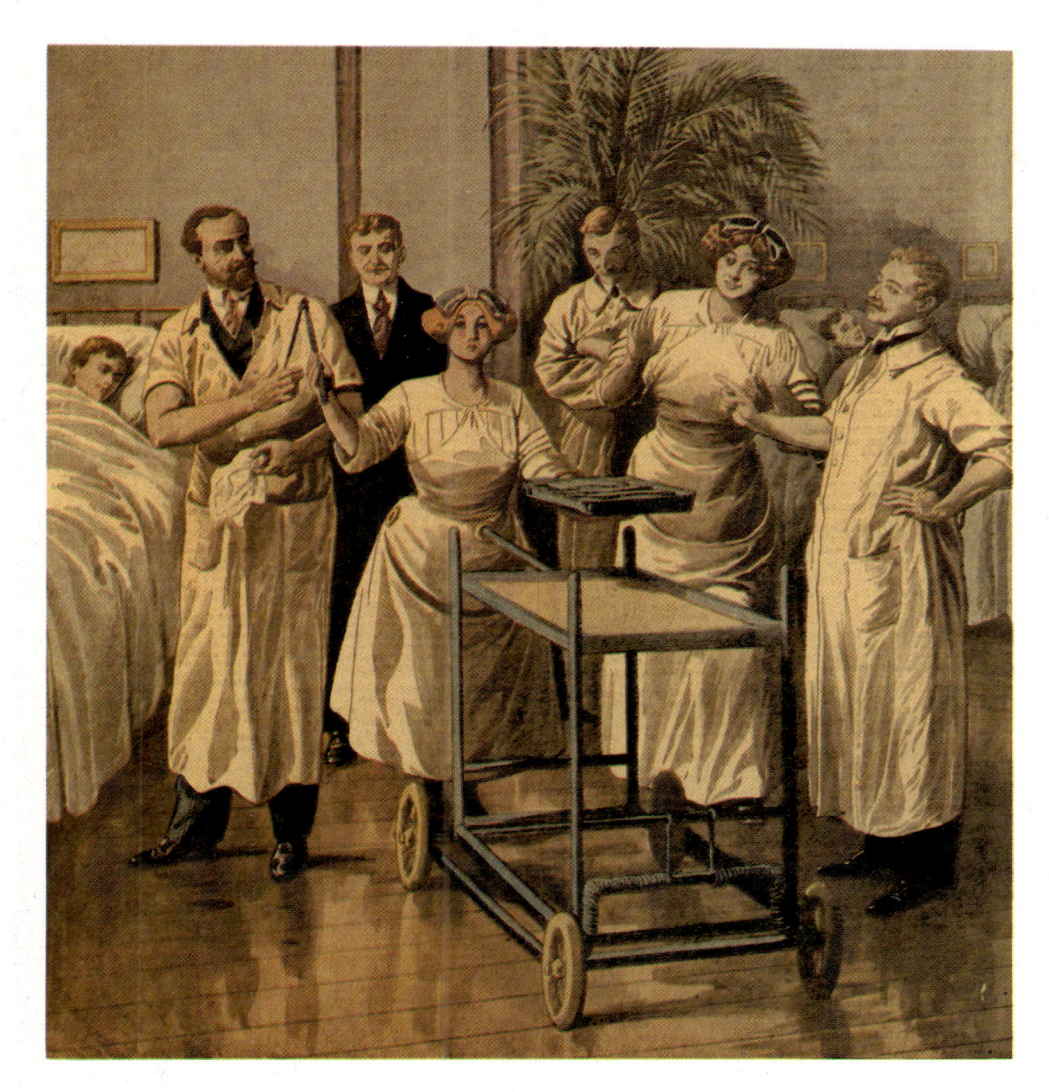

Gegenüber: George Moores »Laufende Lokomotive« wurde 1893 in den USA gebaut. Von einer gasbefeuerten Dampfmaschine angetrieben, erreichte das Gerät bei Rückenwind angeblich über zwölf Stundenkilometer.

Links: Mademoiselle Claire wurde 1912 von Robert Hardner in Frankreich gebaut und war als Stationsschwester im Hôpital Bretonneau tätig, wo sie mit einem Trolley umherfuhr und Instrumente ausgab.

sten Menschen unter dieser Bezeichnung verstehen, ist in Wahrheit die Geschichte von Computern in beweglicher Form. Ohne die Entscheidungen treffenden, logischen Fähigkeiten des Computers ist ein mechanischer Mensch nicht mehr als eine wandelnde Kuriosität; andererseits ist der Computer schön und gut als ein normales Datenverarbeitungsgerät, beginnt jedoch auf eine ganz eigene Weise nützlich zu werden, wenn er in eine Art mechanischen Muskel installiert wird.

Nicht anders als mit den Robotern, die sowohl im Sagengut wie im Modellbau eine lange Vorgeschichte haben, ist es auch mit der Entwicklung von Rechenmaschinen. In der Form des Computers im engeren Sinne beginnt sie erst in den 40er Jahren, aber im weitesten Sinne reicht sie Hunderte von Jahren zurück – wenn man so will, bis zur Erfindung des Abakus, des einfachen Rechenrahmens, auf jeden Fall aber bis zum 17. Jahrhundert, als sowohl Blaise Pascal wie Gottfried Wilhelm Leibniz die ersten mechanischen Rechenmaschinen bauten.

Anfang des 19. Jahrhunderts begann Charles Babbage mit den Arbeiten an seiner Analytischen Maschine, einem Rechner mit Handkurbel, der in seinen mechanischen Elementen bereits alle wesentlichen Prinzipien des Aufbaus und des Betriebs von Rechnern im heutigen Sinn aufweist. Die Enttäuschungen, gegen die er anzukämpfen hatte, waren großenteils darauf zurückzuführen, daß er lebte, bevor die Technik weit genug fortgeschritten war, um die Verwirklichung seiner Entwürfe zu gestatten. Seine Partnerin, Ada Gräfin Lovelace, war eine nicht minder begabte Mathematikerin und die erste Rechnerprogrammiererin – leider, ohne etwas zum Programmieren zu haben. Abgesehen von einem Ehrenplatz in der Geschichte der Rechenautomaten, lebt ihr Name in der Computersprache Ada fort, die in den 80er Jahren vom amerikanischen Verteidigungsministerium entwickelt wurde. Ein weiterer Zeitgenosse, der in ähnlicher Weise talentiert und behindert war, war George Boole, der 1847 die Algebra entwickelte, die allen Computeroperationen zugrunde liegt.

Zu derselben Zeit, als Babbage und die Lovelace sich mit der noch nicht realisierbaren Zukunft abmühten, war Joseph Marie Jacquard mit seinem automatischen Webstuhl technisch und – solange alles gut ging – auch finanziell erfolgreich. Dieser Webstuhl wurde gesteuert mittels eines Packens von Lochkarten, in denen ein Programm von Bewegungen und Operationen gespeichert war. Dieselbe Idee wurde 1890 von Hermann Hollerith für eine Maschine verwendet, die er für die Auswertung der damaligen amerikanischen Volkszählung baute und die zu unvergleichlich größeren kommerziellen Erfolgen führen sollte. Für die 56 Millionen Einwohner erfassende Zählung berechnete er der amerikanischen Regierung 60 Cents für jeweils tausend Meldescheine. Im Jahre 1924 wurde seine Tabulating Recording Company zur IBM (International Business Machines), dem bedeutendsten Einzelunternehmen in der Geschichte des Computerwesens.

Es bedurfte dann des Zweiten Weltkriegs, um den Anstoß für den nächsten Schritt in der Datenerfassung und -auswertung zu geben. Die administrativen Aufgaben zentralisierter Staaten, die riesige Heere und Produktionsmittel einsetzen und dirigieren mußten, trieben die weitere Entwicklung der Datenverarbeitungs- und Informationstechnik an; die Versorgung der Artillerie und der Bomber mit laufend korrigierten Richtwerten erforderte den Einsatz von Rechnern, und die gewaltigen Forschungs- und Entwicklungsarbeiten, die primär auf Themen wie Radar oder die Atombombe gerichtet waren, ließen auch bedeutende neue Industrien entstehen, die fortschrittliche elektronische Bauelemente herstellten. Eine Gruppe britischer Code-Knacker unter Führung des brillanten Mathematikers Alan Turing baute den ersten als solchen deutlich erkennbaren Computer »Colossus«. Hundertfünfzig Kilometer von ihrer Arbeitsstätte entfernt bombardierte die deutsche Wehrmacht London mit ihrer V1 – einem unbemannten Flugzeug mit Staurohrantrieb, das sich selbst ins Ziel steuerte, indem es einem Funkleitstrahl folgte und seinen Antrieb abschaltete, nachdem es von der Abschußrampe aus eine vorprogrammierte Flugbahn zurückgelegt hatte. Es war dies zugleich der Golem, der wieder zu Ton wurde, und der Paukenschlag, mit dem sich das Roboterzeitalter ankündigte.

Nach Kriegsende tauchten dann die ersten »richtigen« elektronischen Computer auf, konstruiert von Arbeitsgruppen in Pennsylvania/USA und Manchester/England. Diese ersten, noch mit den empfindlichen und platzbeanspruchenden Elektronenröhren ausgerüsteten Rechenanlagen waren nach der Erfindung des Silizium-Transistors 1948 sehr schnell technisch überholt. Dieses wahrhaft wunderbare Funktionselement, ein bewegungsloses Stückchen Sand und Metall, dessen bewegte Teile Elektronen und »Löcher« in der Raum-Zeit sind, ist der Schlüssel zur Computerwelt. In dem Augenblick, als es in die Massenproduktion ging, wurde die neue Ära der Computer, der Roboter und der Raumforschung nicht nur bloße Möglichkeit, sondern Gewißheit.

Die wesentlichen Schritte von damals bis heute sind schnell geschildert: Der erste IBM-Computer und FORTRAN, die erste leicht zugängliche Programmiersprache, wurden 1957 vorgestellt, und damit wurde der Computer für die Geschäftswelt und die Universitäten erschwinglich. In den 60er Jahren führte das

Oben: Hermann Hollerith gründete 1887 die Tabulating Recording Co und erfand die automatische Datenverarbeitung. Aus der TRC wurde 1924 die IBM, die bedeutendste Computerfirma der Welt.

Links: Elektromechanische Lochkarten-Sortierer wie dieser wurden von Hollerith eingesetzt, um die amerikanische Volkszählung von 1890 auszuwerten, was mit diesem Gerät in drei Jahren durchgeführt werden konnte; die Bearbeitung der Datenrückflüsse der Zählung von 1880 hatte aufgrund manueller Sortierung elf Jahre gedauert.

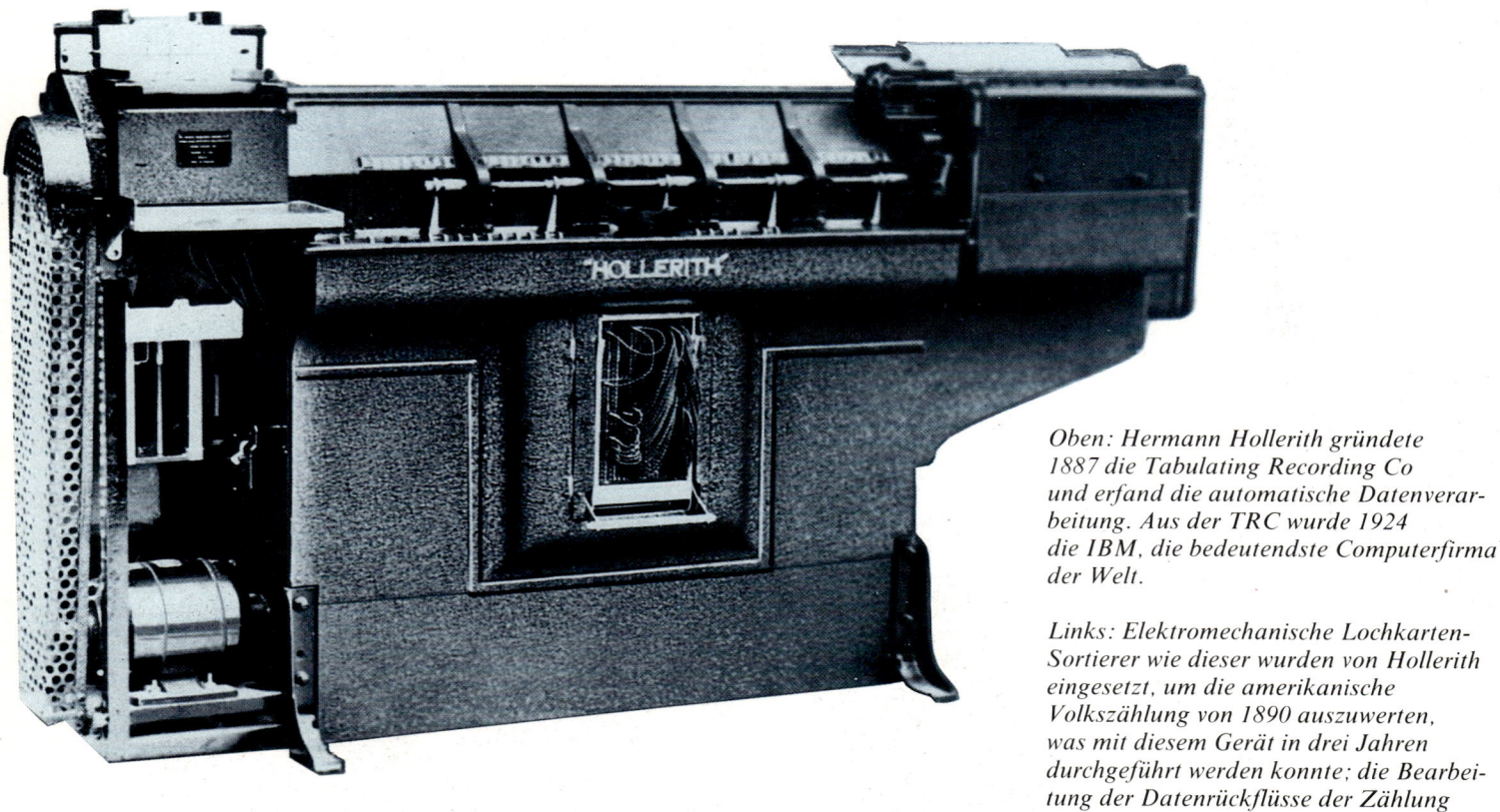

1958 gründete Joe Engelberger die Unimation Inc., die erste Roboterfirma der Welt. Die dort hergestellten Puma- und Unimate Roboterarme (die beiden hier abgebildeten Exemplare kennzeichneten Engelbergers Bild) sind auf diesem Gebiet in der ganzen Welt führend.

Links: Elektronische Computer wurden im und nach dem Zweiten Weltkrieg mit Erfolg gebaut, verwendeten jedoch tausende der zerbrechlichen und teuren thermionischen (Radio-) Röhren, und verbrauchten soviel Strom wie Radio City in New York. Bald verdrängte dann aber der Transistor die Röhre aus dem Markt. Robust, billig und anspruchslos, ist er das aktivste Element des modernen Computers.

Rechts: Dieser selektiv-sequentielle Rechner von IBM aus dem Jahre 1948 besitzt äußerlich eine bemerkenswerte Ähnlichkeit mit heutigen Anlagen, ist aber hinsichtlich seiner Leistungsfähigkeit von diesen so weit entfernt wie eine Ochsenkarre vom Voyager.

Unten: Diese Nachbildung des ersten, 1947 von den Bell Laboratories gebauten Transistors hat den ganzen kunstlosen Charme des »zusammengehauenen« Prototyps, der zu einem Billionen-Knüller werden sollte.

Raumforschungsprogramm zu jenen Wundern der Miniaturisierung, den integrierten Schaltkreisen. Die Computerleistung, für die man in den 40er Jahren noch Rechenanlagen von der Größe einer Lagerhalle benötigte, konnte nunmehr in einer Streichholzschachtel untergebracht werden. Diese »Silizium-Chips« machten es in den 70er Jahren dem Henry Ford der Computerindustrie möglich, das elektronische Gegenstück zum »Model T« auf den Markt zu bringen: Die dem jungen Kalifornier Steve Wozniak gehörende Apple Corporation produzierte und verkaufte Millionen billiger, robuster und vielseitig brauchbarer »Personal Computer«. Und so, wie der Computer die Wohnzimmer und Arbeitszimmer des amerikanischen Westens eroberte, hielt der Roboter Einzug in die Fabriken des amerikanischen Ostens, nachdem er sozusagen heimlich und über Nacht eine kommerzielle Realität geworden war: George C. Devol meldete 1961 amerikanische Patente für eine Robot-Hand an, Joseph Engelbergers Roboterfirma installierte 1961 ihren ersten eigenen Roboter, und 1971 wurde der Japanische Industrie-Roboter-Verband gegründet.

1981 wurde ein japanischer Ingenieur von einem Roboter getötet. Trotz der persönlichen Tragik und den nachdenklich stimmenden Assoziationen handelte es sich in Wirklichkeit um einen durchaus prosaischen Betriebsunfall, bei dem kein nachgeborener Talos mitwirkte, sondern ein handelsüblicher Roboterarm. Keineswegs also ein ungeschlachter stählerner Maschinenmensch der modernen Science Fiction, sondern ein kleiner flexibler Kran mit elektrischem Antrieb und eingebauter Computersteuerung. Ein solcher Arm, nicht etwa der Maschinenmensch, ist die gebräuchlichste Form des Roboters von heute und morgen – 25 000 in Japan, 15 000 in USA und 8000 in der Bundesrepublik (1985). Beim Farbspritzen, beim Schweißen und in der Montage ist er schon fast auf der ganzen Welt zu finden. Die Maschi-

Oben: Personal Computer von Apple erschienen 1974 zum erstenmal auf dem Markt – erste Früchte der Mikrochip-Revolution. Seitdem haben Heim- und Bürocomputer die Datenverarbeitung jedermann zugänglich gemacht.

nenmenschen volkstümlicher Vorstellung gibt es zwar heute auch, aber nur als Kuriosität und zur Unterhaltung – bisher jedenfalls. Das innere Bedürfnis nach einer laufenden und sprechenden Golem-Galatea ist jedoch offenbar so stark, daß nicht mehr viel zu fehlen scheint, bis wir jeden Augenblick mit Miltons zweihändiger Maschine vor unserer Haustür rechnen müssen (wenn er sie auch nicht wiedererkennen würde, denn er meinte damit bildlich die anglikanische Kirche).

Die Verbindung von Computer und Feinmechanik genügte allein noch nicht, dem modernen Roboter Leben einzuhauchen. Dieser entscheidende Anstoß kam von der neuen Wissenschaft der Kybernetik, wie sie von ihrem eigentlichen Erfinder, Norbert Wiener, nach dem altgriechischen Wort für »Steuermann« genannt wird. Würden Rabbi Löw, Doktor Frankenstein und alle die anderen legendären Roboterschöpfer nicht auch kräftig zustimmen, daß die entscheidende dritte Komponente des Roboterwesens eben das Problem der selbsttätigen Steuerung ist?

Wiener übertrug technische Erkenntnisse auf die Erforschung der Steuerungs- und Kommunikationsvorgänge im Gehirn und Körper des Menschen, und umgekehrt. Ingenieure und Physiologen erkannten gemeinsam die Bedeutung der »Rückkopplung«, wobei ein System durch die »Rückspeisung« eines Teils seines Wirkeffekts in die Befehlseingabe nachgesteuert wird. So wird beispielsweise der elektrische Strom, der einem elektrischen Heizelement zugeführt wird, dadurch automatisch gesteuert (geregelt), daß der Wirkeffekt des Heizelements, die Wärme, einen temperaturempfindlichen Schalter betätigt; die Sprache als ein Wirkeffekt des Gehirns wird dadurch gesteuert, daß ein Teil der Schallwellen durch die Ohren in das Gehirn zurückgespeist wird – eine völlig taube Person kann ihre Stimme nicht präzise modulieren, da in dem Rückkopplungskreis ein Glied fehlt. Wiener wandte zusammen mit seinem Kollegen Arturo Rosenblueth dieses Prinzip auf die Erforschung der Ataxie an, einer die Gliedmaßen befallenden krankhaften Koordinationsstörung, deren Name aus dem Griechischen abgeleitet ist. Die beiden Kybernetiker wiesen nach, daß der Defekt durch eine fehlerhafte Rückkopplung zwischen dem betroffenen Glied, dem Auge und dem Gehirn verursacht wird, und verschafften damit Ingenieuren und Informatikern, die sich um die Konstruktion zunächst sehr viel schwächerer und einfacherer Roboter bemühten, einen Einblick in den menschlichen Computermechanismus. Angeregt durch Wiener und Rosenblueth, erkannte der britische Biologe W. Ross Ashby ein weiteres Regelsystem von vitaler Bedeutung: Er wies darauf hin, daß die Atmung, der Herzschlag und die übrigen regelmäßigen Körperfunktionen homoeostatisch sind (nach dem Griechischen für »gleichbleibend«), indem nämlich ihre Tätig-

Links: Hauptmann Richards aus Surrey (England) konstruierte 1928 diesen elektromechanischen Roboter; er konnte auf Befehl aufstehen und sich hinsetzen, die Zeit angeben und (einige) Fragen beantworten.

Gegenüber: Die Buchstaben »RUR« auf Richards' Roboter sind eine Anspielung auf Karel Čapeks Bühnenstück »Rossums Universal-Roboter«, worin das Wort »Roboter« geprägt wurde. Die Arbeit, die für den Bau dieser Kuriosität aufgewendet wurde, und der Unterhaltungserfolg, den sie erzielte, zeigen deutlich die Wirkung, die Robotergeschichten wie die von Čapek auf die Phantasie des Publikums ausübten – und ausüben.

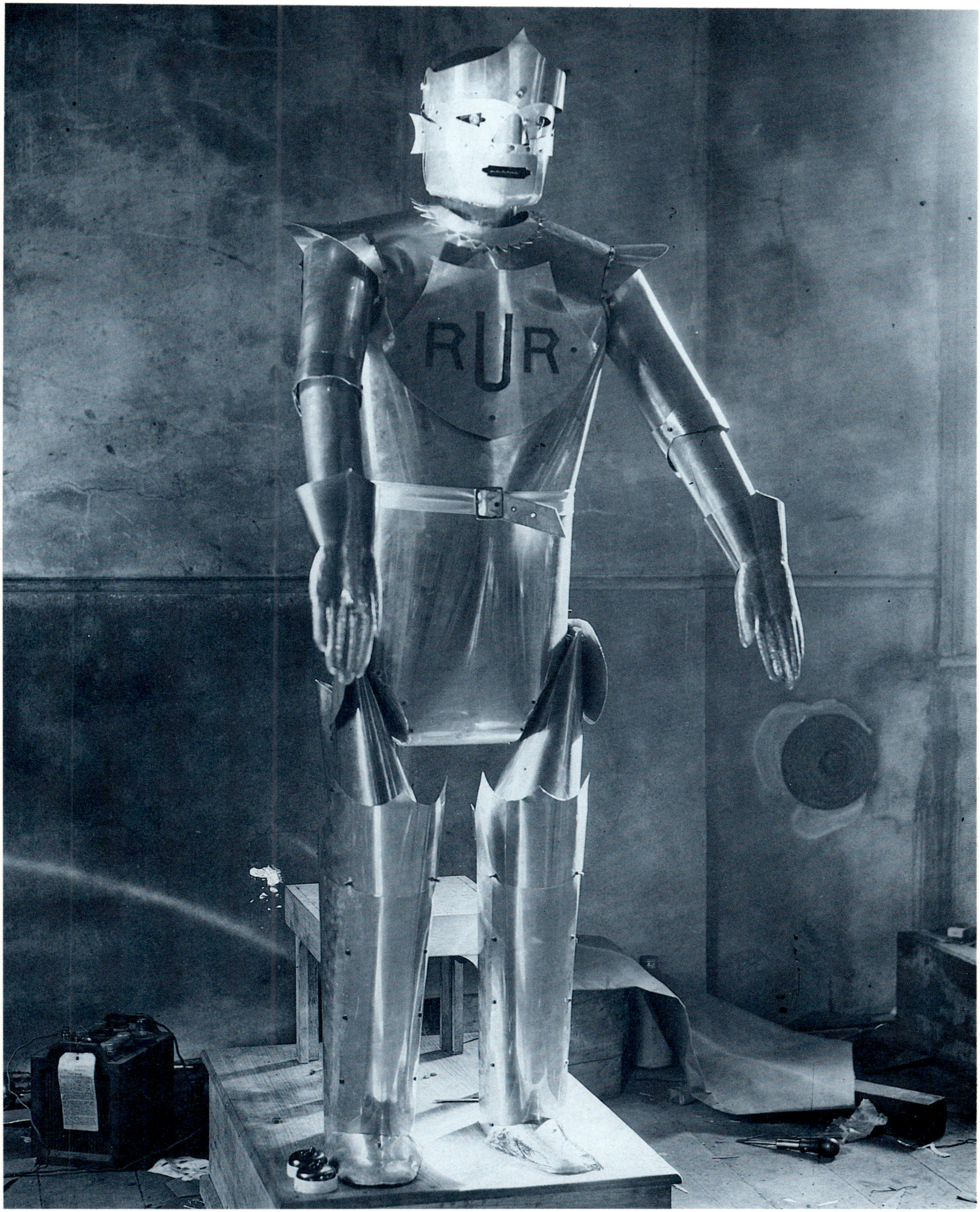
RUR

Links: Professor H. V. Wilkes, Direktor des mathematischen Versuchslabors der Universität Cambridge (England) legt 1947 letzte Hand an das Elektronenhirn von »EDSAC« an (Electronic Delay Storage Automatic Calculator, etwa: Elektronischer Rechenautomat mit verzögerter Speicherung). Das »Gehirn« konnte in der Minute 100 000 verschiedene Rechenoperationen ausführen. Hinter Wilkes sieht man die damals noch verwendeten Röhren.

Gegenüber: Der Roboter Alpha wurde von der englischen Elektronikfirma Mullards als Reklamegag gebaut. Die Abbildung zeigt ihn auf der Londoner Radioausstellung von 1932, wie er zwei von Mullard gefertigte Elektronenröhren, die Vorläufer des Transistors, in den Händen hält.

keit selbst zur Aufrechterhaltung ihrer Regelmäßigkeit beiträgt. Wenn der Pulsschlag aus irgendeinem Grund schneller wird, läßt der erhöhte Blutdruck das Herz langsamer schlagen, und ebenso wird, wenn mehr Sauerstoff in die Lunge gelangt und dadurch der Kohlendioxidgehalt des Blutes abnimmt, die Atmung gedrosselt (und umgekehrt). So einfach ist das – wenn man erst einmal darauf hingewiesen worden ist!

Während diese Wissenschaftler Regelsysteme untersuchten und beschrieben, schöpften sie zugleich aus den Arbeiten des Amerikaners Claude Shannon, eines Versuchsingenieurs der Bell Telephone Company. Er hatte sich in den 30er Jahren näher mit George Booles Algebra-System befaßt und machte sich daran, die erste klar umrissene Informationstheorie zu entwickeln. Information ist demnach eine Quantität, deren inhärente (d. h. von Haus aus innewohnende) Unbestimmtheit durch statistische Analyse verringert werden kann. So genügt beispielsweise zur Bestimmung einer verdeckten Karte aus einem kompletten Kartenspiel die Beantwortung von maximal sechs »Ja- oder-nein«-Fragen, wie etwa »ist es eine rote Karte?« und »gilt sie mehr oder weniger als 6?«. Mit den vom häuslichen Ratespiel oder vom Fernsehen her bekannten berühmten zwanzig Fragen kann man auf diese Weise die richtige unter einer Million möglicher Antworten ausfindig machen. Im Rahmen seiner Arbeiten an elektromechanischen Relais, den Schaltern die den Kern bisheriger Telefonsysteme bilden, konstruierte Shannon eine Modellmaus, deren Bewegungsrichtung durch Relais gesteuert wurde; sie konnte ihren Weg durch ein Labyrinth einfach dadurch finden, daß sie geradeaus lief, bis sie irgendwo anstieß, worauf sie sich seitwärts wandte und eine andere Richtung ausprobierte. Diese scheinbar banale Demonstration, allerdings in Verbindung mit Shannons bedeutsamen Erkenntnissen, trug entscheidend dazu bei, daß Ma Bell (der liebevolle Spitzname der kürzlich entflochtenen Bell Telephone Company) sich von neuem als Verkäufer von Kommunikationssystemen und nicht bloß als Hersteller von Telefonen betrachten mußte – geradeso, wie Thomas J. Watson dafür sorgte, daß IBM nicht einfach ein Lieferant für Büroausrüstungen blieb, sondern den Weg in die Informatik antrat.

Shannons Maus und die Ideen der anderen Informatiker standen Pate bei den »kybernetischen Schildkröten«, die der britische Neurologe Dr. Grey Walter in den 40er Jahren baute. Diese elektrischen Spielfahrzeuge liefen auf dem Fußboden umher, wobei sie Licht wahrnahmen und Hindernissen aus dem Weg gingen; wenn ihre Batterien leer wurden, suchten sie ihren Un-

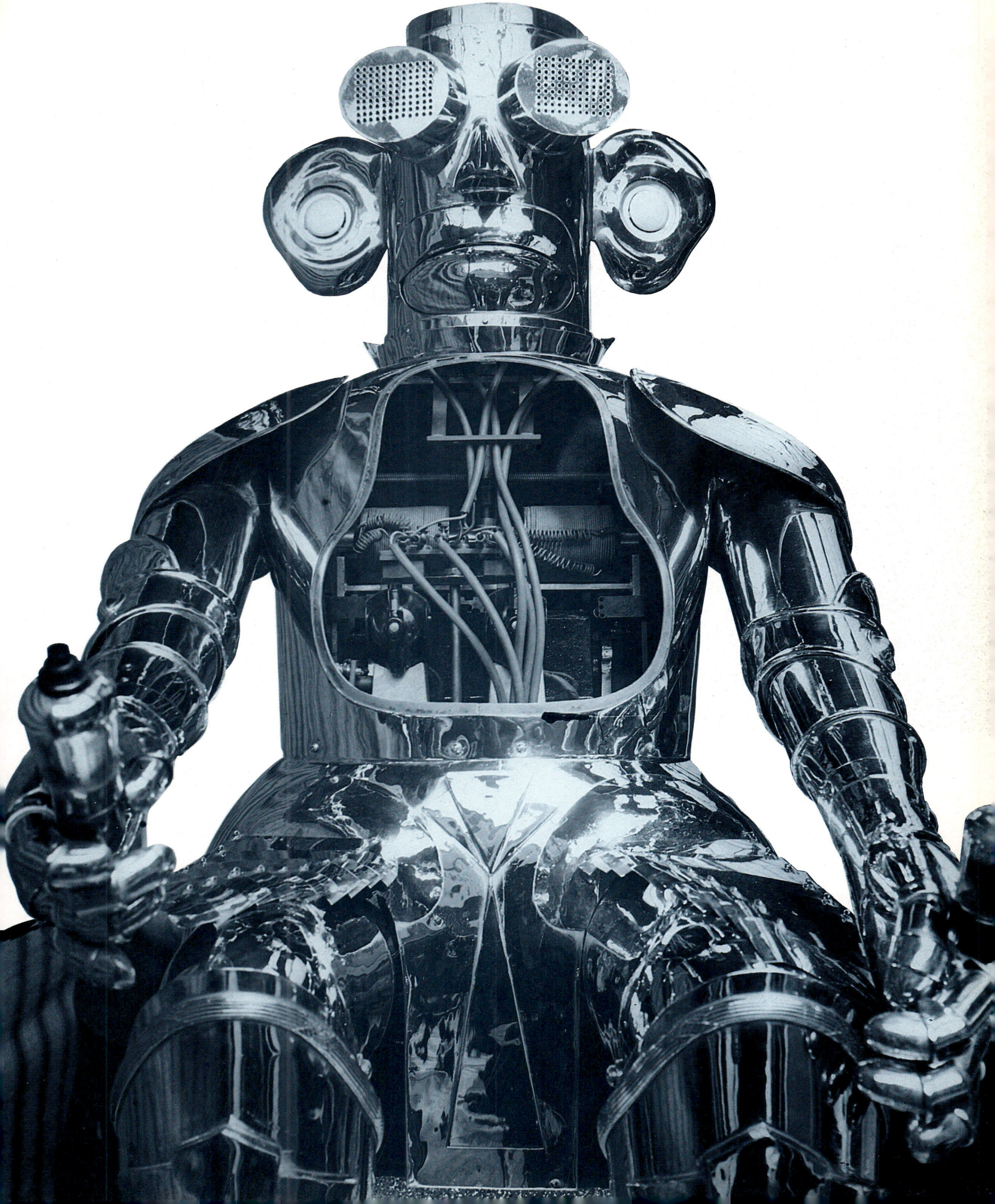

Links: Dieser Roboter wurde von Alexander Pawlow und Galina Drosdowa aus der West-Ukraine 1969 für Lehr- und Unterhaltungszwecke gebaut. Er stellte Prüfungsaufgaben, führte Tests durch und überwachte Schüler beim Unterricht.

Gegenüber: Dies könnte wie eine vergnügliche Schrottkomposition aussehen, ist aber in Wirklichkeit eine Ende der 40er Jahre von dem britischen Robotertechniker Dr. Grey Walter gebaute »kybernetische Schildkröte« und damit der direkte Vorläufer heutiger Roboter. Sie wurde von einem einfachen elektronischen Rechner gesteuert (man beachte die Elektronenröhre), konnte Licht wahrnehmen, Hindernisse vermeiden und zu ihrem Unterschlupf zurückkehren, wenn die Batterien verbraucht waren.

Unten: Yamahas »Wasubot« ist die moderne Version des Schaustellungs-Roboters. Er kann Noten ablesen und eine Reihe von Tasteninstrumenten spielen, einschließlich der Elektronenorgel mit Pedalen.

terschlupf auf und schlossen sich zum Aufladen an eine Steckdose an. Viele Betrachter übersahen den entscheidenden Punkt, daß dieses scheinbar listige und intelligente Verhalten in Wirklichkeit das Produkt einfacher logischer Schaltungen und simpler Aktionsprogramme war, und hielten diese Modelle entweder für amüsante Spielzeuge oder für die unmittelbaren Vorläufer intelligenter Roboter. Wie passend war es daher, daß die beiden Computertypen Lisa und Macintosh, mit denen Apple 1983 Neuland betrat, nicht dadurch gesteuert wurden, daß schwierige geheimnisvolle Stichworte in die Eingabetastatur getippt wurden, sondern daß eine Maus auf der Schreibtischplatte herumrollte und ein symbolischer Finger auf figürliche Darstellungen auf dem Bildschirm zeigte. Wie passend auch, daß viele der heutigen Roboter-Amateure ihre Karriere mit solchen automatischen Pfadfindermäusen begonnen haben, die speziell für die Teilnahme an den Internationalen Mikromaus-Wettbewerben gebaut werden: Bei diesen Wettbewerben muß die Robotermaus innerhalb einer vorgegebenen Zeit ein unbekanntes Labyrinth erkunden und es dann so schnell wie möglich vom Eingang bis zum Ziel durchqueren.

Wenn heute die jungen Sprinter der »Robotik« ihre wirklichen oder auch nur gedanklichen Labyrinthe durchforschen, dann erkennen zugleich die alten Hasen (d. h. alle, die je einen weißen Kittel angezogen haben, bevor sie ein Programm zu Papier brachten) immer deutlicher das Ausmaß der sozialen, politischen und wirtschaftlichen Irrgärten, die die Roboter vor uns aufbauen. In derselben Weise, wie die wechselseitige Wirkung an sich einfacher Systeme Grey Walters Robotern den Anschein von Intelligenz gab, so verbergen sich hinter unseren scheinbar simplen Wechselbeziehungen mit Robotern – wir bauen sie, sie dienen uns – jahrhundertelange Mythenschöpfungen und ungeahnt komplizierte Entwicklungsmöglichkeiten.

Die Erschaffung von Robotern

Ein Philosoph fing zu fluchen an.
Als ihm dämmert, es führt seine Lebensbahn
in unausweichlicher Weise
durch ausgefahrene Gleise –
Nicht wie'n Bus, sondern stur wie 'ne Straßenbahn...
Monsignor R. A. Knox zugeschriebener »Limerick«

Unser Eigenbild

Bei der Schilderung der Vorstellungen und Überlieferungen vom Erscheinungsbild des Roboters haben wir es unterlassen, einen Roboter zu definieren. Die Ausdrücke »Roboter«, »Automat«, »Maschinenmensch« oder »Menschling« sind wahllos als gleichbedeutende Bezeichnungen für so verschiedene Objekte wie eine feuerspendende Indianerfigur aus dem Tabakladen oder einen führerlosen Kran verwendet worden. Dieser Mangel an Präzision ist beabsichtigt und spiegelt die verschwommene und widersprüchliche Auffassung innerhalb der einschlägigen Kreise wider. Die volkstümliche Vorstellung erwartet, daß ein Roboter ein mechanischer Mensch ist, der sprechen, sehen, sich bewegen und selbständig handeln kann, aber schon das erste Kriterium schließt sofort den Robotarm aus, die größte Gruppe gegenwärtig existierender Robotgeräte, die Einzelform, die die meiste nützliche Arbeit verrichtet und mehr echten Gewinn bringt als alle anderen zusammen. Ja, er ist das einzige Gerät, das nach übereinstimmender Auffassung der Roboterleute, der Industriellen und der arbeitslosen Industriearbeiter von wirklicher sozialer Bedeutung ist.

Wenn wir den Robotarm mit den übrigen Kriterien vergleichen, dann finden wir eine ganze Menge Übereinstimmung, so daß wir geneigt sind, der Logik folgend noch das menschenähnliche Aussehen auszuklammern; das scheint aber nicht nur die übrige Definition unpräzis und fade zu machen, sondern auch dem Allgemeinverständnis zu widersprechen. Könnte dann vielleicht jede Vorrichtung, die einige oder alle der obigen Eigenschaften besitzt und eine menschliche Funktion ersetzt, oder die einem menschlichen Wesenszug ähnelt, oder die eine menschliche Eigenschaft verkörpert, als Roboter bezeichnet werden? Schachspielautomaten besitzen die meisten dieser Eigenschaften und reproduzieren die essentiell menschliche Tätigkeit des Schachspielens besser als die meisten gewöhnlichen Spieler, ja mitunter ebenso gut wie internationale Meister. Sind sie Roboter, weil sie die Figuren bewegen oder weil sie zu denken scheinen oder weil sie menschliches Verhalten nachahmen? Wenn der Leser auf dem Ladentisch eines Spielzeuggeschäfts neben einem Schachcomputer ein Uhrwerkmodell von R2D2*) sehen würde, das nur quäken, umherstolzieren und Funken sprühen kann, welchen würde er dann als Roboter bezeichnen? Das Magazin *Newsweek* sprach Bände, als es sagte: »Jetzt kann man tatsächlich in einen Laden gehen und etwas kaufen, das wie R2D2 aussieht. Aber dieser R2D2 könnte nicht helfen, Prinzessin Leia zu retten. Ja, er könnte nicht einmal den Müll hinaustragen.« Dagegen erklärt der Gründer der ersten Roboterfirma der Welt, Joseph Engelberger von Unimation Inc.: »Ich kann Roboter nicht definieren, aber ich erkenne einen, wenn ich ihn sehe.« Für den Fall, daß daraus jemand den Schluß zöge, dieses Definitionsproblem könne einfach durch Befragen eines Experten gelöst werden, fügt er hinzu: »Die offizielle Definition des Robot Institute of America lautet: ›Wenn Sie Ihre RIA-Beiträge zahlen, dann produzieren Sie entweder Roboter, oder Sie sind selbst einer!‹« Tatsächlich definierte das RIA 1979 folgendermaßen: »Ein Roboter ist ein umprogrammierbarer, vielseitig einsetzbarer Manipulator, der so konstruiert ist, daß er mit Material, Einzelteilen, Werkzeugen oder speziellen Vorrichtungen veränderliche programmierte Bewegungen ausführen kann, die für die Durchführung einer Vielzahl von Aufgaben erforderlich sind.«

Die Beschreibung des RIA mag unbefriedigend sein, aber sie enthält immerhin die wesentlichen Forderungen, daß ein Roboter umprogrammierbar, multi-funktional, ganz oder gliedweise beweglich und vielseitig verwendbar ist. Über alle Kriterien mag man in einem außergerichtlichen Disput über die treffendste Definition streiten können, aber die Umprogrammierbarkeit fügt unseren bisherigen Forderungen nach selbständiger Funktionsweise sicherlich einen nützlichen Aspekt hinzu.

In Wirklichkeit reicht keine dieser Definitionen aus, nicht einmal der Anspruch, daß man erkennen würde, wenn etwas kein Roboter ist. Das beste, was wir tun können, ist, die Objekte näher zu betrachten, von denen wir oder andere sagen, daß sie Roboter seien und auf weitere Einsichten zu warten. Auf jeden Fall sollte derjenige das letzte Wort haben, der den Ausdruck zuerst gebrauchte: Der Tscheche Karel Čapek. Er schrieb 1920 ein Bühnenstück mit dem Titel *R. U. R. (Rossums Universal-Roboter)*, in dem er das tschechische Wort »robota« (Zwangs- oder Sklavenarbeit) für die Bezeichnung der menschenartigen Arbeitswesen verwendete, die von Old Rossum, einem vorbestraften verrückten Professor, aus biologischem Material mit mechanischen Mitteln in einer Fabrik auf einer Insel hergestellt werden. Einer seiner wissenschaftlichen Helfer sagt: »Sie haben alle ein verblüffendes Gedächtnis, wissen Sie. Wenn Sie ihnen ein zwangzigbändiges Konversationslexikon vorlesen würden, könnten sie Ihnen alles mit absoluter Genauigkeit wiederholen. Aber sie können sich nie etwas Neues ausdenken.«

Muskeln und Blut und Haut und Stahl

Der Roboter muß sich fortbewegen oder in sich bewegen, als ganzes oder in einzelnen Teilen. Er muß sich bewegen oder andere Objekte in Bewegung setzen. Daher muß er seinen Standort verändern oder fest stehen, aber seine Glieder bewegen können. Der Körper eines Roboters muß somit die hauptsächlichen Organe enthalten, seien es Sinnesorgane oder Antriebsorgane. Damit gelten für dieses gedankliche Konzept eines Roboters automatisch die wohlbekannten mechanischen und thermodynamischen Zwänge:

a) Wenn er andere Gegenstände bewegen soll, muß er kräftig genug sein, um solche Gegenstände zu beschleunigen oder anzuhalten und dabei genügend Kraft aufbringen, um ihrem Gewicht und ihrer Massenträgheit entgegenzuwirken.

b) Er muß ausreichend kräftig gebaut sein, um den Beanspruchungen standzuhalten, die durch seine Eigenbewegung oder durch seine Berührung mit anderen bewegten oder unbewegten Objekten hervorgerufen werden.

c) Seine beweglichen Teile müssen so leicht und massearm sein, daß die Antriebsquellen den größten Teil ihrer Leistung für die Arbeiten am Objekt abgeben können und nicht übermäßig schwer und sperrig sein müssen.

d) Er muß die Leistung von der Antriebsquelle zum Arbeitswerkzeug durch genaue, steuerbare, wirksame, anpassungsfähige Antriebsglieder und Lager übertragen; sie alle müssen kräftig, aber so leicht wie möglich sein, da ihre Masse eine Verlust- und Störquelle ist.

Gegenüber: Mark Twain, ein öffentlich auftretender mechanischer Roboter, verkörpert mit seinem wehmütigen Gesichtsausdruck und seinen sachlich-nüchternen mechanischen Innereien die populäre Robotervorstellung.

---
*) Hilfreicher, problemlösender Roboter aus »Krieg der Sterne«.

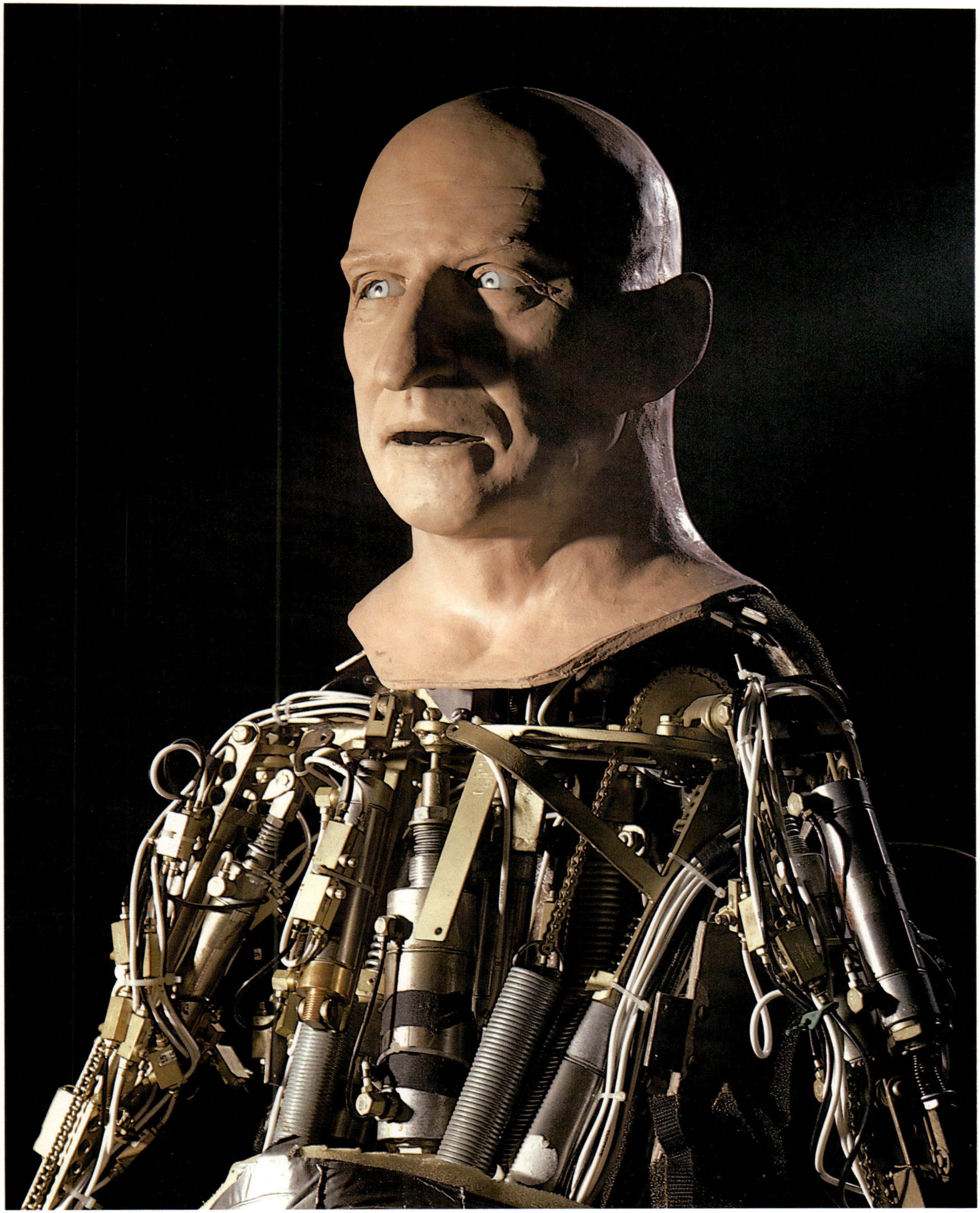

Die meisten für gängige Robotertypen geeigneten Anwendungsgebiete betreffen den Umgang mit größeren Lasten, da die Wirtschaftlichkeit vieler Produktionsprozesse vom zügigen Umsetzen schwerer, aber gewichtsbezogen billiger Arbeitsstücke abhängt. So kann beispielsweise das Herausheben eines Gußstücks aus der Gießform die Bewegung eines rotglühenden zentnerschweren Brockens über einen unregelmäßigen Weg von 1,50 m Länge bei gleichzeitiger Vertikalbewegung von 1 m erfordern, und dies dreimal pro Minute ohne Unterbrechung.

Um sich einen Begriff allein vom Ausmaß der hierbei geleisteten Arbeit zu machen, stelle man sich einmal vor, man müßte ei-

Oben: Die Vielseitigkeit des programmierbaren Roboterarms ist sein stärkstes Verkaufsargument. Für die Umschulung vom Automobilschweißer zum Barkeeper genügt eine Umstellung der Software (in der Theorie).

Steuergerät, das ihm gestattet, den Roboterarm durch die verschiedenen Aufgaben zu führen, die er lernen soll.

Rechts: Roboter für spezielle Aufgaben breiten sich daheim und bei der Arbeit immer mehr aus. Dieser Schachcomputer bewegt die Figuren seines Gegners entsprechend den von diesem per Tastendruck eingegebenen Befehlen und seine eigenen Figuren entsprechend seiner eigenen Software-Strategie.

Gegenüber: Kraft und Stärke sind die offensichtlichen Qualitäten dieses Industrieroboters, aber seine wesentlichste Qualität ist seine leichte Erziehbarkeit. Der Operateur hält ein tragbares Einlern-

26

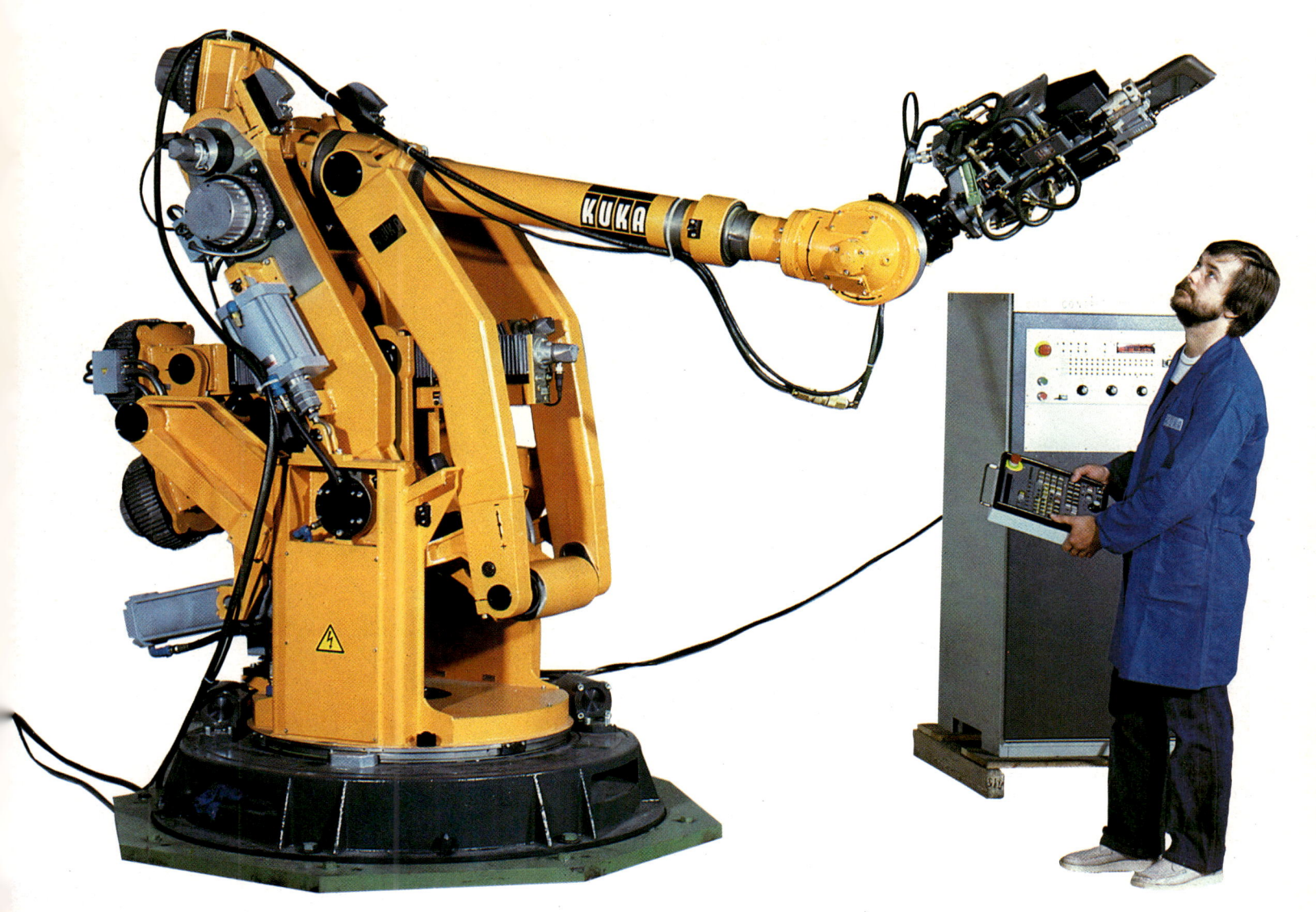

nen Fernseher mit 65-cm-Bildröhre durch das Wohnzimmerfenster hereinwuchten, unter einen Stuhl, hinter das Sofa und in eine Kommode stellen und dabei mit beiden Füßen unverrückt in der Zimmermitte stehen zu bleiben. Man stelle sich den Goliath oder Gargantua vor, der ein solches Kunststück auch nur ein einziges Mal in 20 Sekunden vollbringen könnte, und denke dann an einen 30-Tonnen-Lastwagen, der mit einer Tagesration von Fernsehern angefahren kommt. Halten Sie mal einen Küchenstuhl an einem Bein mit der ausgestreckten Hand von sich weg; halten Sie Ihren Arm ruhig und bewegen Sie das Handgelenk. Versuchen Sie, einen Pkw über einen leeren, ebenen Parkplatz zu schieben; sobald er richtig zu rollen beginnt, versuchen Sie ihn plötzlich anzuhalten (aber nicht von vorn!). Diese Übungen vermitteln eine sehr deutliche Vorstellung der Anforderungen, die Gewicht, Hebelwirkung und Massenträgheit an den Roboterkonstrukteur stellen.

Versuchen Sie, die Anschaffungskosten, die voraussichtliche Lebensdauer sowie die Wartungs- und Unterhaltungskosten für einen Roboter, der die Entladung der Fernsehgeräte bewältigen könnte, mit den Bruttolohnkosten der Arbeiter – wenn Sie wollen, mit oder ohne Gabelstapler – zu vergleichen, die erforderlich wären, diese anderthalb Millionen Fernseher pro Jahr abzuladen und auf Lager zu nehmen. Damit werden die unterschiedlichen Relationen zwischen Aufwand und Ertrag kalkulierbar.

Schließlich sollten Sie sich noch zurechtlegen, was Sie dem Vorarbeiter sagen, wenn Sie ihm und seiner Gruppe mitteilen, daß sie alle miteinander arbeitslos sind, weil Sie mit dem eingesparten Jahresverdienst einen Roboter angeschafft haben. Das hilft Ihnen, die wahren sozialen Kosten der Automation richtig einzuschätzen und deutlich zu machen, daß der Schuß auch nach hinten losgehen kann: Es sind nicht immer die anderen, die den Preis für den Fortschritt zahlen müssen!

Eisen stemmen

Weil Gewicht und Massenträgheit harte Lehrmeister sind, haben die meisten Roboter keinen Körper im menschlichen Sinn; statt dessen besitzen sie ein Sockelgehäuse, mit dem sie fest an ihrem Arbeitsplatz verankert sind und das die Antriebselemente sowie Schalt- und Steuereinrichtungen für die Arbeitsarme aufnimmt, die an das Sockelgehäuse angelenkt sind. Tatsächlich sind die meisten industriell eingesetzten Roboter am Arbeitsplatz fest installierte Roboterarme, weil diese sich bei maximaler Vielseitigkeit und Anpassungsfähigkeit am besten für solche Fertigungsstätten eignen, die nicht von vornherein für den Einsatz von Robotern ausgelegt sind.

Der typische Roboterarm besitzt mindestens drei Gelenke, die etwa der menschlichen Schulter, dem Ellbogen und dem Handgelenk entsprechen. Wie eine Tischlampe mit Scherenstativ ruht er auf einer schweren Grundplatte, die die um eine senkrechte Achse schwenkbare »Schulter« trägt, dann folgt der »Ellbogen« mit waagerechter Gelenkachse, und schließlich das »Handgelenk«, ein Universalgelenk, das im Gegensatz zu seinem menschlichen Gegenstück eine volle Drehung von 360 Grad um die

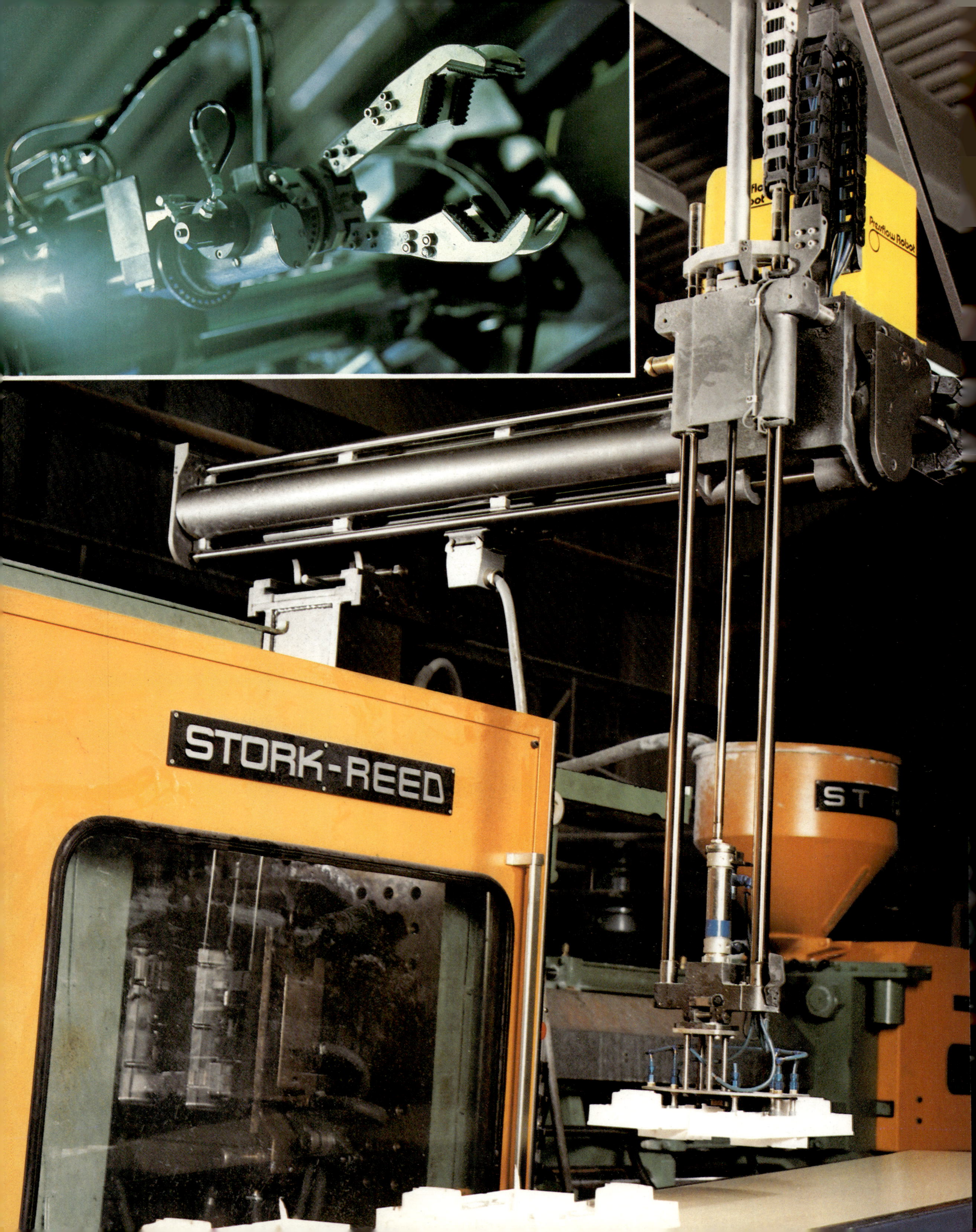
Pressflow Robot
STORK-REED

Gegenüber, oben: Die deutlich ausgebildeten Klauen dieses hydraulisch angetriebenen Roboterarms dienen dem Festhalten länglich-runder Werkstücke; das Handgelenk des Greifers kann sich in zwei Ebenen drehen, während der kolbenförmige Unterarm sich linear bewegt.

Gegenüber: Die lineare Bewegung des Förderbands in einer britischen Spritzgußanlage wird von diesem pneumatisch angetriebenen »Pick-and-Place«-(Einlege-)Roboter nachvollzogen. Saugpolster übernehmen die Rolle von »Fingern«.

Rechts: Die drei in ein- und derselben Ebene liegenden Gelenke im Arm dieses Lehrroboters geben ihm Beweglichkeit in dieser einen Ebene, die durch den drehbaren Greifer zusätzliche Gelenkigkeit erhält. Die verschiedenen Stellungen der »Einlernkonsole« lassen den Umfang programmierbarer Bewegungen erkennen.

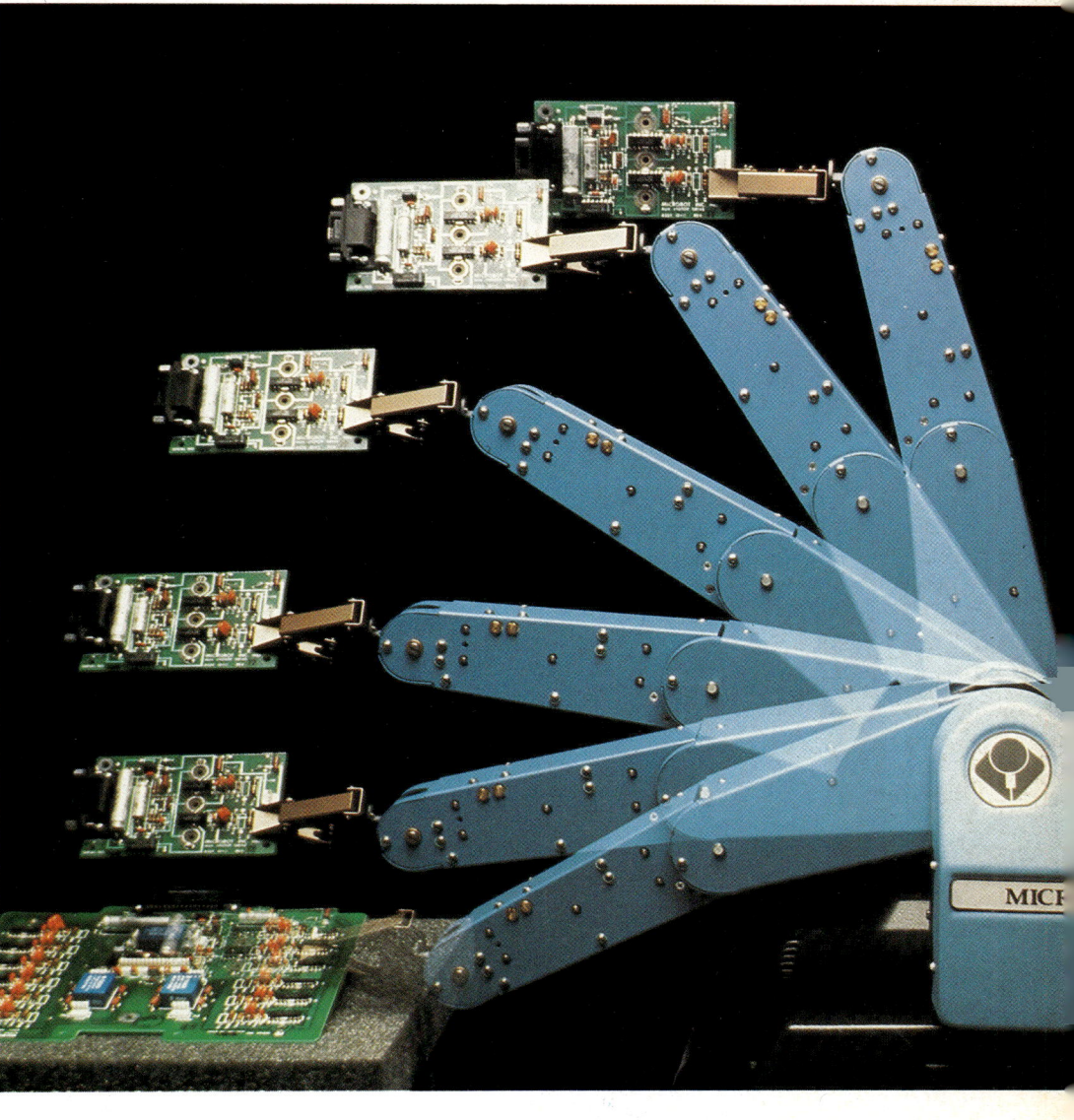

Längsachse des Unterarms gestattet. Es ist dies der rotatorische Typ oder »Knickarm«, bei dem alle Gelenkbewegungen Drehbewegungen sind. Das vordere Ende des Arms bewegt sich in einem halbkugelförmigen Bereich, dessen Radius die Länge des ausgestreckten Arms ist. Es ist die am vielseitigsten einsetzbare von den vier Grundbauarten, zugleich aber auch die komplizierteste: Man stelle sich vor, daß ein rechteckiger Transportbehälter innerhalb Armeslänge (also innerhalb des Arbeitsraums des Roboters) aufgestellt ist und daß das Werkzeug-Ende des Arms im Innenraum des Behälters eine Diagonale beschreiben soll, von der unteren vorderen rechten Ecke in die obere hintere linke Ecke. Die drei Gelenke müssen sich dazu alle gleichzeitig drehen, aber an jedem Punkt des Weges in unterschiedlichem Maße. Wenn Sie Ihre Schulter- und Ellbogengelenke beobachten, während Ihre Hand eine solche Linie im Raum beschreibt, werden Sie sehen, daß für jede gradlinige Bewegung drei Drehbewegungen erforderlich sind. Die Tatsache, daß Sie dies ohne Nachdenken ausführen können, bedeutet nicht, daß es einfach oder banal ist; Sie hatten Ihr ganzes Leben lang Zeit es zu üben, nach Jahrtausenden der Evolution zur Entwicklung der geistigen und motorischen Anlagen.

Wenn wir das Handgelenk durch ein teleskopartiges Element ersetzen, so daß die »Hand« sich in Verlängerung des Unterarms vor- und zurückbewegt (gerade so, wie man den Unterarm innerhalb eines losen Jackenärmels vor- und zurückbewegen kann), dann sind zwei der Gelenkbewegungen Drehbewegungen, und eine – die des neuen Handgelenks – ist eine Linearbewegung. Dies ist der »Schwenkarm« oder der »polare« Typ, entsprechend dem Polarkoordinatensystem in der Geometrie, bei dem die Position eines Punktes im Raum durch zwei Winkel und eine Länge angegeben wird – die beiden Winkel an Schulter und Ellbogen und die Länge des Teleskopvorschubs am Handgelenk. Der Arbeitsraum ist eine Kugel, deren Mittelpunkt sich im Zentrum des Ellbogengelenks befindet und deren Radius der maximalen Länge des Arms bei voll ausgefahrenem Teleskopglied entspricht. Diese Anordnung eignet sich besonders für einen Arm, der an ihn kreisförmig umgebenden Positionen verschiedene einfache Arbeiten durchführen kann. Da das Polarkoordinatensystem einen solchen Raum elegant beschreibt, ist die von dem Steuersystem verwendete Trigonometrie verhältnismäßig einfach zu beherrschen.

Ersetzen wir nun an dem Arm des Polarsystems das Ellbogengelenk durch einen entlang dem Oberarm angebrachten Zahnstangentrieb, so erhalten wir die dritte Grundbauart, den »zylindrischen« Bautyp. Sein Arbeitsraum bildet einen Zylinder, dessen Höhe gleich der des Oberarms ist und dessen Radius der Länge des Unterarms entspricht. Diese Grundform ist besonders geeignet für einfache Greif- und Positionieraufgaben in einem kreisförmig angeordneten Arbeitsraum. Man denke etwa an einen Sprengmeister, der in der Mitte eines kreisrunden Schachtes

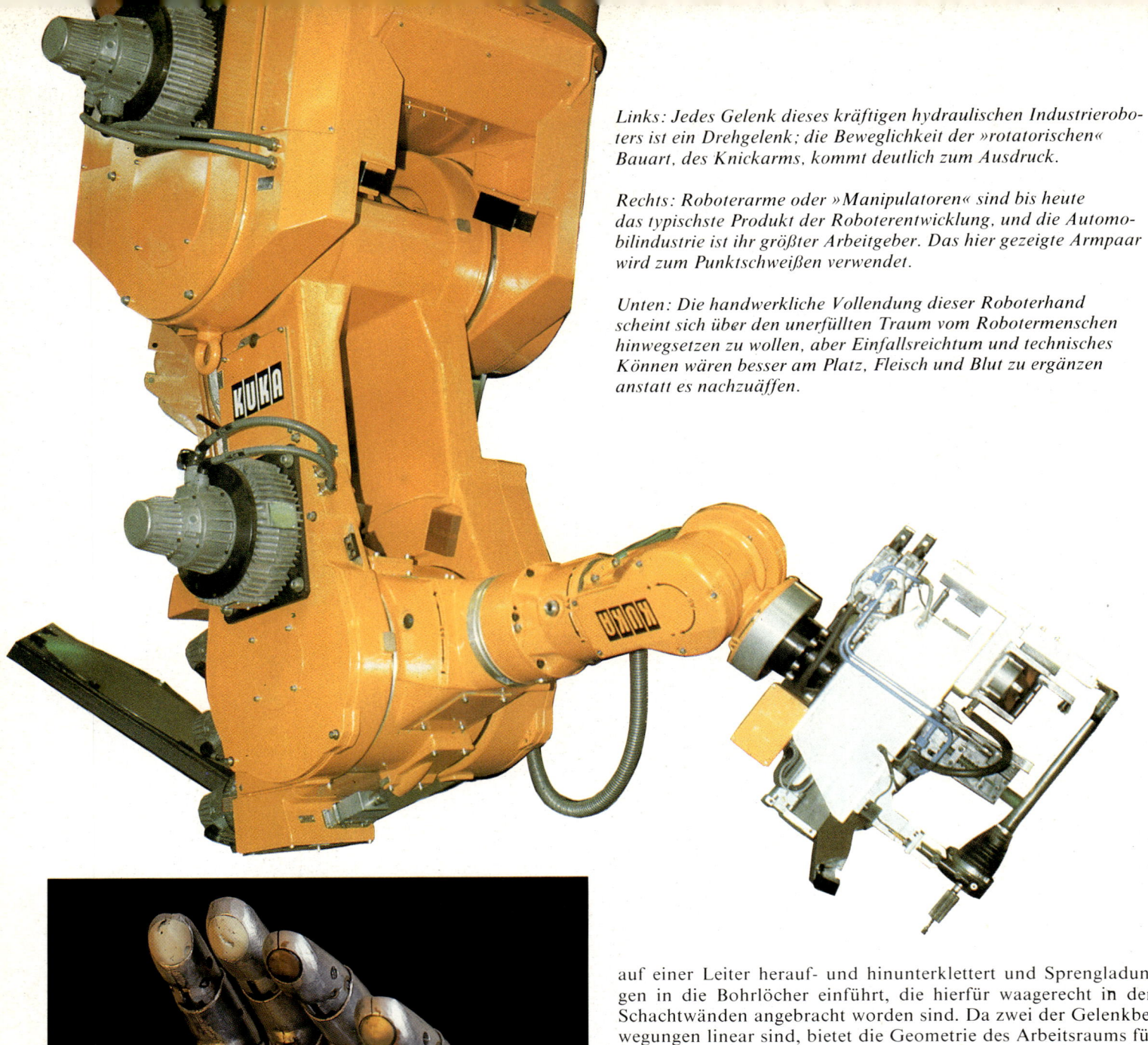

Links: Jedes Gelenk dieses kräftigen hydraulischen Industrieroboters ist ein Drehgelenk; die Beweglichkeit der »rotatorischen« Bauart, des Knickarms, kommt deutlich zum Ausdruck.

Rechts: Roboterarme oder »Manipulatoren« sind bis heute das typischste Produkt der Roboterentwicklung, und die Automobilindustrie ist ihr größter Arbeitgeber. Das hier gezeigte Armpaar wird zum Punktschweißen verwendet.

Unten: Die handwerkliche Vollendung dieser Roboterhand scheint sich über den unerfüllten Traum vom Robotermenschen hinwegsetzen zu wollen, aber Einfallsreichtum und technisches Können wären besser am Platz, Fleisch und Blut zu ergänzen anstatt es nachzuäffen.

auf einer Leiter herauf- und hinunterklettert und Sprengladungen in die Bohrlöcher einführt, die hierfür waagerecht in den Schachtwänden angebracht worden sind. Da zwei der Gelenkbewegungen linear sind, bietet die Geometrie des Arbeitsraums für den Programmierer wenig Schwierigkeiten.

Schließlich können wir bei dem Zylindertyp das letzte verbliebene Drehgelenk – an der Schulter – noch durch einen horizontalen Zahnstangentrieb ersetzen. Nunmehr ist der Arbeitsraum durch einen Rechtkant umschrieben und damit besonders geeignet für Stapeln und einfache Montagearbeiten, wie dem Entnehmen von Büchern aus einer Bibliothek oder von Einzelteilen aus Lagerhausregalen. Der Bautyp heißt »kartesisch«, entsprechend dem nach René Descartes benannten rechtwinkligen Koordinatensystem.

So viel zur Geometrie des »Urtyps« eines Roboterarms. In der Praxis nehmen diese Arme natürlich sehr viel kompliziertere Formen an, um größere oder anders gestaltete Arbeitsräume als die oben beschriebenen bestreichen zu können. Die häufigste Forderung ist die nach einer vielseitigeren Beweglichkeit und Manipulierbarkeit der »Hand«. Wir haben bisher sorgfältig vermieden, etwas über die Form zu sagen, die sie im Einzelfall annehmen kann – ja, lediglich die Tatsache, daß wir bisher das ganze Gerät als »Arm« bezeichnet haben, hat uns bis hierher auch die Bezeichnung »Hand« beibehalten lassen. Wir sollten nunmehr der industriellen Praxis folgen und die Bezeichnung

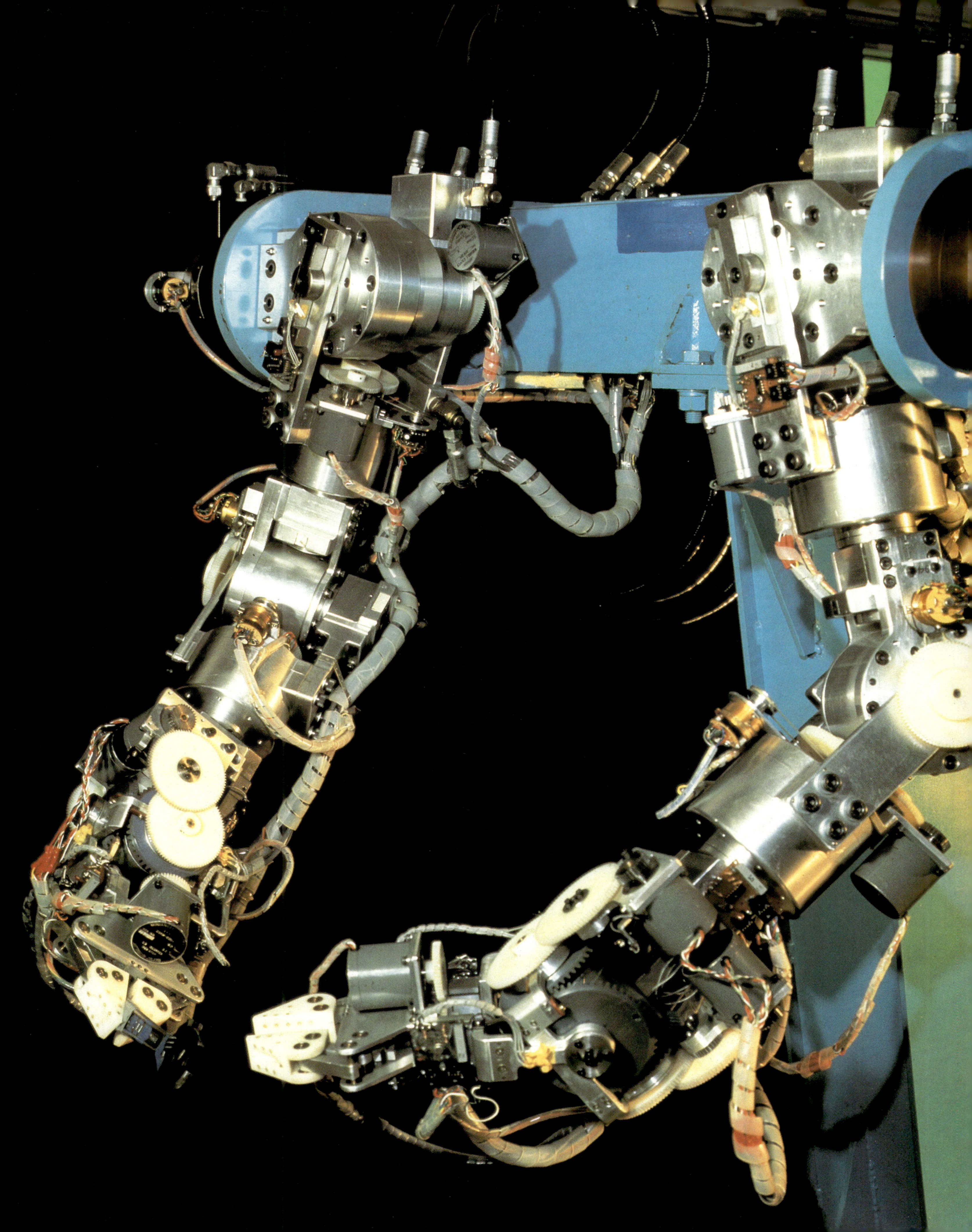

»Wirkorgan« einführen. Dieser Ausdruck ist nicht sehr schön,*) aber er trägt der Tatsache Rechnung, daß die Liste der Geräte, die am Ende eines Roboterarms angebracht werden können, so lang und vielseitig ist wie die Verwendungsmöglichkeiten eines Roboters als Ganzes, so daß nur wenige dieser Organe als »Hand«, »Greifer« oder gar »Klaue« bezeichnet werden können. Jedenfalls bewahrt uns der Ausdruck davor, in allzu anthropomorphe Vorstellungen zu verfallen wie die, daß am Ende eines Arms immer eine Hand sein müsse.

In vielen Fällen wird das Wirkorgan überhaupt nicht zum Bewegen oder anderweitigen Manipulieren des Werkstücks benützt; die gebräuchlichsten industriellen Anwendungen sind Farbspritzen, Schweißen, Finishing und Zusammenbau – bisher meist in der Automobilindustrie. In allen diesen Fällen ist die Spritzpistole, der pneumatische Schraubenschlüssel oder die Schleifscheibe unmittelbar am »Handgelenk« befestigt, oft mittels einer vereinheitlichten Schnellverriegelung oder eines leicht demontierbaren Zwischengliedes, so daß die Werkzeuge für andere Arbeiten zügig ausgewechselt werden können. Für Aufgaben wie Montage oder Überwachung von Werkzeugmaschinen kann es erforderlich sein, den Roboter bei der Durchführung einer Aufgabe mit mehreren verschiedenen Wirkorganen zu bestücken – einem Greifer, um das Werkstück aufzunehmen und zu positionieren, dann beispielsweise einem Schraubenschlüssel, um das Werkzeug einzuspannen, und schließlich einer Schleifmaschine, um die Nähte zu glätten. Zu diesem Zweck wird man die Wirkorgane am Arbeitsplatz übersichtlich aufbewahren und irgendeine Art unsymmetrischer Haltevorrichtung sowohl zum Einsetzen in den Arm wie zum Aufsetzen des Werkzeugs vorsehen. Eine Möglichkeit wäre beispielsweise der einfache Bajonettverschluß, wie er im Ausland oft für Glühlampen verwendet wird (statt unseres Gewindes), oder die Schnappverriegelung, wie man sie bei Steckverbindungen findet.

Der reichen Palette von Werkzeugen, die als Wirkorgane eingesetzt werden, steht eine endlose Liste von Greif- und Manipuliergeräten gegenüber. Die zweifingrige Klaue mit oder ohne Berührungssensoren ist ein nützliches Vielzweckgerät, aber es kann nicht so einfach mit unregelmäßig geformten Gegenständen umgehen, besonders, wenn die Form dem Konstrukteur oder dem Programmierer vorher nicht bekannt ist. Es gibt eine Anzahl von Wirkorganen für diese sowie für spezielle Aufgaben: pneumatische Saugnäpfe, Elektromagneten, Schöpfkellen, Gelenkglieder-Greifarme, Einwickler und dergleichen. Manche Roboter haben zwei Hände an einem Arm, was das Manipuliervermögen erheblich verbessern und manche Mängel des Vielzweck-Endorgans ausgleichen kann.

Wenn wir nun zu dem Bild des kartesischen Roboterarms zurückkehren und uns vorstellen, wie er seinen rechtkantigen Arbeitsraum bestreicht, bemerken wir, daß das Vorderende des Wirkorgans jeden Punkt dieses Raums erreichen kann, vorausgesetzt, daß ihm nichts im Wege ist. Wenn der Arm jedoch in diesem Raum nützliche Arbeit verrichten soll, dann müssen sich darin notwendigerweise entsprechende Gegenstände befinden, so daß der Zugang zu einigen Raumpunkten versperrt ist. Man stelle sich vor, daß der kartesische Roboterarm zu einem automatisierten Lagersystem gehört und die Aufgabe hat, Bauteile aus Behältern herbeizuschaffen, die in den Lagerregalen stehen. Wenn es sich bei den Behältern um Kästen ohne Deckel handelt, dann kann das Wirkorgan eines einfachen dreigliedrigen kartesischen Arms nur über die Oberseite der Kästen hinwegstreichen, nie aber hinein- oder dahintergreifen. Wir können das Problem, in die Kästen hineinzugelangen, vielleicht dadurch lösen, daß wir einen der drei anderen dreigliedrigen Grundtypen wählen,

*) Der englische Fachausdruck »end effector« ist sicherlich noch unschöner und veranlaßt den Autor zu einigen Betrachtungen, die sich im Deutschen erübrigen.

die wir oben beschrieben haben, aber keiner ist für das Stapelsystem eines Lagerhauses so geeignet wie der kartesische. Es bleibt uns also nur übrig, am Handgelenk weitere Bewegungsglieder anzubringen; dann haben wir ein im Prinzip kartesisches System, aber mit einem sehr beweglichen Handgelenk, das dem Arm ein zusätzliches Anpassungsvermögen verleiht, so daß ihm nunmehr jeder Punkt innerhalb des Arbeitsraums zugänglich ist. Ein solches dreiachsiges Gelenk gestattet dieselbe Art von Bewegungen wie das menschliche Handgelenk, ist jedoch flexibler. Man strecke die Hand in Hüfthöhe mit der Handfläche nach unten (parallel zum Fußboden) aus; man kann dann die Hand in drei aufeinander senkrecht stehenden Ebenen bewegen, ohne den Arm selbst zu bewegen. Man klappe nun die Hand im Handgelenk

Rechts: Technisches und logisches Leistungsvermögen sind auf eindringliche Weise in diesem Roboter-Stilleben aus Stahl, Silizium, Gold und gedanklicher Konzeption vereinigt; ohne die billige Rechenkapazität des Mikrochips wäre der Roboterarm nicht mehr als eine besonders aufwendige Zuckerzange.

Unten: Obwohl das Wirkorgan dieses Cincinnati Milacron T3-Roboters (»The Tomorrow Tool« = Das Werkzeug von Morgen) offensichtlich zum Greifen gedacht ist, kann es kaum als Hand oder auch nur als Klaue bezeichnet werden, weswegen die Robotiker solche Bezeichnungen vermeiden. Funktionsprinzip und Stärke dieses hydraulisch betätigten Roboters kommen in der Größe und Formgebung der Gelenke deutlich zum Ausdruck; man beachte das drehbare »Handgelenk«, den Kolben, der das Wirkorgan öffnet und schließt, und die Druckschläuche für das hydraulische Medium.

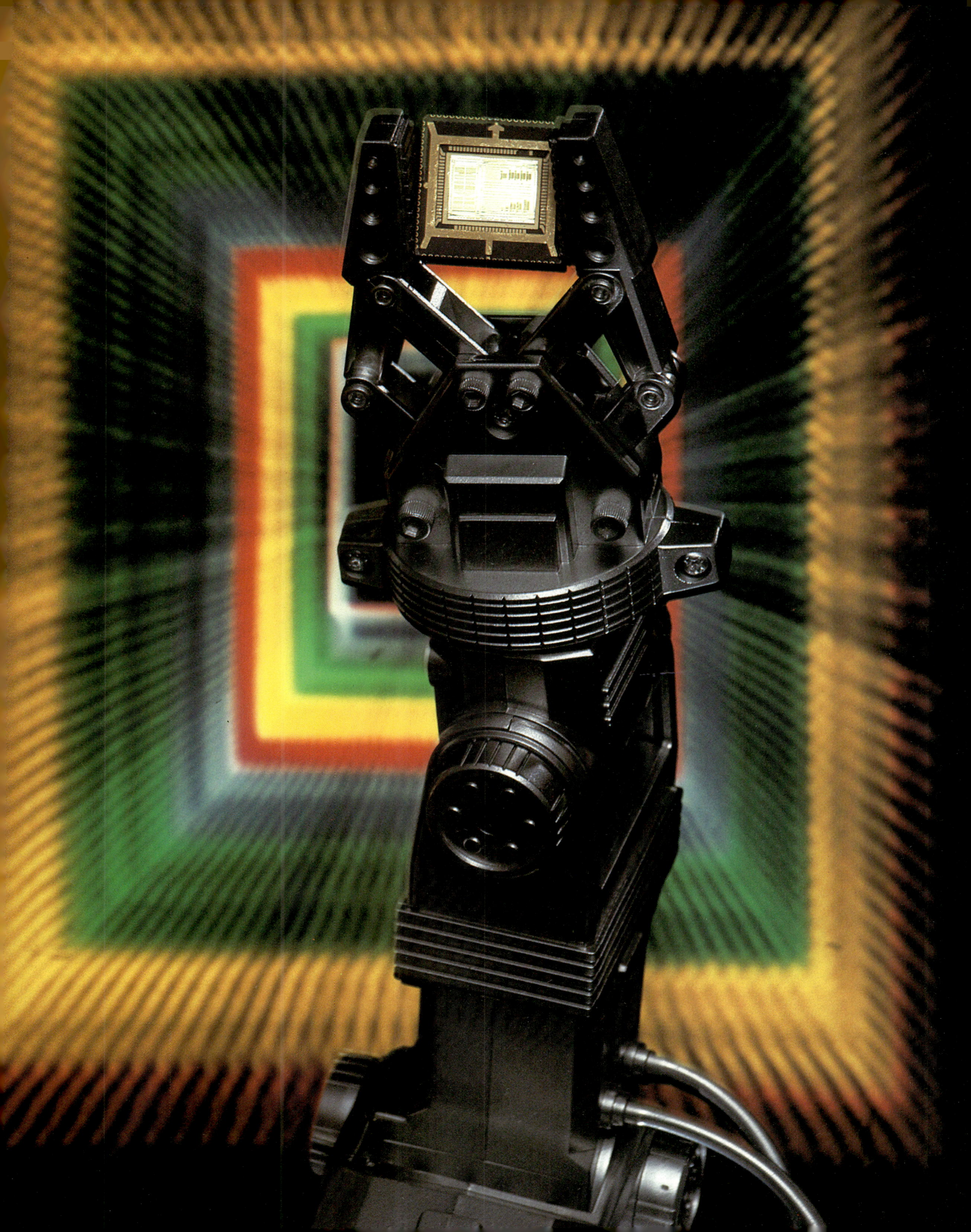

Oben: Trotz völlig anderer Größenverhältnisse kann auch dieser Roboterarm der britischen Firma Armdroid praktische Aufgaben durchführen, doch hat er je nach Ausladung eine Lastgrenze von nur wenigen hundert Gramm. Roboter dieser Art sind aber auch weniger für betrieblichen Einsatz gedacht, sondern für Lehrzwecke, um Anwender mit den Grundprinzipien des Programmierens, des Zusammenschaltens und des Steuerns und Regelns vertraut zu machen.

Links: Die Zweckbestimmung dieses russischen Sterlitamatik-Roboters für die Schwerindustrie ist an der Konstruktion und Funktionsweise erkennbar. Die Schutzhelme der beiden Männer sind ein weiterer Hinweis auf die Stärke solcher Geräte. Der entscheidende Wesenszug des Roboters ist die Steuerung, woran das Einlern-Steuergerät erinnert, mit dem der Operateur die Bewegungen des Roboters führt und programmiert.

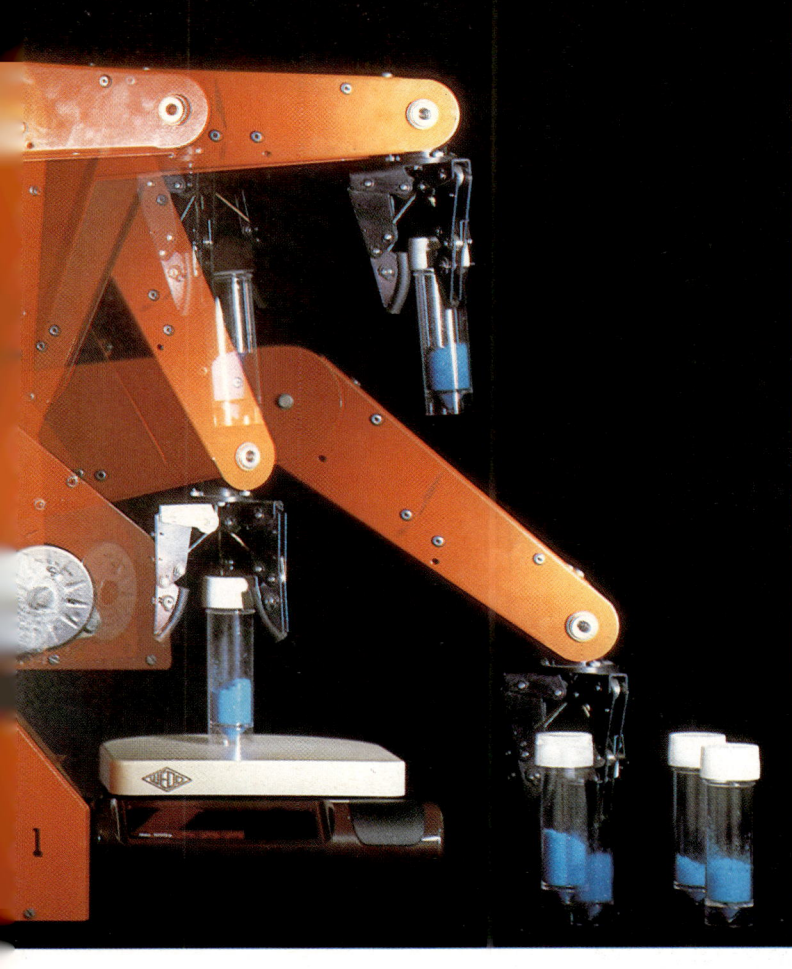

von oben nach unten – das wollen wir »neigen« nennen; biege sie nach links und rechts – das soll »schwenken« heißen; drehe die Handfläche von oben nach unten – das soll »drehen« heißen*). Man bemerkt, daß der Bewegungsbereich um die drei Achsen sehr unterschiedlich ist. Man wird wahrscheinlich feststellen, daß der »Nick«-Bereich mit etwa 160 Grad am größten, der »Schwenk«-Bereich mit etwa 70 Grad am kleinsten ist. Außerdem wird man feststellen, daß, wenn man die Stellung der Hand mit der Handfläche parallel zum Erdboden als die natürliche Ausgangslage oder Ruhelage betrachtet, der Bewegungsbereich um die drei Achsen nicht symmetrisch ist; dies ist am auffälligsten bei der Schwenkbewegung, deren Bereich auf der Daumenseite nur etwa 20 Grad aus der Mittellage, aber etwa 50 Grad auf der Seite des kleinen Fingers ausmacht. Dies steht im Einklang mit den allgemeinen Grundzügen des Bauplanes des menschlichen Körpers, der in seiner Anlage symmetrisch ist,

---

*) Die drei Bewegungsarten werden in der Fachliteratur gelegentlich auch als »nikken«, »schwenken« und »wenden« bezeichnet.

Unten: Die Freiheitsgrade eines Arms werden durch die Beweglichkeit seiner Gelenke bestimmt und wirken sich, in Verbindung mit der Länge der einzelnen Glieder, entscheidend auf den Arbeitsraum aus, den Bereich, den der Arm bestreichen kann. Rotatorische Bauarten (»Knickarme«) mit sechs Freiheitsgraden haben einen rechtkantigen Arbeitsraum und innerhalb desselben keine Gelenkigkeit; für gradlinige Bewegungen, wie beispielsweise Stapeln, kann diese Bauart jedoch geeigneter sein als der scheinbar nützlichere rotatorische Arm.

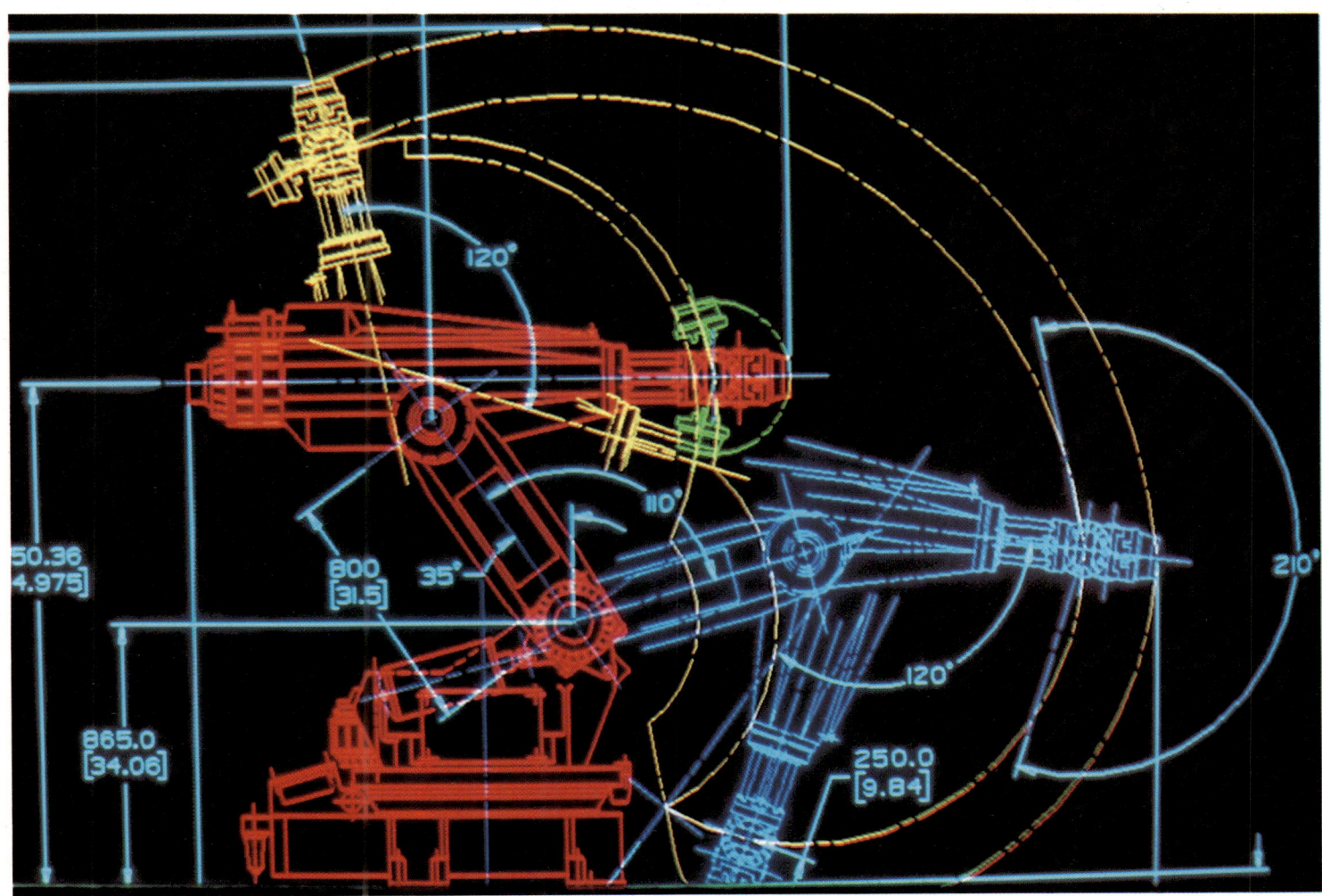

aber örtlich Abweichungen von diesem Bauplan aufweist, wo Kraftausübung, Steifigkeit oder Beweglichkeit dies erfordern. Im Falle der Hand ist der opponierbare Daumen das entscheidende Element – er hat es möglich gemacht, daß der Nackte Affe zum Werkzeugbenützer wurde, und daher konzentrieren sich Kraft und Widerstandsfähigkeit auf der Daumenseite.

Diese interessanten Einblicke in den menschlichen Körperbau sollten die Bedeutung unseres früheren Hinweises unterstreichen, das Wirkorgan nicht als Hand zu bezeichnen. Selbst wenn es als eine Art Greifer ausgebildet sein sollte, ist es höchst unwahrscheinlich, daß es außer hinsichtlich seiner ungefähren Funktion irgendeine Ähnlichkeit mit einer menschlichen Hand besitzt; es wird daher mit ziemlicher Sicherheit symmetrische Bewegungsbereiche und große Flexibilität besitzen – so ist beispielsweise ein Greifer, der sich um 360 Grad drehen kann, für einen Roboter immer nützlicher als einer mit eher menschlichen Baumerkmalen. Eine erweiterte Beweglichkeit wäre sicherlich auch für die menschlichen Arme nützlich, aber unser Körper hat diese Eigenschaft leider noch nicht entwickelt – nicht, weil sie etwa keine selektiven Vorteile hätte, wohl aber, weil sie unter Verwendung von Knochen, Muskeln und Sehnen wahrscheinlich nicht realisierbar ist. Auf diesen Punkt kann beim Thema Roboter nicht oft genug hingewiesen werden: Der menschliche Körper ist eine wunderbar konstruierte Maschine, ein Wunderwerk an Funktionstüchtigkeit, Kraft und Leistungsfähigkeit, aber die Form, wie er die Probleme der Beweglichkeit, des Gewichts und des Kräfteeinsatzes löst, ist nicht die einzig mögliche und auch nicht unbedingt die beste.

Unser umkonstruierter kartesischer Arm hat demgemäß mit einem in der Natur vorkommenden Glied nichts gemein, erfüllt jedoch den vorliegenden Zweck bestens, und nicht nur diesen: Diese Bauart kann in einem rechteckigen Arbeitsraum eine Vielzahl von Aufgaben übernehmen. Sie wird üblicherweise dadurch näher gekennzeichnet, daß man sagt, sie habe sechs »Freiheitsgrade« oder, anders ausgedrückt, sechs unabhängige Bewegungsachsen: Die Bewegung an den drei Zahnstangenverbindungen ist linear (translatorisch), während die an den drei Gelenken des Wirkorgans Drehbewegungen (rotatorisch) sind.

Die Anzahl der Freiheitsgrade, die irgendeine Arm-Bauart besitzt, ist ein Maß ihrer Anpassungsfähigkeit innerhalb ihres Arbeitsraums, sagt aber nichts über dessen Gestalt aus. Die oben beschriebenen vier Grundtypen dreigelenkiger Arme haben sehr verschiedene Arbeitsräume, aber dieselben drei Freiheitsgrade. Wie wir an dem kartesischen Beispiel gesehen haben, reicht dies aus, um das Wirkorgan an jeden Punkt des theoretischen Arbeitsraums zu bringen, doch wenn Objekte besonderer Form manipuliert werden müssen, dann sind mehr Freiheitsgrade erforderlich. Will man feststellen, welche Auswirkungen eine Ver-

Links: Entwurf und Anfertigung komplizierter Werkzeuge, wie diese Versuchsausführung einer Hand vom Cranfield Polytechnikum in England, werden leicht für die eigentlichen Probleme der Robotertechnik gehalten. Ihre Gestaltung – mit dem Einfühlungsvermögen und der Intelligenz, wie sie für das Lösen einer Aufgabe wie das Aufheben und Transportieren eines Eies (vom Möwen- bis zum Straußenei) erforderlich sind – kann jedoch nicht minder schwierig sein.

Rechts: Mikrochip und Mikrocomputer waren die Antriebskräfte der Roboter-Revolution; ohne billige und programmierbare Steuertechnik wären die Roboter noch immer nicht mehr als mechanische Klaviere oder Musiktruhen. Dieses Lehrgerät wird für Ausbildungszwecke in der Industrie eingesetzt; gesteuert wird es mittels der Tastatur des IBM Personal Computers.

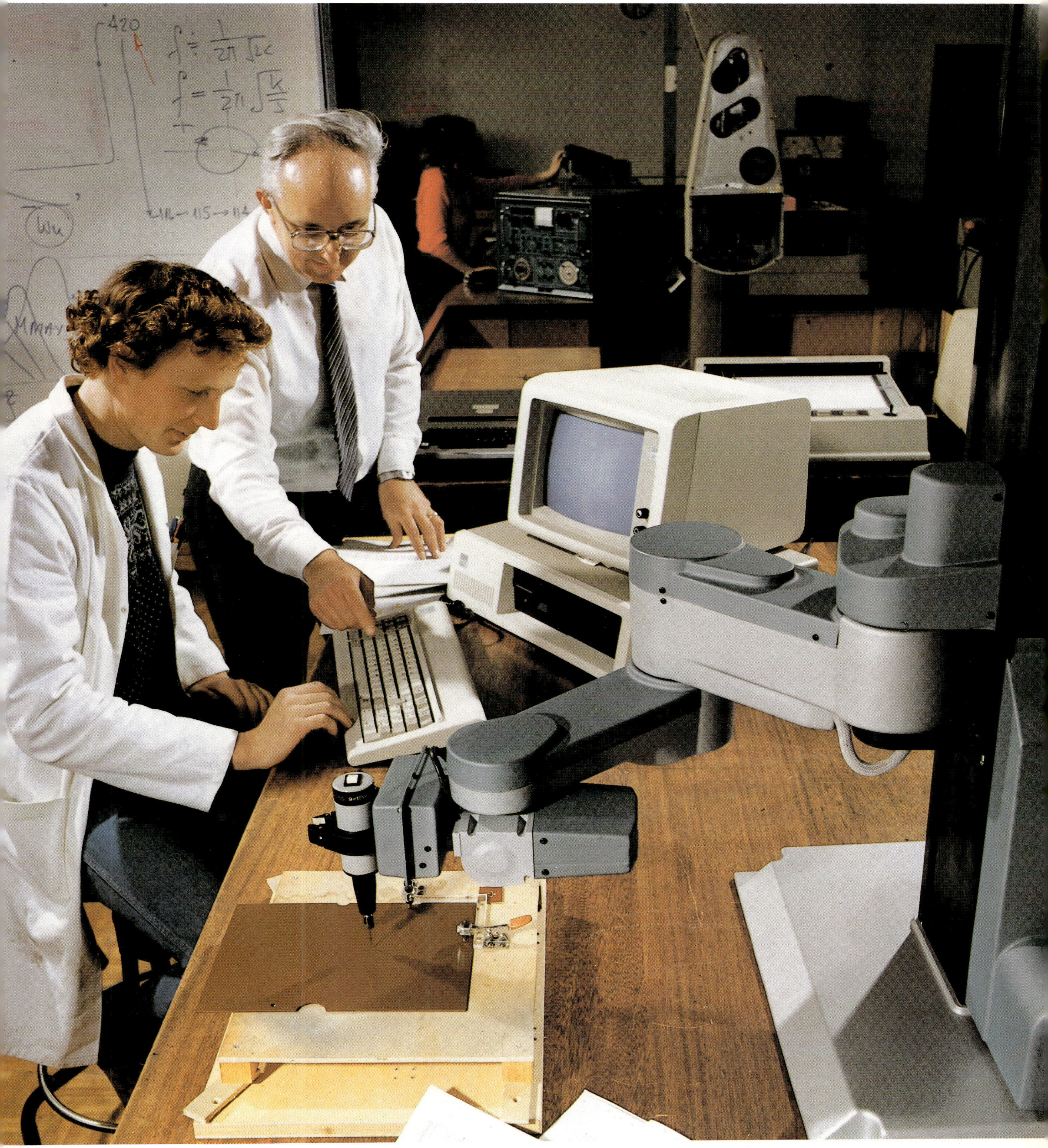
420
Wu

Links: Dieser Anfang der 50er Jahre in USA gebaute Omnivac-Roboter zeigt bereits die meisten Elemente eines Industrieroboters der folgenden dreißig Jahre: visuelle Systeme, Funksteuerung, rotatorische Kinematik und spezialisierte Wirkorgane. Obwohl der Rumpfteil sehr stabil aussieht, weisen die Arme eine leichte, skelettartige Konstruktion auf, die auf eine geringe Belastbarkeit schließen lassen.

Gegenüber: In Kreisen der Robotiker wird noch immer heftig diskutiert, wer hier wen nachmacht – der künstliche Andy Warhol den Maschinenroboter oder umgekehrt? Man sehe sich inzwischen die kräftige Metallkonstruktion und die mächtigen hydraulischen Kolben der Gliedmaßen des Maschinenroboters an!

mehrung oder Verminderung von Freiheitsgraden hat, versuche man mit der rechten Hand die rechte Achselhöhle und das Rückgrat zwischen den Schulterblättern zu berühren und, immer mit der rechten Hand, eine Münze aus der linken Hosen- oder Hemdtasche zu holen. Dann unterdrücke man die drei Freiheitsgrade des Handgelenks und versuche die einfachen Aufgaben noch einmal. Man wird schnell zu der Einsicht kommen, daß fünf Freiheitsgrade gerade noch ausreichend sind, sechs aber eine bessere Untergrenze darstellten; jedenfalls ist dies die konventionelle Auffassung moderner Roboterpraxis.

Antriebskräfte

Roboter brauchen Energie, und – wie wir gesehen haben – nicht zu knapp, wenn sie nützliche Arbeit leisten sollen. Im Falle des Roboterarms hängt es von den geometrischen Verhältnissen ab, wie groß der Energiebedarf ist. Ein Einkaufskorb oder ein Koffer, den man unmittelbar neben sich bequem tragen kann, wird bei ausgestrecktem Arm zu einer unerträglichen Last. Außerdem ist ein Roboterarm nicht ein einzelnes Maschinenelement mit einem einzigen Angriffspunkt für die Antriebsenergie, vielmehr muß jedes einzelne Gelenk angetrieben und genau positioniert werden. Der Konstrukteur muß daher die Energiequelle und das Übertragungsmedium wählen, bevor er den Arm konstruiert.

Wir neigen zu der Annahme, daß Roboter elektrisch angetrieben werden, da dies die allgemein übliche Antriebsenergie der heutigen Zeit ist. Sie ist zweifellos ein mächtiger Wettbewerber für den Antrieb von Robotern, aber nicht der einzige. Viele Roboter besitzen hydraulischen oder pneumatischen Antrieb. Es gibt viele Gründe für diese Wahl, vor allem die Tatsache, daß die Kraftmaschine (der Kompressor) in den feststehenden Sockel des Armes eingebaut werden kann, wo sie ganz erheblich zur Stabilität des Roboters beiträgt, nicht aber zu dem toten Gewicht des Arms – den einzelnen Gliedern, Gelenken, Greifern und Gelenkantrieben.

Wenn der Roboter elektrisch angetrieben werden soll, dann können die Motoren für den Antrieb der Gelenke direkt an diese angebaut werden, wodurch sie das tote Gewicht des Arms erhöhen, oder sie müssen im Sockel untergebracht und mit den Gelenken durch irgendwelche mechanischen Übertragungselemente verbunden werden, also etwa Ketten oder Seilzüge, oder auch Stößel mit Nocken und Hebeln. Ein weiterer Begriff aus dem Roboter-Jargon muß hier eingeführt werden: Die Elemente, die die Gelenke betätigen, heißen »Stellantriebe«. Wie der Ausdruck Wirkorgan, beschreibt auch diese Bezeichnung lediglich eine Funktion, sagt jedoch nichts über die Form aus. Die Stellantriebe des Arms können sowohl Elektromotoren wie auch hydraulische oder pneumatische Antriebsaggregate sein.

Aufgrund der obigen Überlegungen entscheiden sich Roboterkonstrukteure vorzugsweise immer dann für nicht-elektrische Stellantriebe, wenn die Arbeitslast einige wenige Kilogramm übersteigt. Die Verwendung elektrischer Stellantriebe ist weitgehend auf kleine Roboter beschränkt, seien sie für Lehr- oder Spielzwecke oder aber für spezielle Präzisionsarbeiten bestimmt. Die Entscheidungszwänge hören aber mit dieser Unterteilung nach Verwendungszweck nicht auf.

Es gibt viele verschiedene Arten von Elektromotoren, und die für Roboter geeignetsten sind die dem Laien meist am wenigsten bekannten. Der verbreitetste Elektromotor – etwa der in der Waschmaschine – ist gewöhnlich ein Wechselstrommotor, der unmittelbar mit Haushaltsstrom aus der Steckdose betrieben wird. Das ist ein sehr schöner, leistungsstarker Motor – elektrische Energie wird gerade wegen der Vorteile des Wechselstroms gegenüber dem Gleichstrom in dieser Form übertragen –, aber er hat den Nachteil, daß er nur schwer mit der nötigen Präzision zu beschleunigen und zu verlangsamen ist.

Der Gleichstrommotor ist daher grundsätzlich geeigneter, aber gewöhnlich nicht in der Form, die uns geläufig ist – als Antriebsmotor mit hoher Drehzahl und geringem Drehmoment, wie er beispielsweise für Spielzeugautos und Elektrorasierer verwendet wird. Roboterarme brauchen sich weder mit hoher Geschwindigkeit noch sehr weit zu bewegen, wohl aber müssen sie ein hohes Drehmoment aufbringen, um ihr eigenes Gewicht und das der Arbeitslast zu bewegen. Ein gebräuchlicher Gleichstrommoto-

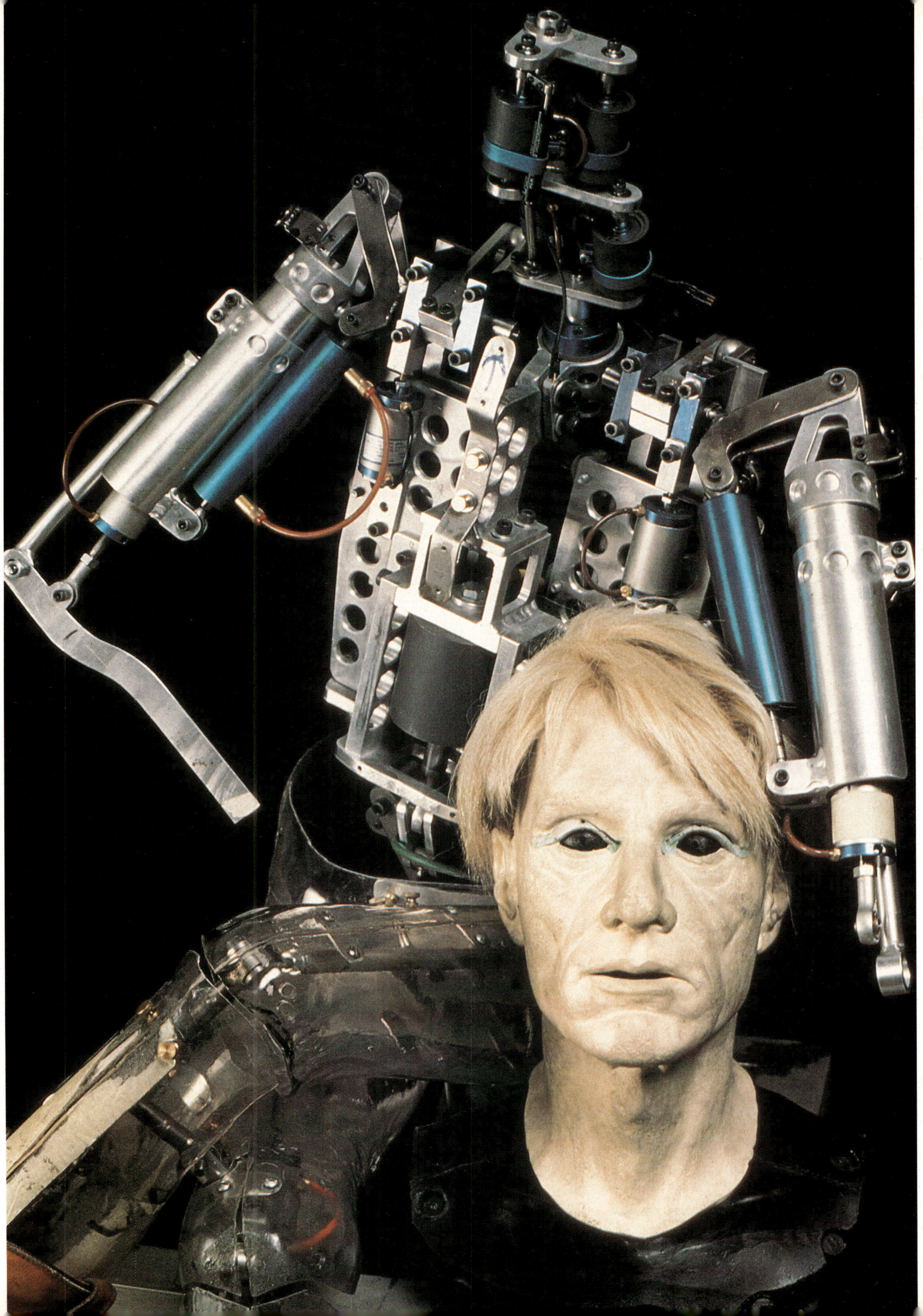

rentyp für Roboter ist daher der Schrittmotor. Die Welle dieses Gleichstrommotors bewegt sich entsprechend den Befehlen seines Mikrochip-Reglers jedesmal um einen genau abgemessenen Schritt weiter. Die Größe des Schrittes hängt von dem erforderlichen Genauigkeitsgrad (und damit dem Preis) des Motors ab; billigere Motoren machen zwölf Schritte pro Umdrehung (eine Schrittgröße von 30 Grad), während teurere Modelle 240 Schritte pro Umdrehung machen (1,5 Grad pro Schritt). Mit einem solchen Motor als Stellantrieb kann ein Arm leicht von einer präzise bestimmten Position zur nächsten weiterbewegt werden, gleichgültig, ob die verwendeten Gelenke Dreh- oder Zahnstangenbewegungen ausführen. Die Verwendung des Schrittmotors ist nicht auf Stellantriebe von Handhabegliedern beschränkt; er kann beispielsweise auch für den Antrieb der Räder oder Getriebe von Flurförderern benutzt werden. Seine hohe Regelbarkeit kann hier besonders gut ausgenützt werden, indem die Zahl der Schritte sehr leicht erfaßt und daraus die zurückgelegte Strecke berechnet werden kann; man kann das System auch so ausbilden, daß ein Schritt des Motors eine lineare Bewegung von bestimmter Länge, beispielsweise von genau zwei Zentimeter bewirkt.

Die Nachteile des Schrittmotors ergeben sich aus seiner Drehmomentcharakteristik. Wenn die Motorwelle durch den Chip-Regler in die gewünschte Stellung gebracht wird, erzeugt die dem Motor zugeführte elektrische Energie ein Drehmoment, das die Welle in dieser Stellung festhält, was offensichtlich von entscheidender Bedeutung ist, wenn der Motor beispielsweise einen Roboterarm antreibt. Wenn jedoch die Stromzufuhr unterbrochen wird, so wird auf die Motorwelle fast keine Festhaltekraft mehr ausgeübt, so daß sie unter der auf ihr ruhenden Last aus der gewünschten Position ausweicht, ob diese Last nun vom Gewicht des Roboterarms oder von der momentanen Arbeitssituation des Roboters herrührt. Selbst wenn die Stromzufuhr eingeschaltet ist, dann kann die Motorwelle, wenn das äußere Belastungsmoment größer als das vom Motor erzeugte Widerstandsmoment ist, um ein oder mehrere Schritte nachgeben, ohne daß der Motorregler dies »weiß«; so kann die Welle 24 Grad von ihrer Null-Stellung entfernt sein, während der Regler »meint«, sie sei 36 Grad davon entfernt. Wenn die Belastung nachläßt, wird der Motor einfach in der nächsten Schrittposition anhalten und dort stehenbleiben, bis der Regler neue Befehle erteilt.

Diese Gründe können dazu führen, daß man auf den Schrittmotor zugunsten des Servomotors verzichtet. Dieser besteht aus einem Gleichstrommotor, einem Schaltgetriebe, einem Regler und einem Positionssensor. Wie beim Schrittmotor kann die Motorwelle genau positioniert werden, aber nur innerhalb eines begrenzten Bereichs, gewöhnlich 100 bis 140 Grad. Wenn die Welle Befehl erhält, eine bestimmte Position einzunehmen, bewegt sie sich mit großem Drehmoment, bis sie vom Regler in dieser Position festgehalten wird; dieser überwacht ständig die Stellung der Welle, wie sie tatsächlich ist, und vergleicht sie mit der Stellung, die sie haben sollte. Wenn das äußere Drehmoment die Welle aus der gewünschten Stellung verdrängt, dann wird der Regler dafür sorgen, daß der Motor ein Gegendrehmoment entwickelt, das die Welle in ihre korrekte Lage zurückkehren läßt.

Die Größe eines Elektromotors, gleich welcher Bauart, und

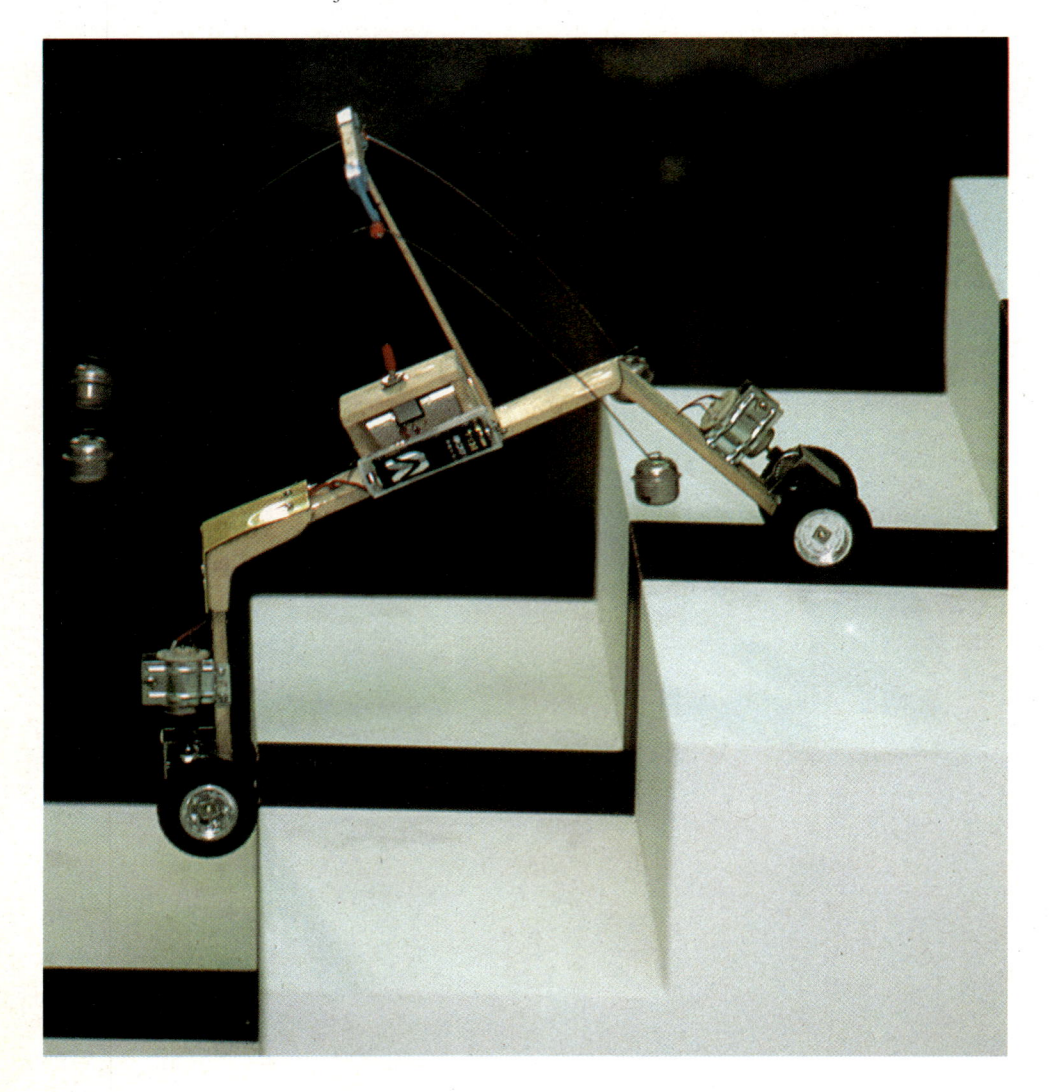

Links: Balanciervermögen ist die entscheidende Fähigkeit dieses japanischen Roboters beim Erklimmen einer Treppe, gewöhnlich ein Stolperstein für mobile Geräte. Die schwenkbar aufgehängten Pendelarme dienen demselben Zweck wie die Balancierstange eines Seiltänzers oder die ausgestreckten Arme eines Turners.

Rechts: Was wie eine hypermoderne Drahtplastik aussieht, ist in Wirklichkeit ein ganz raffinierter Roboter – ein Bewerber bei dem englischen Tischtennisroboter-Wettbewerb. Die Armglieder bestehen aus den Abfällen von Plastikrohren (die leicht, aber fest sind), während die Antriebskraft von Federn und Gleichstrom-Servomotoren aufgebracht wird, wie sie zunehmend von Bastlern und Entwicklungsingenieuren verwendet werden.

damit natürlich auch seines Gewichts, ist ganz allgemein proportional dem Drehmoment, das er entwickeln kann. Das ist der Grund, weswegen – wie wir bereits gesehen haben – Arme für hohe mechanische Belastungen nicht auch noch schwere Elektro-

Oben: Die plötzlichen Bewegungen des Tischtennis spielenden Roboterarms werden durch die Verwendung von Servomotoren erzielt. Die Aufgabe, den Ball im Fluge aufzufassen und zu verfolgen, wird von einem visuellen System übernommen, bei dem drei rotierende zylindrische Linsen das Bild des anfliegenden Balles auf ein binokulares zweidimensionales Abtastgitternetz übertragen; daraus kann der Roboter die Flugbahn des Balls erkennen und den Arm schon in einer frühen Phase des Reaktionsablaufs in eine angenähert richtige Position bringen.

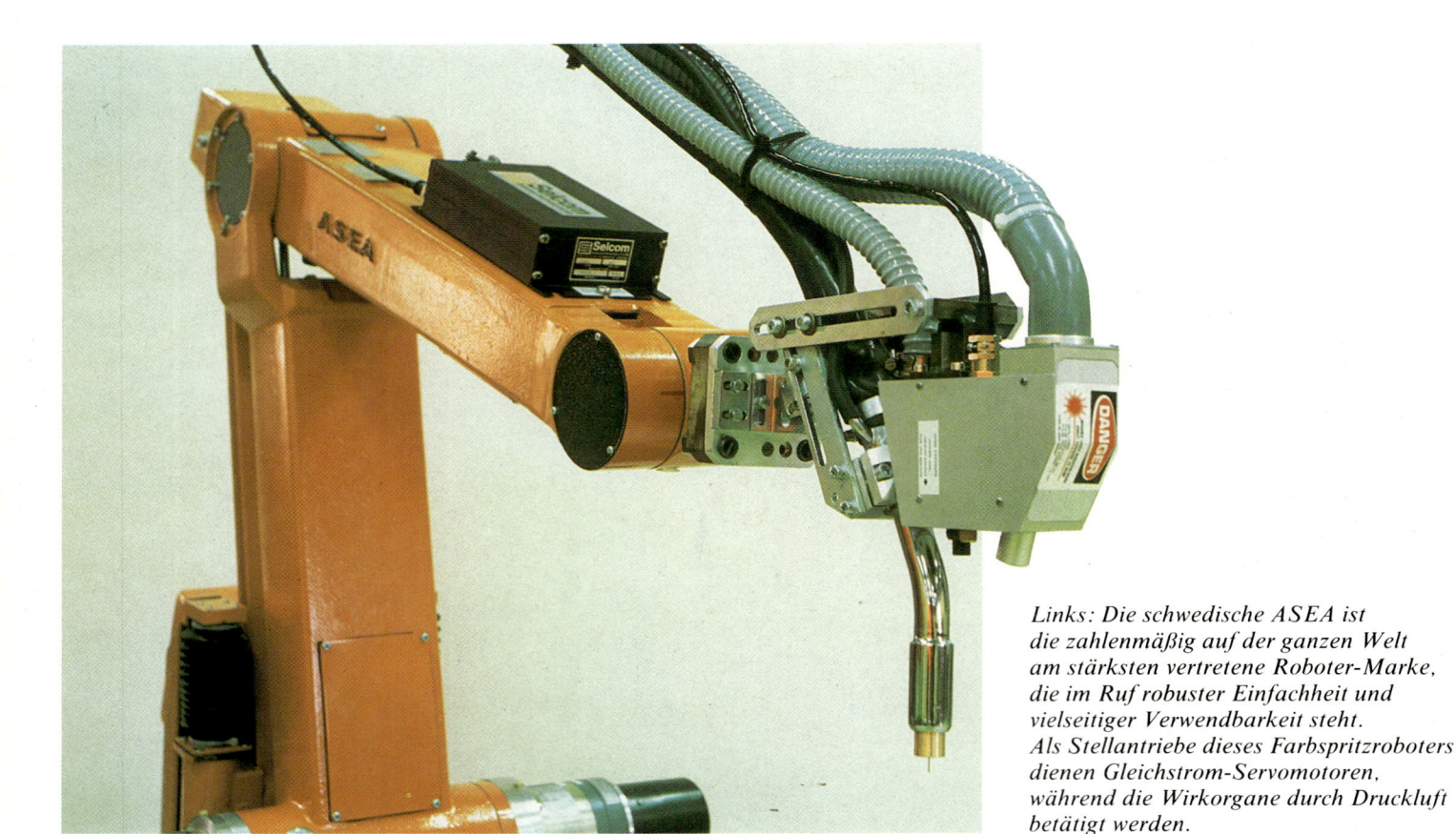

Links: Die schwedische ASEA ist die zahlenmäßig auf der ganzen Welt am stärksten vertretene Roboter-Marke, die im Ruf robuster Einfachheit und vielseitiger Verwendbarkeit steht. Als Stellantriebe dieses Farbspritzroboters dienen Gleichstrom-Servomotoren, während die Wirkorgane durch Druckluft betätigt werden.

motoren an ihren Gelenken tragen sollten. Statt dessen verwenden sie hydraulische oder pneumatische Kompressoren, die außerhalb des Roboters aufgestellt sind und den Stelltrieben Antriebsenergie in Form von Druckluft oder unter Druck stehenden Flüssigkeiten durch Schläuche zuführen. Die Konstruktion der Stellmotoren ist für beide Antriebsmittel im wesentlichen gleich: Ein Kolben für lineare Bewegung, und irgendeine turbinenartige Vorrichtung für Drehbewegungen. Die Regelung erfolgt mittels eines Servoventils in der Druckleitung. Die Vorteile der hydraulischen Kraftübertragung bestehen darin, daß die Kraftquelle sich außerhalb des Roboters befindet und die Schlauchverbindung äußerst flexibel ist; daß der Wirkungsgrad der Energieumwandlung in Kompressor und Stellantrieb gut ist, besonders im Vergleich mit der Umwandlung elektrischer Energie in mechanische Bewegungsvorgänge; und daß durch entsprechende Auslegung des Kompressors einerseits und des Stellantriebs andererseits jeweils optimale »Übersetzungsverhältnisse« in der Kraftübertragung erzielt werden können. Ein Blick auf eine Baustelle zeigt, daß Roboterkonstrukteure nicht die einzigen sind, die die Vorteile der Hydraulik zu würdigen wissen – jede schwere Baumaschine, vom Schaufelbagger bis zum Muldenkipper, verwendet Hydraulik.

Die Nachteile dieses Systems bestehen in der Größe, den Vibrationen und dem Betriebslärm des Kompressors sowie den Ölverlusten durch unvermeidliche Undichtigkeiten an den Stellantrieben. Zwar werden Roboter durch einen ölverschmutzten, lauten Arbeitsplatz weniger gestört als Menschen, aber selbst aus voll automatisierten Werkstätten sind Menschen noch nicht ganz fortzudenken.

Ein pneumatisches System ist ganz ähnlich wie ein hydraulisches, nur daß anstelle einer unter Druck stehenden Flüssigkeit Druckluft als Übertragungsmittel dient. Da dieses leichter ist und gewöhnlich unter geringerem Druck steht, können pneumatische Systeme leichter gebaut werden als hydraulische und brauchen im Bereich der Ventile und Stellantriebe nicht mit demselben Feinheitsgrad hergestellt zu werden. Die Nachteile der Pneumatik gegenüber der Hydraulik bestehen darin, daß sie nicht dieselben Kräfte zu übertragen vermag und, da Luft ein in hohem Maße kompressibles Medium ist, die Stellantriebe dazu neigen, unter Belastung nachzugeben, wodurch eine präzise Positionierung sehr schwer zu erreichen ist. Dieser letzte Faktor kann zwar von Vorteil sein, wo Elastizität erforderlich ist – zum Beispiel bei Greiferklauen –, führt jedoch im allgemeinen dazu, daß pneumatische Systeme in der Robotertechnik eine untergeordnete Rolle spielen.

Galilei: »Und sie bewegt sich doch!«

So nützlich der Roboterarm auch ist, so ist er unter solchen Geräten doch nicht das letzte Wort: Es ist vorteilhaft, wenn Roboter nicht nur hantieren, sondern sich auch fortbewegen können. Wenn ein Roboterarm ortsbeweglich gemacht werden kann, dann kann sich seine Verwendbarkeit verzehnfachen.

Leider ist es wegen der weiter oben besprochenen Probleme mit totem Gewicht und präziser Positionierung nicht ganz einfach, für die Konstruktion mobiler Roboter befriedigende Lösungen zu finden und ihn wirtschaftlich einzusetzen. Freilich gibt es Spezialkonstruktionen, von denen das RMS (Remote Manipulator System = Ferngesteuertes Manipuliersystem) der Raumfähre sowie die diversen Mond-, Mars- und Venusfahrzeuge die offensichtlich spektakulärsten sind. Sie sind aber alle nichts anderes als »Sklavengeräte«, die von menschlichen Einsatzleitern ferngesteuert werden. Wenn Roboterfahrzeuge ihren Namen verdienen sollen, müssen sie über ein gewisses Maß an Autonomie verfügen, unabhängig von der hartnäckigen Vorstellung des Roboters, der die Abfälle zusammenkehrt, Besorgungen macht, Post austrägt oder den Häuserblock bewacht.

Der mobile Robot kann gegenwärtig am nützlichsten in speziellen Bereichen eingesetzt werden, wo die Wege im voraus bekannt, vorhersagbar oder definiert sind. So gibt es automatisierte

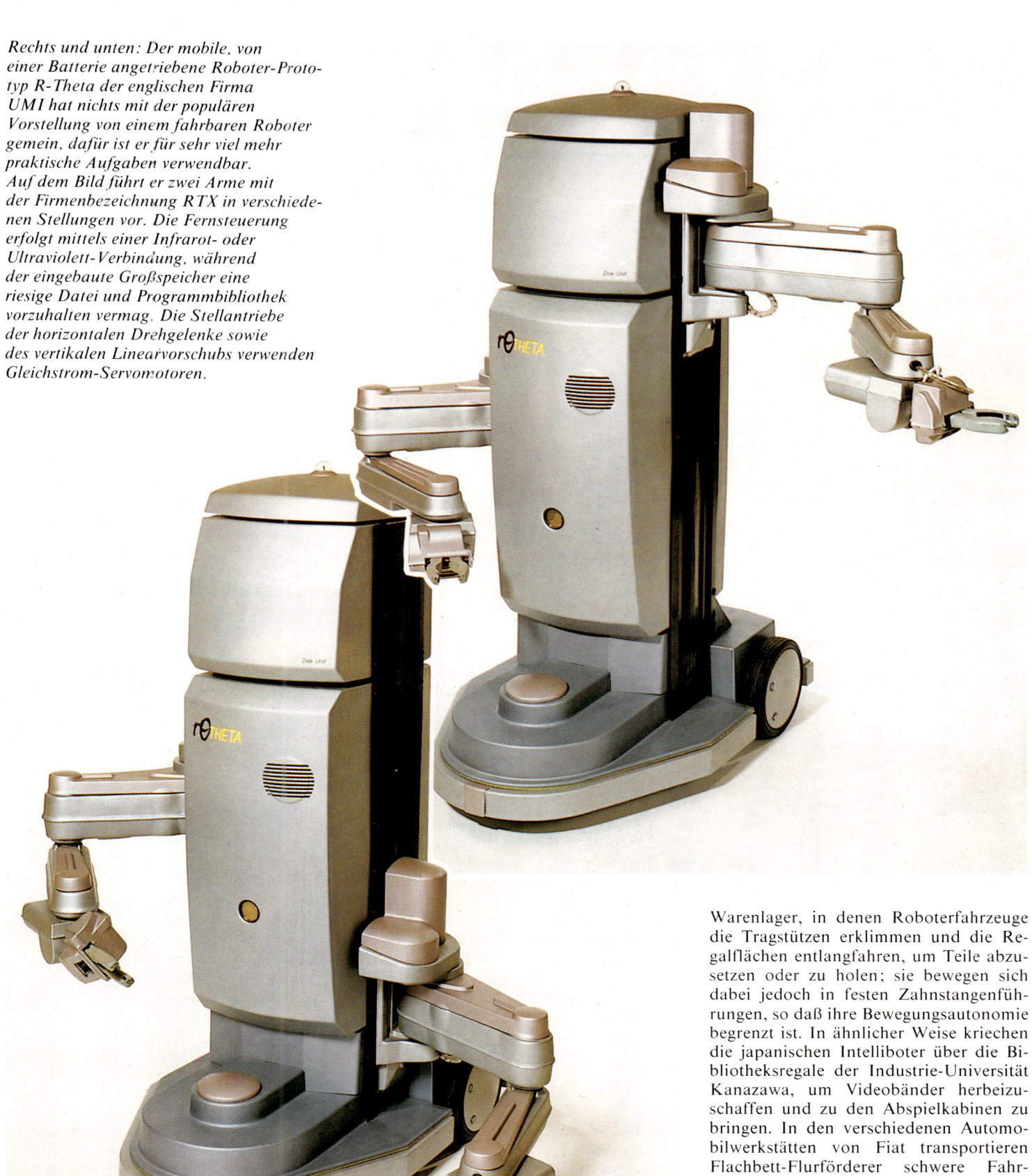

Rechts und unten: Der mobile, von einer Batterie angetriebene Roboter-Prototyp R-Theta der englischen Firma UMI hat nichts mit der populären Vorstellung von einem fahrbaren Roboter gemein, dafür ist er für sehr viel mehr praktische Aufgaben verwendbar. Auf dem Bild führt er zwei Arme mit der Firmenbezeichnung RTX in verschiedenen Stellungen vor. Die Fernsteuerung erfolgt mittels einer Infrarot- oder Ultraviolett-Verbindung, während der eingebaute Großspeicher eine riesige Datei und Programmbibliothek vorzuhalten vermag. Die Stellantriebe der horizontalen Drehgelenke sowie des vertikalen Linearvorschubs verwenden Gleichstrom-Servomotoren.

Warenlager, in denen Roboterfahrzeuge die Tragstützen erklimmen und die Regalflächen entlangfahren, um Teile abzusetzen oder zu holen; sie bewegen sich dabei jedoch in festen Zahnstangenführungen, so daß ihre Bewegungsautonomie begrenzt ist. In ähnlicher Weise kriechen die japanischen Intelliboter über die Bibliotheksregale der Industrie-Universität Kanazawa, um Videobänder herbeizuschaffen und zu den Abspielkabinen zu bringen. In den verschiedenen Automobilwerkstätten von Fiat transportieren Flachbett-Flurförderer schwere Fahrzeugchassis durch die Werkshallen; sie gehören zu der Klasse der Autonomen Lenk-Fahrzeuge (engl.: Autonomous Guided Vehicles = AGV), »halbintelligenten« Roboterfahrzeugen, die vorgezeichneten Pisten folgen, aufgemalten Linien oder Unterflurkabeln.

Die Konstruktion eines wirklich mobilen Vielzweck-Roboters wird durch die unübersehbaren Rahmenbedingungen seiner Arbeitsumwelt ganz außerordentlich erschwert: Welche Bodenflächen müssen befahren werden, wie kann die Position überwacht werden, wie kann das Umfeld wahrgenommen werden? Die erste Entscheidung – eigentlich ihrerseits abhängig von den Antworten auf die anderen Fragen – betrifft die Art der Fortbewegung.

Natürlich fände es jeder schön, einen zweibeinigen Roboter umherlaufen zu sehen, aber die Nachteile sind schwer und zahlreich. Die Gestaltung der Gliedmaßen ist zwar nicht besonders schwierig, wenn man davon ausgeht, daß eine glatte Oberfläche vorhanden ist. Dagegen würde ein auf Reflexe gestütztes, durch Rückkopplung gesteuertes Gleichgewichtssystem, wie es Menschen und Tieren selbstverständlich erscheint, die Kosten, den technischen Aufwand und die Größenverhältnisse enorm anwachsen lassen. Warum also, von Gefühlen abgesehen, ein solcher Umstand? Warum nicht Räder oder Kettenantrieb?

Ein Grund, es weiter mit Beinen zu versuchen, ist der, daß sie das Begehen welliger und unregelmäßiger Bodenflächen und das Ersteigen von Bordschwellen, Stufen und Treppen gestatten, wie sie in der menschlichen Umgebung so häufig sind. Hier geht es um das Balancehalten. Die nächstliegende Lösung wäre, mehr als zwei Beine vorzusehen, aber seltsamerweise führen Untersuchungen in der Sowjetunion zu dem Schluß, daß man auf diesem Wege unmittelbar auf die Insekten zurückkommt – sechs Beine sind viel einfacher zu koordinieren als vier! Die Zweckmäßigkeit von sechs Beinen anstelle von vier Rädern oder zweier Kettenantriebe bedarf noch sorgfältiger Prüfung, auch wenn diese Form der Fortbewegung anstelle des Kettenantriebs für geländegängige Fahrzeuge von militärischer Seite bereits aktiv verfolgt wird.

Die Schwierigkeiten mit kettengetriebenen geländegängigen Robotern treten generell bei starker Unebenheit, speziell aber an scharfen Ecken auf, wo sie sehr stark zum Rutschen neigen. Da die einfachste Methode, die Position eines Roboters mit Raupenketten zu überwachen, im Zählen der Kettenumläufe läge, stellt diese Tendenz zum Rutschen nichts anderes als eine vorprogrammierte Positionierungsungenauigkeit dar. Dies kann durch den Einbau anderer positionswahrnehmender Geräte überwunden werden – satellitengestützte Navigationssysteme für Freizeitsegler sind heute relativ billig erhältlich, und Autofahrer sprechen bereits laut von eingebauten Navigationshilfen. Aber die Probleme mit dem Terrain und der Standsicherheit bestehen weiter. Wir erwarten von Kettenfahrzeugen, daß sie auch schwierigen Geländeverhältnissen gewachsen sind, weil wir automatisch an Kampfpanzer und gepanzerte Mannschaftstransporter denken, wie sie mit voller Geschwindigkeit über Gräben rollen und Flüsse durchqueren. Dabei handelt es sich jedoch um große, antriebsstarke Vehikel, und die militärischen Dienststellen zeigen auch nicht so oft Filme, auf denen man sie festgefahren im Morast oder umgekippt am Fuße eines Steilhangs sieht. Die Fähigkeit eines Kettenfahrzeugs zur Überwindung von Bodenunebenheiten ist beschränkt auf senkrechte Stufen von der halben Höhe ihres Kettentriebwerks sowie durch das für alle Gegenstände gültige Gesetz, daß es umkippt, wenn die Senkrechte durch seinen Schwerpunkt über seine Auflagefläche hinausrückt. Der Vorteil von Beinen liegt darin, daß sie mit diesen beiden Beschränkungen fertig werden.

Räder bieten selbstverständlich eine Möglichkeit und werden für nicht-ortsfeste Geräte in großem Umfang verwendet, aber sie beschränken den Einsatzbereich automatisch auf glatte, hindernisfreie und ebene Bodenflächen. Dies ist kein besonderer Nachteil in Fabriken und Büros, und er schließt auch selbsttätige Mülltransporter oder Postwagen nicht aus – wenn man davon absieht, daß die Müllmänner und der Postzusteller doch noch von der Bordschwelle bis zum Haus oder gar bis zum Stockwerk gehen müssen; das bedeutet in der Regel Stufen, und diese sind wahrscheinlich noch immer das größte Hindernis bei der Entwicklung von Haushaltsrobotern.

Links, oben und rechts: Obwohl Roboterbeine schwierige Probleme aufwerfen, haben sich zahlreiche Ingenieure damit auseinandergesetzt, da sie von Hause aus am ehesten in der Lage sind, unebenes Terrain oder gar plötzliche Höhenunterschiede zu bewältigen. Der Versuchsroboter Odex I bedient sich bei der Überwindung von Hindernissen seiner sechs Beine mit verblüffendem Geschick. Diese Beine sind insofern ungewöhnlich, als sie mittels eines zugleich raffinierten wie einfachen Systems von Hebeln und Gelenken von jeweils nur einem, an dem Roboterkörper selbst befestigten Stelltrieb bewegt werden. Dadurch wird das übliche tote Gewicht an den Gelenken angebrachter Stellantriebe eingespart, was es dem Konstrukteur erlaubt, für die Gliedmaßen mit geringeren Materialgewichten auszukommen. Dieser Roboter zeigt den Weg – zumindest einen Weg unter anderen – für die Konstruktion nicht ortsgebundener Geräte. Die große Vielfalt von Wirkorganen und Stellantrieben für Roboterarme nehmen wir als selbstverständlich hin; wir sollten dann auch nicht überrascht sein, uns bald einer ähnlichen Vielfalt von Fortbewegungssystemen gegenüberzusehen, wie ungewöhnlich oder gar bizarr sie uns zuerst auch erscheinen mögen.

Das Roboter-Gehirn

*». . . ein zwergenhaftes Ganzes.
Sein Körper Kürze, und seine Seele Witz«
Epigramm – Samuel Taylor Coleridge*

In Kapitel 1 haben wir uns mit dem Problem befaßt, den richtigen Ton auszusuchen und unseren Golem daraus zu formen: jetzt müssen wir ihm Leben einhauchen, seinem Arm ein Gehirn hinzufügen. Das kann natürlich nur ein elektronischer Rechner, ein Computer sein, ohne den es keine Robotertechnik und keine Roboter gäbe. Was ist denn nun ein Computer, und wie steuert er einen Roboter?

Wie der Roboter, hat auch der Computer nicht eine bestimmte, erkennbare Form, und dies auch aus demselben Grund: Er ist ein Vielzweckgerät, das man auf tausenderlei verschiedene Weisen »verpacken« kann. Wiederum wie der Roboter, wird er in der Vorstellung der breiten Öffentlichkeit mit dem Bild in Verbindung gebracht, das Science Fiction und Comics-Bücher von ihm malen – einer zimmergroßen Ansammlung von grauen Metallschränken, übersät mit Schaltern und aufblitzenden Lämpchen, Berge von unverständlichen Ausdrucken und Kilometer von unheimlich-unlesbaren Magnetbändern ausspeiend. Seine Akolythen tragen weiße Laboratoriumsmäntel, sprechen ehrfurchtsvoll von »der Konsole« (Bedienungspult) und dem »CPU« (Central Processing Unit – wörtlich: Zentrale Verarbeitungseinheit; üblich: Zentraleinheit) und neigen im allgemeinen zu einer ausgesprochenen Ekzentrizität. Wohlgemerkt, diese Vorstellung war vor noch nicht allzu langer Zeit weitgehend zutreffend, aber heutzutage enthält Ihre Armbanduhr einen Computer (oder ist sogar selbst einer!), und dasselbe gilt für Ihre Waschmaschine und vielleicht auch schon für Ihr Auto; Millionen Menschen besitzen inzwischen einen Personal Computer, den sie für geschäftliche Zwecke oder zur Unterhaltung benützen.

Das Computersystem besteht aus der Zentraleinheit, in der Regel einem Mikroprozessor (obwohl es auch immer noch ein Blechschrank mit einzelnen, in Rahmen zusammengefaßten Schaltungseinschüben sein kann), einige Gedächtnisspeicher in Form weiterer Mikrochips, Steuerungs-Software – wiederum auf Mikrochips –, ein Eingabewerk (gewöhnlich in Form einer Tastatur) und ein Ausgabewerk (gewöhnlich ein Fernsehschirm oder eine Bildschirm-Video-Einheit, ein sog. Monitor). Der Mikrochip nimmt offenbar eine so hervorragende Stellung ein und stellt ein so wichtiges Bauelement dar, daß wir uns zuallererst ihn näher ansehen wollen.

Chips – oder integrierte Schaltungen – sind besonders bemerkenswert wegen des Grades der Mikro-Miniaturisierung, die sie verkörpern, nicht jedoch, daß sie etwas täten, was sich mit konventionelleren Schaltelementen wie Transistoren, Widerständen und Kondensatoren nicht auch erreichen ließe. Sie sind so wichtig, weil sie so wenig Platz benötigen, so wenig Energie brauchen und so billig erhältlich sind, daß sie die Computertechnik jedem Erfinder und Hersteller finanziell zugänglich gemacht haben – daher auch ihre rapide Ausbreitung in Geräten, die auch ohne sie völlig zufriedenstellend funktionieren, wie beispielsweise Uhren.

Daher ist der wesentliche Bestandteil, ob es nun ein Tüpfelchen Silizium in einem integrierten Schaltkreis oder ein erbsengroßes Bauelement auf einer Schaltungsplatine ist, der Transistor, und dieser ist nichts anderes als ein elektronischer Schalter. Zwei von den Drähten, die in ihn hineinführen, stellen den zu schaltenden Leiter dar (genau so, wie die beiden Drähte, die in einen Lichtschalter hineingehen), und der dritte Draht transportiert das Signal, das bestimmt, ob die beiden anderen Leiter innerhalb des Transistors miteinander verbunden oder voneinander getrennt sein sollen; dieser Steuerleiter ist wie eine Kombination des Lichtschalters selbst mit dem Finger, der ihn betätigt.

Der Transistorschalter kann entweder offen oder geschlossen sein, »ein« oder »aus«, weswegen er als eine binäre Vorrichtung bezeichnet wird (was besagen soll, daß er zwei mögliche Zustände besitzt, nach dem griechischen Wort für »zwei«). Da es die Spannung an dem Steuerleiter ist, die den Transistor umschaltet, können wir angeben, ob der Schalter geöffnet oder geschlossen ist, indem wir die Spannung überwachen; umgekehrt können wir den Schalter öffnen oder schließen, indem wir die Spannung steuern. Wir sagen, daß die Steuerleiterspannung entweder »hoch« (gewöhnlich etwa 5 Volt) oder »niedrig« (0 Volt) ist, da es allein darauf ankommt, ob Spannung anliegt oder nicht. So können wir auch die Wörter »hoch« und »niedrig« durch die Ziffern 0 und 1 ersetzen. Nun stelle man sich eine Leitung mit vier solchen Schaltern vor, die (von links nach rechts) ein, ein, aus und ein sind. Wenn wir diese Wörter durch Ziffern ersetzen, stellen wir fest, daß vier Klümpchen entsprechend präparierten Siliziums tatsächlich eine Zahl wiedergeben, nämlich 1101. Der etwas verwirrende Punkt ist nun aber, daß es sich hier nicht um

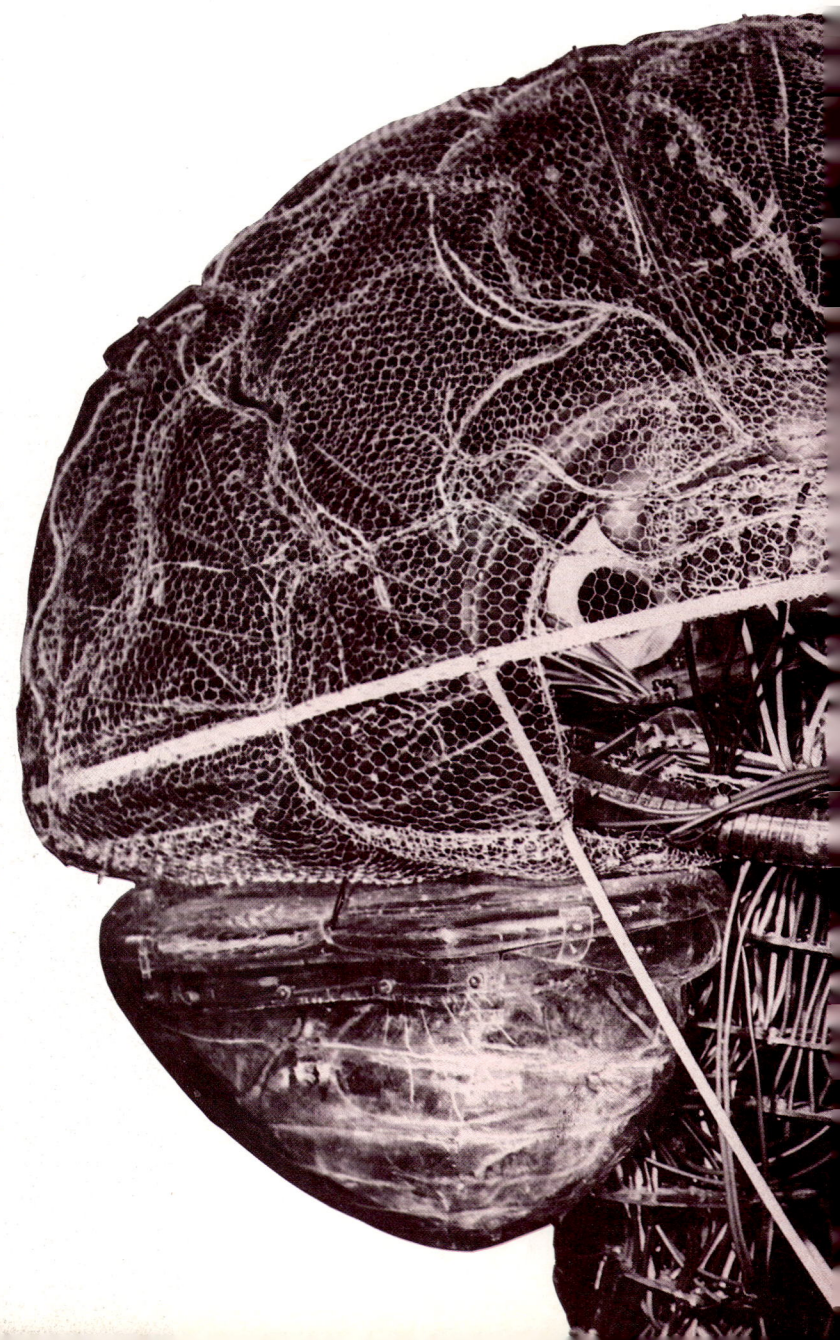

Oben: Das Computergedächtnis besteht aus tausenden untereinander verbundener Transistorschalter; ihre jeweiligen Schaltstellungen (»Zustände«) repräsentieren die im Gedächtnis gespeicherten Zahlen. Die Transistoren sind in abgegrenzten Bereichen innerhalb der integrierten Schaltkreise des briefmarkengroßen Chips untergebracht. Die Abbildung zeigt einen 64K-RAM-Chip, d. h. einen Random Access Memory (Speicher mit wahlfreiem Zugriff)-Chip, der $64 \times 2^{10} = 65536$ Zahlen oder Zeichen speichern kann, die einzeln und ohne die anderen zu stören geändert werden können.

Links: Die vielfältig-komplexen Verbindungen des menschlichen Gehirns werden durch dieses stark vereinfachte elektrische Schaltnetz andeutungsweise veranschaulicht, die der Direktor des Technischen Museums in Wien entworfen hat.

Abb. 1 Schaltkreis mit 1 Schalter

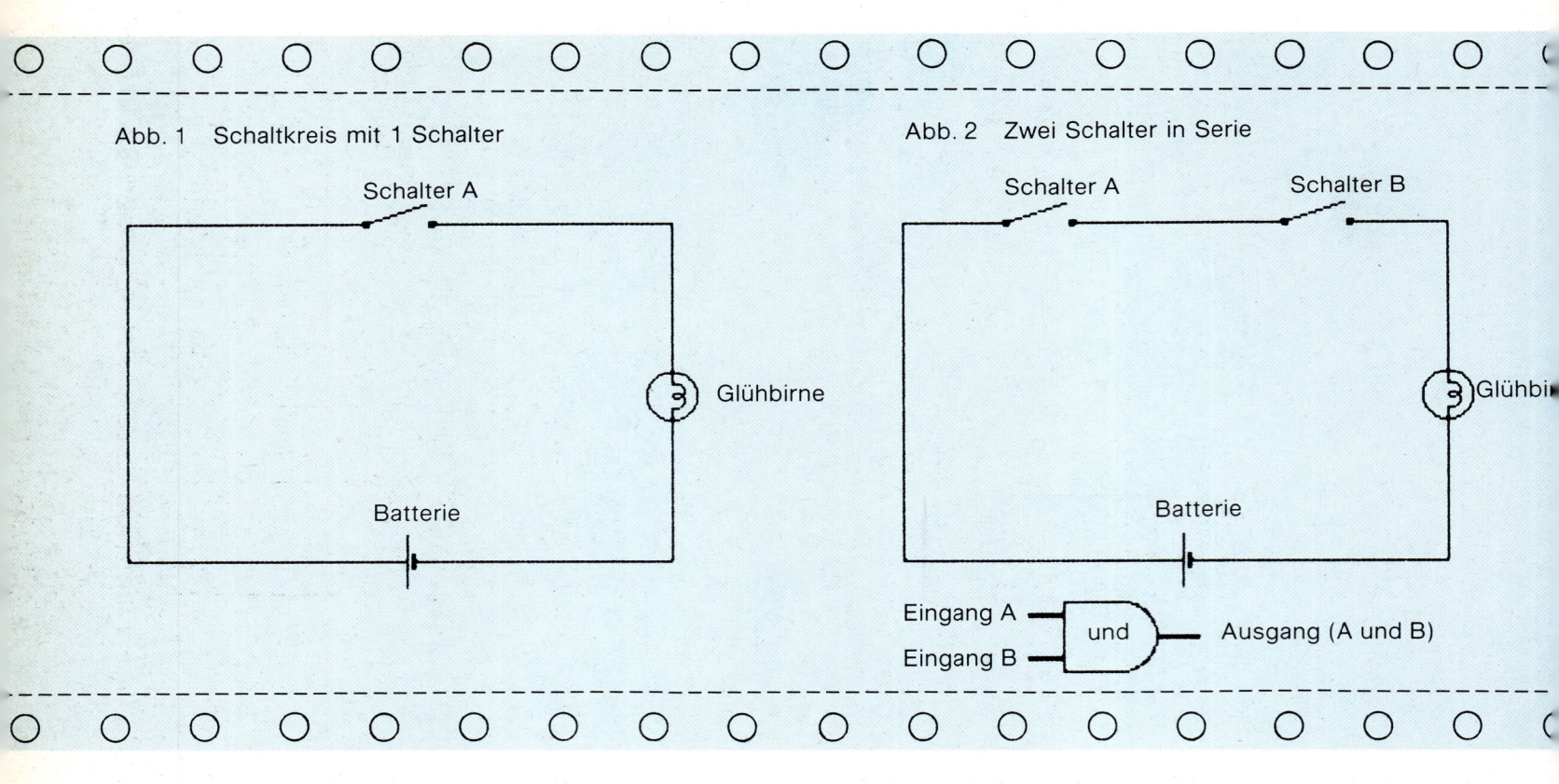

Abb. 2 Zwei Schalter in Serie

die Zahl Eintausendeinhundertundeins handelt, weil sie nicht im Dezimalsystem geschrieben ist, das wir alle dauernd benützen, das wir alle für das einzig vernünftige und daher für selbstverständlich halten. Die Zahl ist vielmehr im Binärsystem geschrieben, in dem es nur die beiden Ziffern 0 und 1 gibt, und muß daher anders gelesen werden. Betrachten wir die Zahl erst im Dezimalsystem, da dies uns helfen wird, das Binärsystem leichter zu verstehen.

Als Sie rechnen lernten, haben Sie Ihre Aufgaben wahrscheinlich zuerst auf kariertes Papier geschrieben, immer eine Ziffer je Karo, und dann vielleicht noch über jede Spalte die Stellenzahl. Das sähe dann so aus:

Tausender	Hunderter	Zehner	Einer		
1	1	0	1	=	1 tausend
					1 hundert
					0 zehn
				+	1 eins
					1101 eintausendeinhunderteins

Wir betrachten es als selbstverständlich, daß die ganz links stehende Ziffer 1 den tausendfachen Wert derselben Ziffer hat, die ganz rechts steht; die erste steht in der Tausender-Spalte und ist daher eintausend wert, und die andere steht in der Einer-Spalte und ist daher nur eins wert.

Genau dasselbe Prinzip wird beim Binärsystem angewandt, aber die Spalten haben andere Werte; das sieht dann so aus:

Achter	Vierer	Zweier	Einer			
1	1	0	1	=	1 acht	8
					1 vier	4
					0 zwei	0
				+	1 eins	+1
					1101 binär =	13 dezimal

Die vier Transistoren, die ein, ein, aus und ein sind, stellen also die binäre Zahl 1101 dar, der wertmäßig die Dezimalzahl 13 entspricht. So können wir elektronische Einrichtungen derart verwenden, daß sie Zahlen darstellen und auch speichern. Dies ist von so grundsätzlicher Bedeutung, daß es sich lohnt, es sich durch ein wenig Übung einzuprägen.

Transistoren					Binäre Zahl					Dezimalwert
T1	T2	T3	T4	T5	16	8	4	2	1	
ein	aus	aus	ein	ein	1	0	0	1	1	19
aus	ein	ein	ein	aus	0	1	1	1	0	14
aus	ein	aus	ein	aus	0	1	0	1	0	10
ein	ein	aus	aus	ein	1	1	0	0	1	25
ein	aus	aus	aus	aus	1	0	0	0	0	16
ein	ein	ein	ein	ein	1	1	1	1	1	??
ein	aus	ein	ein	ein	1	0	1	1	1	??
aus	ein	aus	aus	ein	0	1	0	0	1	?
aus	aus	ein	aus	ein	0	0	1	0	1	?

Wenn wir aber Zahlen speichern und mit ihnen umgehen können, dann haben wir einen Computer. Kehren wir also zu den Transistorschaltern zurück und betrachten wir sie nicht länger als binäre Ziffern, sondern wieder als Schalter: Wir verbinden zwei Schalter, eine Batterie und ein Glühlämpchen gemäß den Abbildungen 1–3.

Welche Unterschiede ergeben sich aus den verschiedenen Schalterstellungen für den Zustand der Glühbirne? In Abb. 2 (Serien-Anordnung der Schalter) ist die Glühbirne eingeschaltet, wenn (und nur dann, wenn) Sch. A UND Sch. B eingeschaltet sind: in Abb. 3 jedoch (Parallel-Anordnung) ist die Birne eingeschaltet, wenn Sch. A ODER Sch. B eingeschaltet sind. Wenn wir zwei Transistoren das eine Mal in Serie, das andere Mal parallel anordnen, dann erhalten wir zwei Vorrichtungen, die wir als UND-Gatter und als ODER-Gatter bezeichnen, und wir können sie als logische Symbole wie auf Abb. 2 und 3 unten darstellen. Lassen wir nun diese beiden Vorrichtungen einen Augenblick

Abb. 3 Zwei Schalter parallel

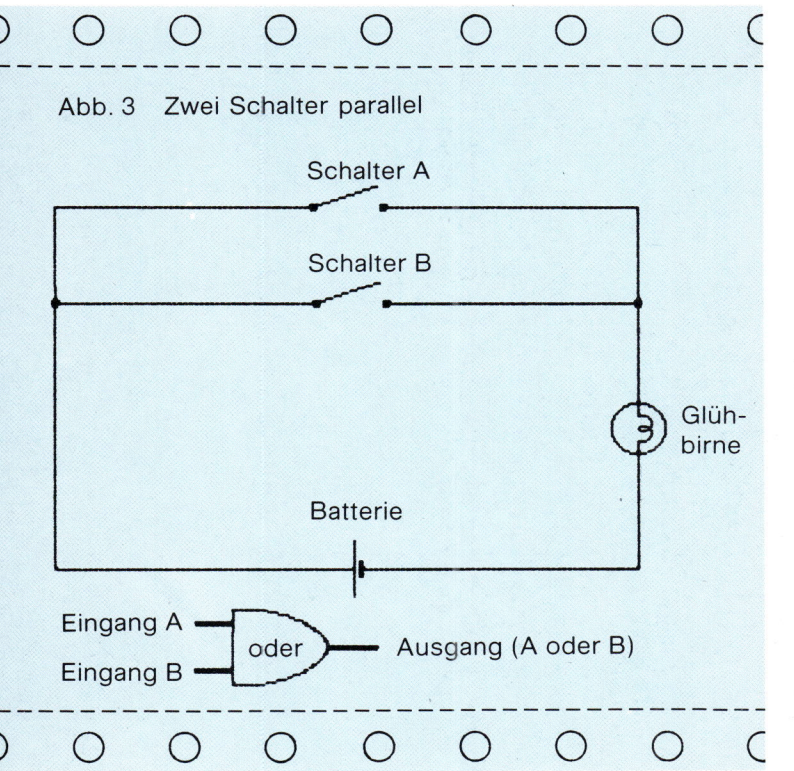

beiseite und treiben wir statt dessen noch ein wenig binäres Rechnen. Genauer gesagt, wir wollen alle einstelligen (einziffrigen) binären Additionen hinschreiben, die möglich sind:

Ziffer A	0	0	1	1
Ziffer B	+0	+1	+0	+1
Ergebnis	0	1	1	10

Daraus können wir folgende sehr einfachen Additionsregeln ablesen: Wenn (A ODER B 1 ist) UND (A UND B nicht beide 1 sind), dann ist das Ergebnis 1; wenn (A UND B 1 sind), dann ist das Ergebnis 0 mit einem Übertrag in die nächste Kolonne. Diese beiden Regeln können wir nun unter Verwendung unserer UND- und ODER-Gatter in eine Schaltung einbauen (vorausgesetzt, daß wir ein NEIN-Gatter bauen können, eine Vorrichtung, die eine 5-Volt-Eingabe in eine 0-Volt-Ausgabe verwandeln kann, und umgekehrt; wir können – kümmern wir uns also nicht weiter darum, wie es funktioniert).

Das Fazit ist, daß wir unter Verwendung eines sehr einfachen Schaltsystems einen Schaltkreis bauen können, der ein Abfolgemuster von Spannungen aufnimmt, das Zahlen darstellt, und ein Abfolgemuster von Spannungen abgibt, das die Summe dieser Zahlen darstellt. Damit haben wir einen Rechner gebaut. Die anderen Rechenregeln können durch Verwendung einer Addierschaltung reproduziert werden: Subtraktion ist nichts anderes als die Addition einer negativen Zahl; Multiplikation ist wiederholte Addition, und Division ist wiederholte Subtraktion. Eine solche

Oben: Der Transistor ist ein Schalter wie der in Abb. 1. Zwei Drähte führen in den Schalter, dessen Schaltstellung bestimmt, ob sie von Strom durchflossen werden oder nicht. In einem Transistor entscheidet das Spannungsniveau in einem dritten Draht, ob zwischen den beiden anderen ein Strom fließt. Wenn zwei Schalter wie in Abb. 2 in Reihe hintereinander liegen, müssen beide geschlossen werden, damit die Lampe angeht. Wenn zwei Transistoren auf diese Weise »in Serie« geschaltet sind, nennt man das Ganze ein »UND«-Gatter; beide Eingangsleiter müssen Spannung führen, damit der Ausgangsleiter Strom hergibt. Sind dagegen die beiden Schalter wie in Abb. 3 parallel geschaltet, dann geht die Lampe an, wenn der eine oder andere Schalter geschlossen wird. Zwei auf diese Weise geschaltete Transistoren bilden ein »ODER«-Gatter; der Ausgangsleiter gibt Strom her, wenn der eine oder der andere Eingangsleiter Spannung führt.

Rechts: Der Transistor ist das wesentliche Element einer Mikroschaltung. Er kann zu Tausenden als integrierter Schaltkreis vorkommen (wie die dunklen rechteckigen Bauteile auf diesem Einschub), oder als einzelnes Bauelement (wie die kleinen runden Metallbüchschen). Computer sind im wesentlichen riesige Ansammlungen von einfachen Transistorschaltern.

Schaltung wird als Halb-Addierer bezeichnet. Wir können zwei einzelne binäre Ziffern eingeben, und erhalten dann ihre Summe und einen Übertrag. Man vergesse nicht, daß die Ziffern, über die wir hier reden, nichts anderes als Spannungsimpulse auf einem Stück Draht sind. Nun wollen wir einige solcher Halbaddierer zu einem vollen Addierglied verbinden, das Summen wie diese zu bilden vermag:

```
  1101      1011      1111
+ 1010    + 1110    + 1111
-------   -------   -------
 10111     11001     11110
```

Der Voll-Addierer arbeitet genau in derselben Weise, wie Sie es tun, wenn Sie eine Summe bilden: Sie fangen mit der äußersten rechten Spalte an, addieren die Ziffern dieser Spalte, schreiben das Ergebnis hin, addieren die Ziffern der nächstäußeren Spalte und fügen einen eventuellen Übertrag von der vorigen Spalte hinzu – und so weiter.

Alles, was nun noch benötigt wird, den Rechner zu vervollständigen, ist eine Steuerschaltung, die dafür sorgt, daß die Zahlen irgendwie mittels der Tastatur eingegeben werden können, im Gedächtnisteil gespeichert und dann durch das Gesamtsystem vom Gedächtnisspeicher über den Rechenteil zum Speicher und von dort zur Ausgabe weitergeleitet werden – und so weiter.

Was dann noch fehlt, um den Rechner in einen Computer zu verwandeln, ist die Fähigkeit, eine Folge von Befehlen zu speichern und die Zentraleinheit zu veranlassen, sie der Reihe nach auszuführen. Genau dies ist ihre Aufgabe: Sie führt eine Reihe von Schaltoperationen aus, entsprechend den Kennzahlen, die ihr eingegeben werden. Wenn wir eine Folge solcher Nummern für Operationsanweisungen irgendwo im Gedächtnisteil speichern und dafür sorgen, daß die Zentraleinheit jede dieser Operationsanweisungen der Reihe nach ausführt, bis sie erledigt sind, dann haben wir einen Speicherprogramm-Computer. Fertig.

Die Textverarbeitung und das Aufzeichnen von Bildern auf einem Bildschirm ist lediglich eine Sache der Verarbeitung von Zahlen nach anderen Regeln und ihrer Darstellung in Form von Buchstaben oder farbigen Punkten. Das könnte sich so anhören, als wolle man dem Thema aus dem Wege gehen, aber tatsächlich sind die Hauptkomponenten eines Computersystems die Fähigkeit, Zahlen zu speichern und zu addieren, und die Fähigkeit, bestimmte Operationen in bestimmten Reihenfolgen auszuführen – alles übrige ist eine Kombination entsprechender Codierung und spezieller Video-Schalttechnik.

Sie haben vielleicht bemerkt, daß die obige Beschreibung, in welcher Reihenfolge die einzelnen Additionsschritte vorzunehmen sind, tatsächlich bereits selbst ein Programm darstellt; eine Reihe von Anweisungen, die nacheinander auszuführen sind, bis die Addition abgeschlossen ist. Betrachten wir das Ganze noch einmal ausführlicher:

1 Beginne mit der äußersten rechten Spalte

2 Addiere die Ziffern in der betreffenden Spalte

3 Addiere eine etwaige Übertrag-Ziffer zum Ergebnis

4 Schreibe das Ergebnis in diese Spalte

5 Schreibe eine etwaige Übertrag-Ziffer in die nächste Spalte

6 Wenn noch weitere Spalten übrig sind, beginne wieder bei Schritt 2

7 Andernfalls beenden

Bei einer vierstelligen Addition sind die einzelnen Operationen demnach in folgender Reihenfolge vorzunehmen:

12345623456234562 34567

Dies ist nicht nur ein Beispiel für ein Programm – es enthält sogar einen Test und eine Weiche: Die Probe bei Schritt 6 verweist den Fortgang zurück zu Schritt 2 oder vorwärts zu Schritt 7.

Alle Computerprogramme sind so gestaltet. Sie können in einer anderen Sprache geschrieben sein, sie können in ihrem Aufbau komplizierter sein, aber in ihren Grundzügen bleiben sie sich gleich.

Die übliche Eingabe in einen Computer besteht aus in Worte gefaßten Befehlen oder aus Daten, die der Benutzer in die Tastatur eintippt, und die übliche Ausgabe besteht aus Wörtern, aus Zahlen oder Bildern, die auf einem Bildschirmgerät erscheinen. Im Falle eines Robots besteht die Eingabe wahrscheinlich aus Daten über das unmittelbare Umfeld, die automatisch von den Sensoren des Roboters geliefert werden, während die Ausgabe wahrscheinlich aus Positionierungsbefehlen an die Stellantriebe des Roboters besteht. Dies berührt aber die Arbeitsweise des Computers kaum, sondern bedeutet lediglich, daß an die Stelle der Tastatur und des Bildschirms andere Einrichtungen treten: die Zentraleinheit und andere Funktionsgruppen verarbeiten auch weiterhin Zahlen und steuern Abfolgemuster von Spannungen durch das Gerät.

Was jetzt noch an dem Bild eines Roboters fehlt, nachdem er über alle baulichen Elemente verfügt – Computer, Mechanikteil

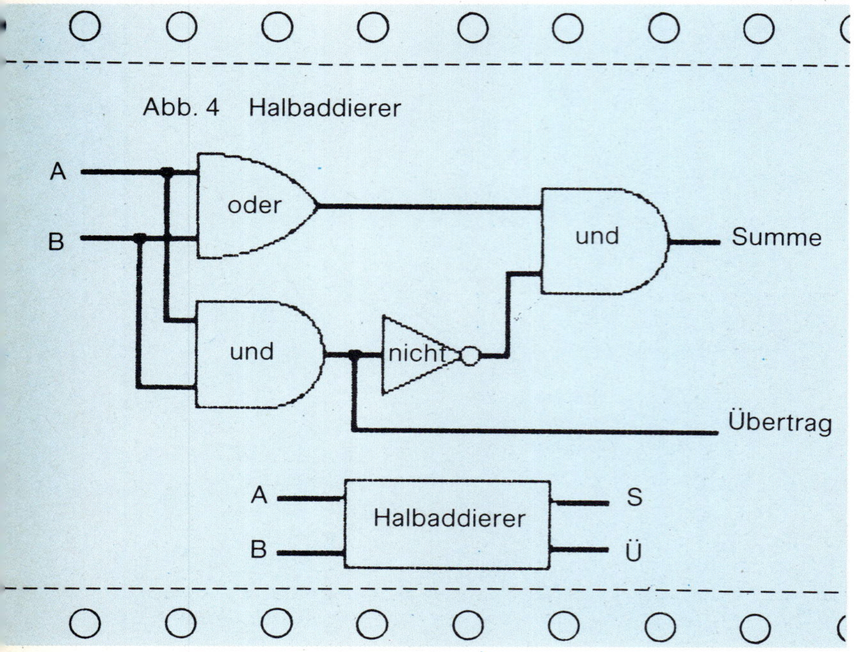

Abb. 4 Halbaddierer

Links: Die Rechenregel für die Addition zweier binärer Ziffern A und B lautet: »Die Summe ist eins, wenn (A ODER B eins ist) und wenn (A UND B nicht beide eins sind). Diese logische Aussage läßt sich auf die logische Schaltung von Abb. 4 übertragen. Zwei Eingangsleiter führen Spannung oder nicht, der Summen-Ausgangsleiter gibt Strom oder nicht, entsprechend der obigen Regel; er stellt die Summe der beiden Ziffern dar. Der zweite Ausgangsleiter zeigt an, ob aus dem Rechengang ein Übertrag verbleibt. Diese Schaltung wird als Halbaddierer bezeichnet.

und Stellantriebe –, ist der eigentliche Lebensodem, die Software. Das ist wieder einer dieser hochtrabenden Ausdrücke, der nichts anderes bedeutet als Computerprogramme. Ein Roboterprogramm muß zuallererst einmal von einem menschlichen Programmierer geschrieben und vom Computer gespeichert werden.

Es könnte etwa folgendermaßen aussehen:

1 Sende Null-Stellung-Befehle an alle Stelltriebe

2 Schalte alle Sensoren ein

3 WIEDERHOLE FOLGENDE SCHRITTE

4 Vergrößere Schulterwinkel um 2 Grad

5 Vergrößere Ellbogenwinkel um 2 Grad

6 Verringere Handgelenkwinkel um 1 Grad

7 BIS KOLLISION DES WIRKORGANS SCHALTER WEITER EIN

8 Öffne Greifer

9 Kollisionsschalter ausschalten

10 WIEDERHOLE FOLGENDE SCHRITTE

11 Schließe Greifer um 1 Grad

12 BIS GREIFER BERÜHRT SENSOR WEITER EIN

13 Sende Null-Stellung-Befehle an alle Stelltriebe ausgenommen Greifer

14 Beenden

Durch diese Befehle würde ein einfacher Roboterarm in seine Null-Stellung gebracht, dann auf einer bekannten Bahn bewegt, bis das Vorderende seines Wirkorgans auf einen Widerstand stößt und einen Schalter unterbricht, dann der Greifer allmählich geschlossen, bis er auf einen gewissen Widerstand stößt, und dann in die Null-Stellung zurückkehren. Sie könnten eventuell den Erfolg haben, daß der Arm sich irgendwohin bewegt, etwas aufgreift und es zurückbringt. Eventuell.

Wenn Sie sich die für den Roboter gültigen Gegebenheiten vor Augen führen und versuchen, das Programm so umzuschreiben, daß seine offensichtlichen Mängel beseitigt werden, dann werden Sie eine sehr klare Vorstellung bekommen, wo die Grenzen der Roboterintelligenz liegen und wie schwierig es ist, das Umfeld richtig zu erfassen. Einige Fehler sind:

1 Man stelle sich vor, der Arm fahre sich beim Rückkehren in die Null-Stellung irgendwo fest, obwohl er auf dem Hin- und Rückweg dieselbe Bahn beschreibt. Wie könnte das Programm dies erkennen, und was könnte es dagegen tun?

2 Man stelle sich vor, daß der Schalter des Wirkorgans nicht in Aktion tritt, weil er nirgends auf ein Hindernis stößt oder auch nur eines streift. Was geschieht, und was kann in das Programm aufgenommen werden, um dies zu erkennen und zu berücksichtigen?

3 Man stelle sich vor, der Greifer treffe auf etwas, das er nicht bewegen kann – vielleicht den eigenen Gerätesockel. Was geschieht, und wie könnte dies vom Gerät berücksichtigt werden?

4 Der Greifer könnte das Objekt beschädigen, bevor der Berührungssensor in Funktion tritt, oder der Berührungssensor betätigt den Greifer, bevor das Objekt sicher erfaßt ist. Wie wäre dies zu berücksichtigen?

Wenn man sich selbst eine praktische Vorstellung von diesen und Tausenden von anderen Schwierigkeiten machen will, dann gehe man aus dem Zimmer, während ein Freund die Möbel umstellt und sich die Augen verbindet. Dann müßte man versuchen, ihn mitten durch das Zimmer zu dirigieren, um einen Gegenstand aufzuheben und herbeizubringen. Man selbst könnte in das Zimmer nicht hineinsehen, sondern nur Kommandos geben wie »ein Schritt nach vorn«, »20 Grad nach links«, »Arm einen halben Meter anheben«, »Hand ganz aufmachen«. Der Freund mit den verbundenen Augen muß sich so dumm wie möglich anstellen und kann nur Angaben machen wie »mein Fuß geht nicht

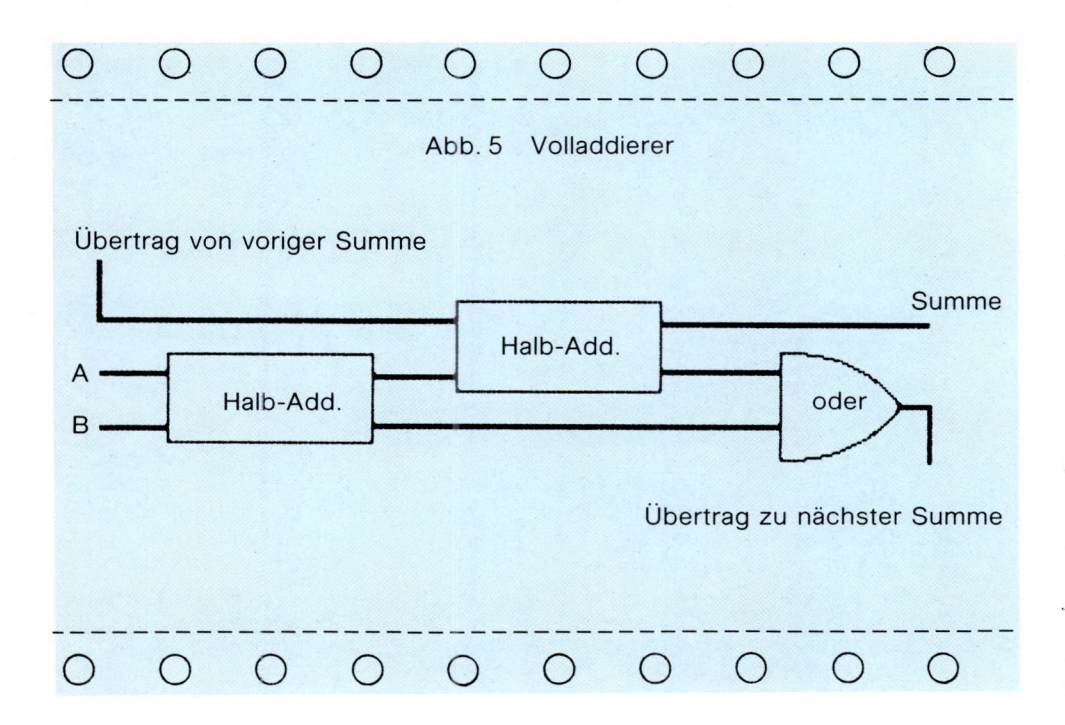

Abb. 5 Volladdierer

Links: Verbindet man zwei Halbaddierer gemäß Abb. 5, so erhält man einen Volladdierer. Wenn für jedes Paar von eingegebenen Binärziffern einer Addition eine Volladdierschaltung vorhanden ist, dann werden die Binärziffern ihrer Summe durch das Spannungsniveau auf den Ausgangsleitern dargestellt. Der Addierer ist das wesentliche Bauelement des Rechenwerks eines Computers.

Links: Seit den Pioniertagen des Jahres 1958, als Jack Kilby bei Texas Instruments in USA die Integrierte Schaltung (Integrated Circuit = IC) erfand, hat der Fertigungsstandard gewaltige Fortschritte gemacht.

Unten: Eingelegte Goldverbindungen bilden ein geradezu aztekisches Muster um die winzige logische Schaltung im Zentrum dieser enorm vergrößerten modernen Integrierten Schaltung. Gold wird wegen seiner elektrischen Eigenschaften und wegen seiner Beständigkeit gegen Korrosion verwendet.

Links: Silizium (ein Halbmetall) wird in Form hochreiner Einkristalle von 15 cm Durchmesser und etwa 1 m Länge hergestellt, die dann in dünne Scheiben, die sogenannten Wafers (Waffeln) zersägt werden. In diese Wafers werden die metallenen Schaltungsstrukturen mit raffinierten Methoden (wie Beschichten, Ätzen, Ionenimplantation) eingearbeitet, wobei jede Wafer Platz für viele Dutzende von Chips bietet.

Unten: Das Prüfen und Verbinden dieser Schaltungen (bzw. das Herstellen hierfür verwendeter Schablonen) ist nur mit Mikroskopen und Mikromanipulatoren möglich; diese anstrengende und höchste Ansprüche stellende Arbeit wird eines Tages von Robotern übernommen werden.

Ganz unten: Die Fertigung von Chips muß in Räumen erfolgen, in denen insbesondere an die Reinheit der Luft extreme Forderungen gestellt werden, um schädliche Einwirkungen auf das Produkt auf ein Mindestmaß zu verringern.

Oben: Die überwältigende Fülle winzigster Einzelelemente und die zuvor nie erreichte Präzision der erforderlichen Herstellungsverfahren haben die Schaffung einer riesigen industriellen Basis erforderlich gemacht, die neue Techniken und neue Materialien liefert. In USA werden sie als »Sun-rise-Industries« (Sonnenaufgangs-Industrien) bezeichnet, eine wahrhaft phantastische Konzentration von Spitzentechnologie, strategischen Hilfsquellen und zielbewußt eingesetzten finanziellen Mitteln.

Rechts: Abstrakte Logik findet ihren materiellen Ausdruck in der Integrierten Schaltung – einem Destillat von Wissen und Phantasie. Die Muster ergeben sich teils aus der Notwendigkeit, die einzelnen Komponenten so eng beieinander anzuordnen wie möglich, teils durch die natürliche Ordnungsstruktur der Logik: Die einzelnen Schaltgruppen arbeiten so schnell, daß die Zeit, die der Strom braucht, dieses Labyrinth zu passieren, ausreicht, die Funktion des Chips zu beeinflussen; der elektrische Strom bewegt sich mit einer Geschwindigkeit von rd. 300 000 Kilometern pro Sekunde, siebenmal um die Erde während eines Pulsschlags!

Gegenüber: Der Entwurf von Computerschaltungen erfordert selbst den Einsatz von Computern, teils als elektronische »Zeichenbretter«, teils um gespeicherte Detailinformationen und Einzelbaupläne einzubringen, und teils, um die Entwürfe des Konstrukteurs zu optimieren – letzteres u. a. mit dem Ziel, die bestmögliche Anordnung für Hunderte von Komponenten zu finden, so daß sich möglichst kurze Wege ohne Überschneidungen ergeben.

55

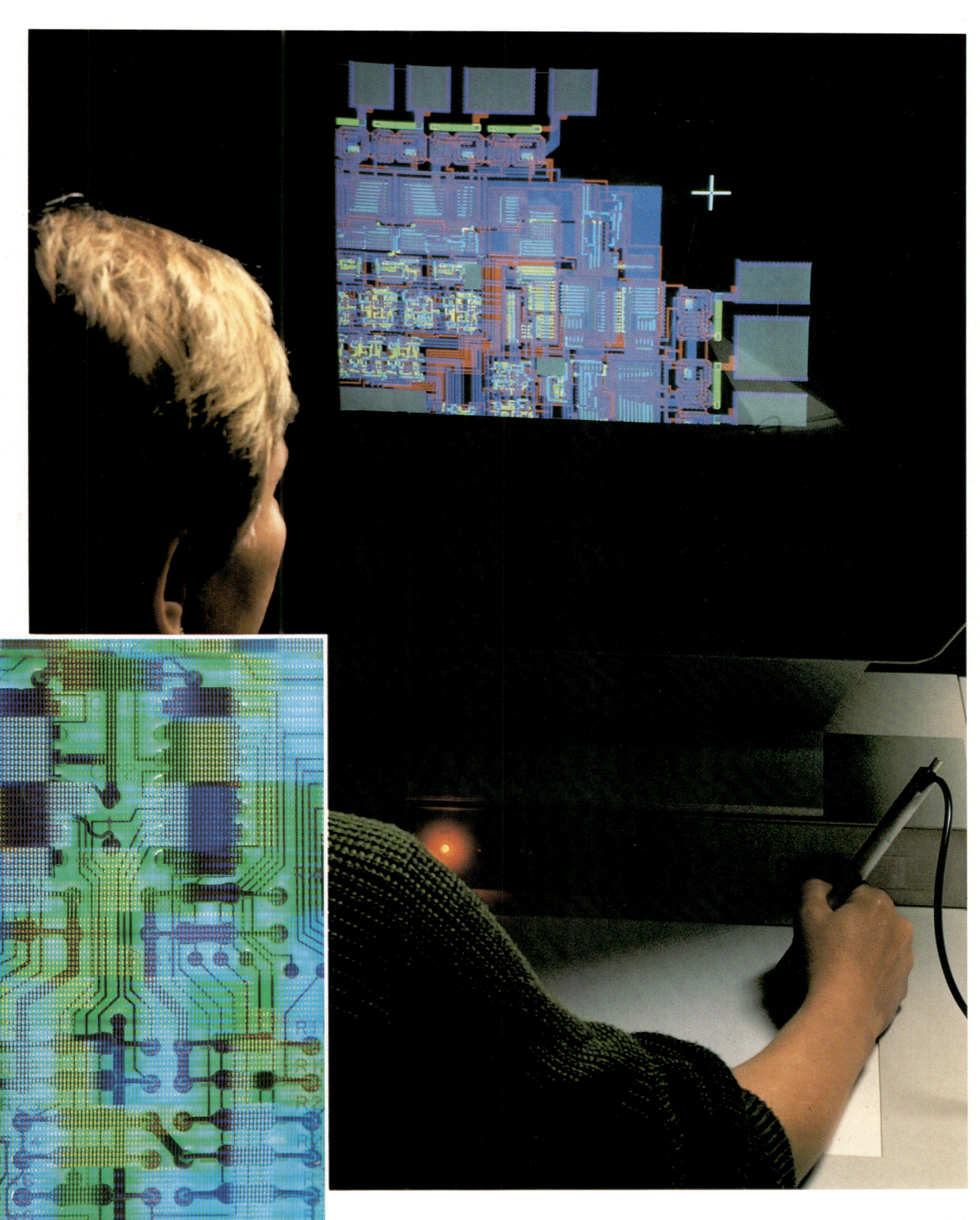

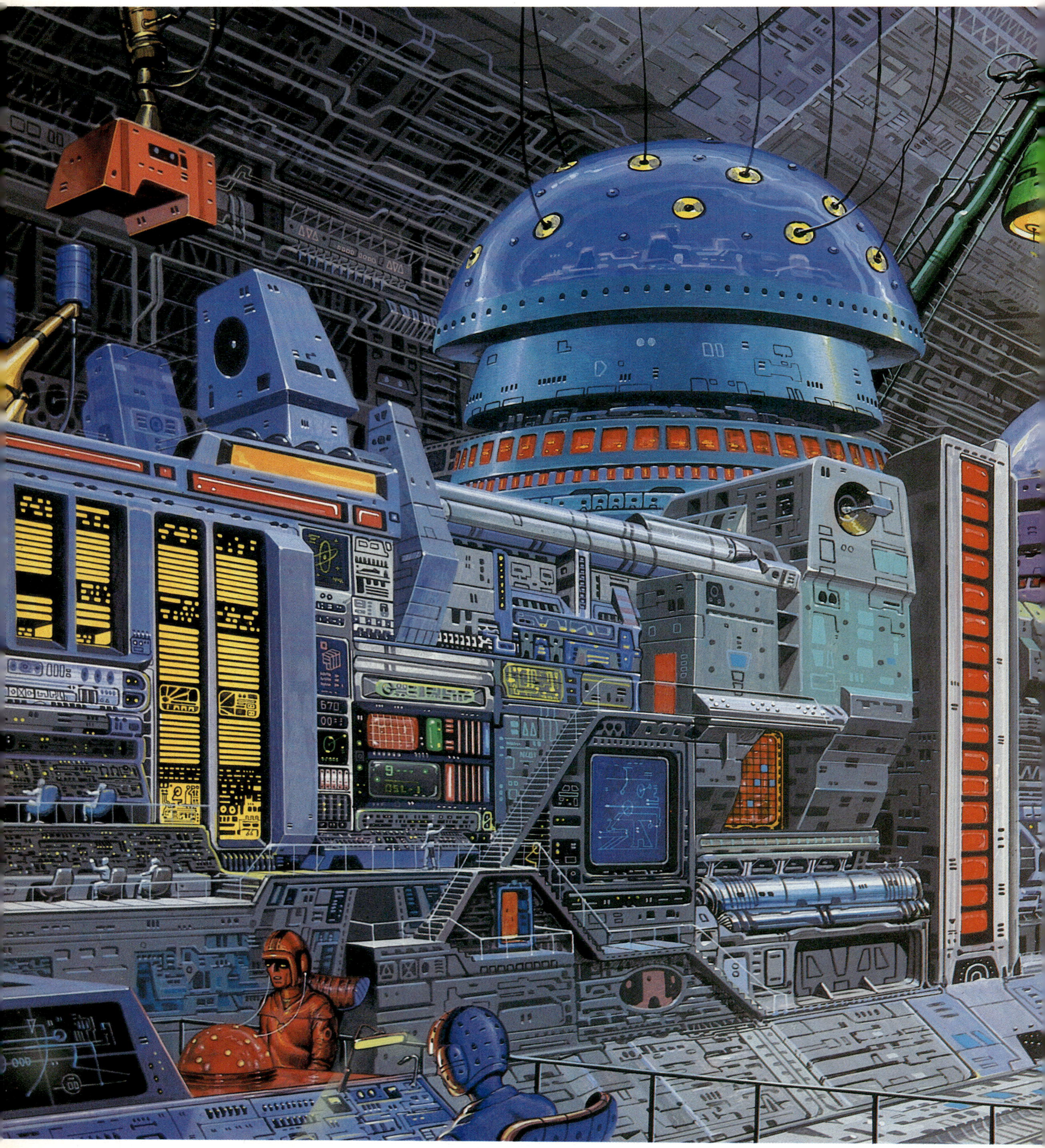

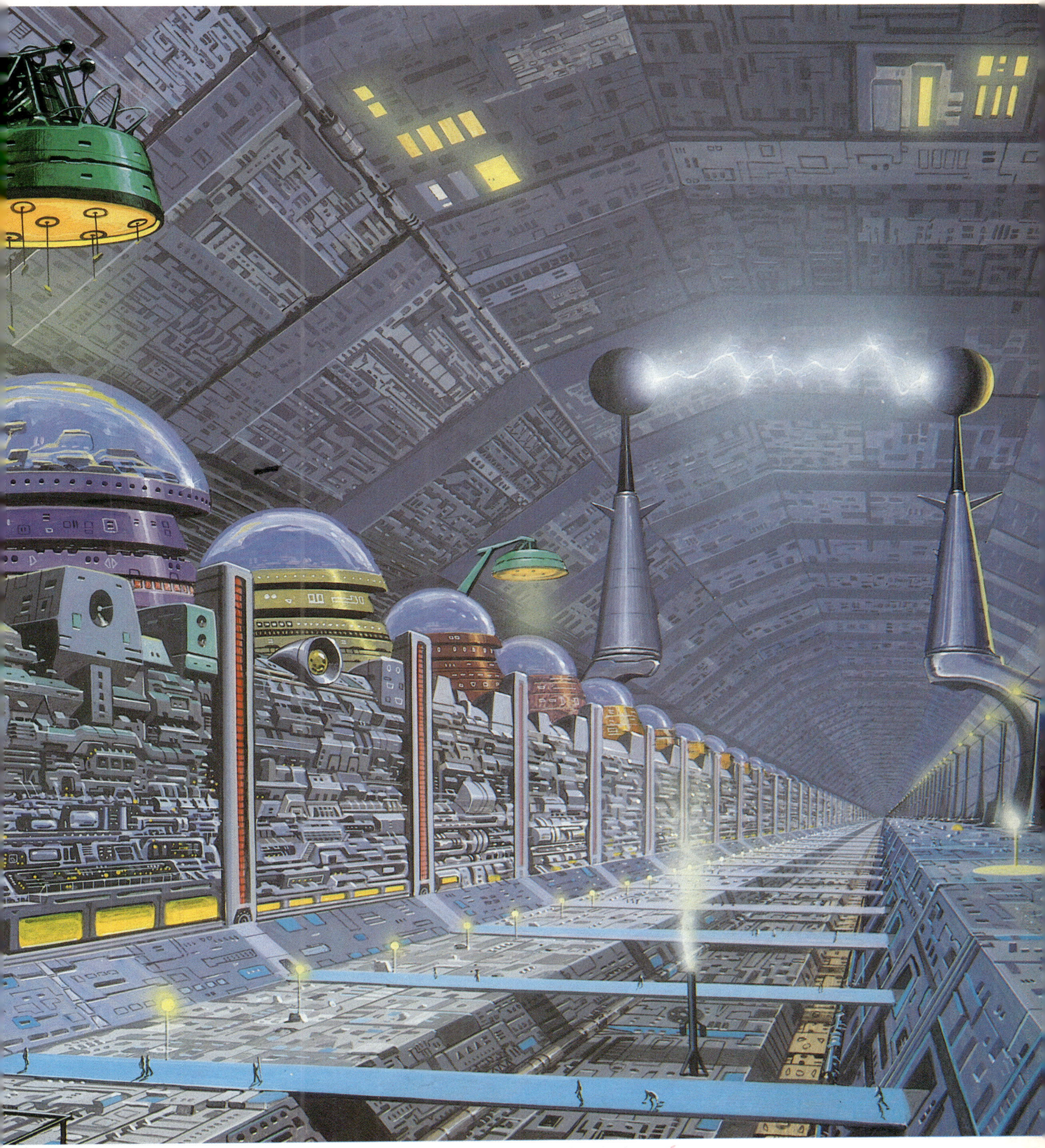

weiter«, »mein Arm ist an etwas angestoßen«, »ich bin vornüber gefallen«.

Man wird sofort begreifen, wie entscheidend wichtig Sensoren sind, wenn ein Roboter wirklich etwas Nützliches verrichten soll, wie viele Sensoren man gerne vorsehen würde, wie ärgerlich es ist, daß Roboter ganz einfache Gegenstände nicht erkennen, und dergleichen mehr. Wenn man versucht, aufgrund der Erfahrungen mit dem »blinden« Freund ein Programm aufzustellen, wird man bemerken, wie schwierig es ist, jedes Ereignis vorauszusehen und zu berücksichtigen, und wie das Anbringen weiterer Sensoren und vielseitigerer Stellantriebe das Programmieren nur noch schwieriger und komplizierter macht. Um die praktische Erfahrung zu vervollkommnen, könnte man sich selbst die Augen verbinden und sich nach dem eigenen Programm von seinem Freund dirigieren lassen. Man wird vermutlich ein trauriges Vergnügen dabei empfinden, sich ebenso dumm anzustellen und alle Kommandos so wörtlich wie möglich zu nehmen – mit dem Ergebnis, daß das Programm sehr schnell versagt.

Wir halten uns ganz selbstverständlich für fähig, uns in der Welt der Wirklichkeit frei zu bewegen, Gegenden aufzusuchen wo wir nie gewesen sind, Gegenstände zu erkennen, die wir nie gesehen haben und mit Situationen fertig zu werden, die uns noch nie begegnet sind. Wir vermögen diese fabelhaften Leistungen zum Teil deswegen zu vollbringen, weil wir ein Leben lang Erfahrungen sammeln konnten, und zum Teil, weil wir erstaunlich geschickt sind, unsere Umwelt zu erfassen, unsere sinnlichen Wahrnehmungen richtig zu deuten, die jetzigen Wahrnehmungen mit Millionen früherer Erlebnisse zu vergleichen, alle neuen Erfahrungen dem Vorrat früherer hinzuzufügen, unsere Vorstellungen von der Umwelt zu erproben und die Verhaltensregeln, nach denen wir entsprechend diesen Vorstellungen reagieren, ständig anzupassen und zu ändern. Wir werden darin durch ein hoch differenziertes Zentralnervensystem unterstützt, das alle Arten von Rückkopplungs- und Reflexhandlungskreisen enthält, die das Gehirn von der Verantwortung für eine Vielzahl von Körperfunktionen entlastet. Unser Gehirn ist intelligent in vielen erstaunlichen Hinsichten: Wir können ein Gewitter mit Blitz und Donner verschlafen, aber vom Seufzer eines Babys aufgeweckt werden; wir können Menschen aus der Entfernung an ihrem Gang erkennen; wir können zwei Töne einer Melodie hören und uns in allen Einzelheiten der Gelegenheit erinnern, in der wir sie zum ersten Mal hörten. Unser Gedächtnis speichert – oft unbewußt – ungeheure Mengen von Informationen, auf die wir bei Bedarf nahezu augenblicklich zurückgreifen können; wie sonst könnten wir Gesichter oder Gerüche erkennen, oder auch, wie sich ein bestimmter Gegenstand anfühlt?

Roboter dazu zu bringen, daß sie diese wunderbaren Fähigkeiten auch nur nachzuahmen beginnen, ist eine schwindelerregende Aufgabe und hängt völlig von den Fähigkeiten eines Programmierers ab, die von den Sensoren gelieferten Daten zu prüfen und zuzuordnen, mit gespeicherten Daten zu vergleichen und trotz unvollständiger Daten und Kenntnisse praktisch verwendbare Vorstellungen des Umfelds zu formen. Was sind denn nun die Sensoren, mit denen Roboter ausgerüstet werden, und wie arbeiten sie?

Berührungssensoren

Die Sensorfunktion hat drei Aspekte: Nähe, Berührung und Druck. Annäherungssensoren erkennen die Nähe eines Objekts, ohne es wirklich zu berühren. Dies läßt sich beispielsweise dadurch erreichen, daß der Luftdruck in einem engen Zielbereich sehr genau gemessen wird, so daß Veränderungen, die bei enger Annäherung an einen Gegenstand auftreten, registriert werden; unsere Haut und unsere Ohren tun dies, wenn sie uns ein »Ge-

Voranstehende Doppelseite: So meinte man, daß Computer aussehen sollten – moderne Tempel der elektronischen Seele. Die heutige Wirklichkeit ist sehr viel prosaischer; Schreibtisch-Computer sehen nicht nur so aus, als ob sie für die Unterhaltung daheim da wären – sie sind es auch. Großrechenanlagen sehen nicht anders als eine Sammlung von Aktenschränken aus.

Gegenüber oben: Das Sehvermögen ist ein außerordentlich wichtiger Sinn, und so ist es verständlich, daß die Robotiker unentwegt versuchen, das optische Wahrnehmungsvermögen der Roboter zu verbessern. Bei dem hier vorgestellten Versuchssystem tastet ein Laser eine Oberfläche ab und formt aufgrund der Interferenz des Laserstrahls ein Bild ihrer Konturen.

Gegenüber unten: Das Roboterauge muß seine »Eindrücke« irgendwie verarbeiten; eine Möglichkeit ist, die »gesehenen« Gegenstände als mathematische Beziehungen zwischen den Punkten eines perspektivischen Gitters darzustellen.

Unten: Die Fähigkeit, Wahrnehmungsdaten über die eigene Umgebung aufzufassen, ist eine Voraussetzung dafür, daß der Roboter seine Bewegungen selbst steuern kann. Hören, Sehen, Riechen, Fühlen und Schmecken – das »kann« auch ein Roboter; das Problem liegt darin, die aufgenommenen Daten zu einem sinnvollen »Bild« der Umwelt zusammenzufügen.

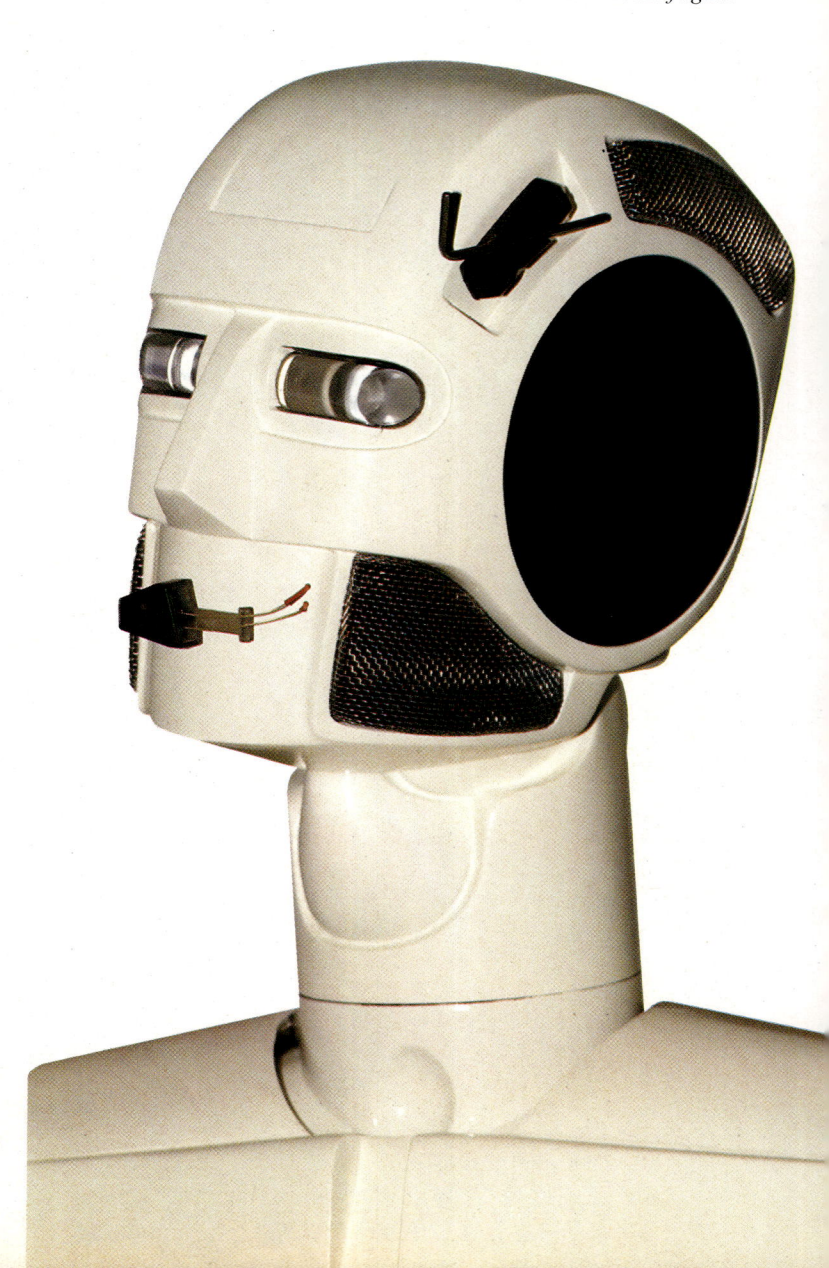

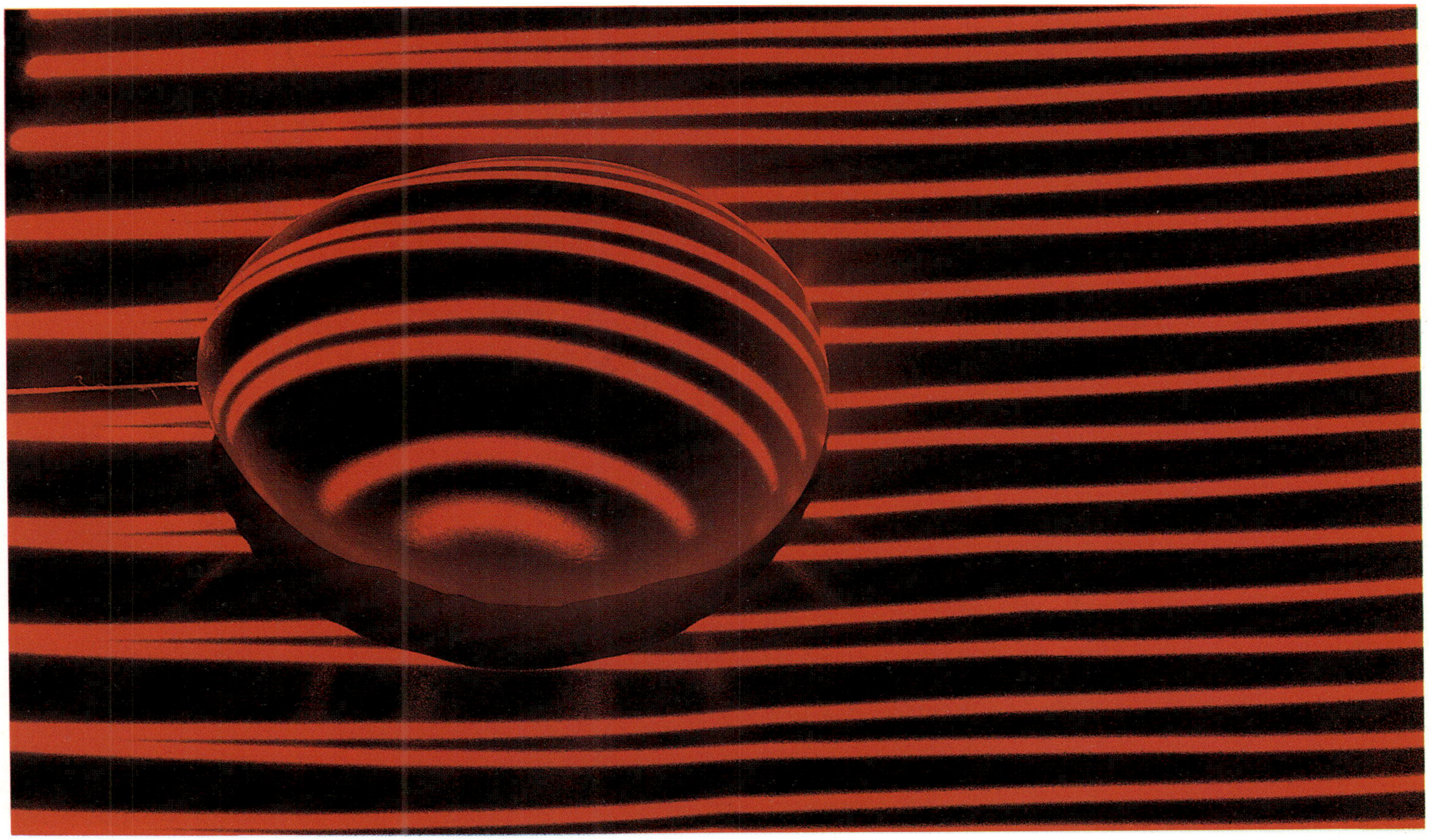

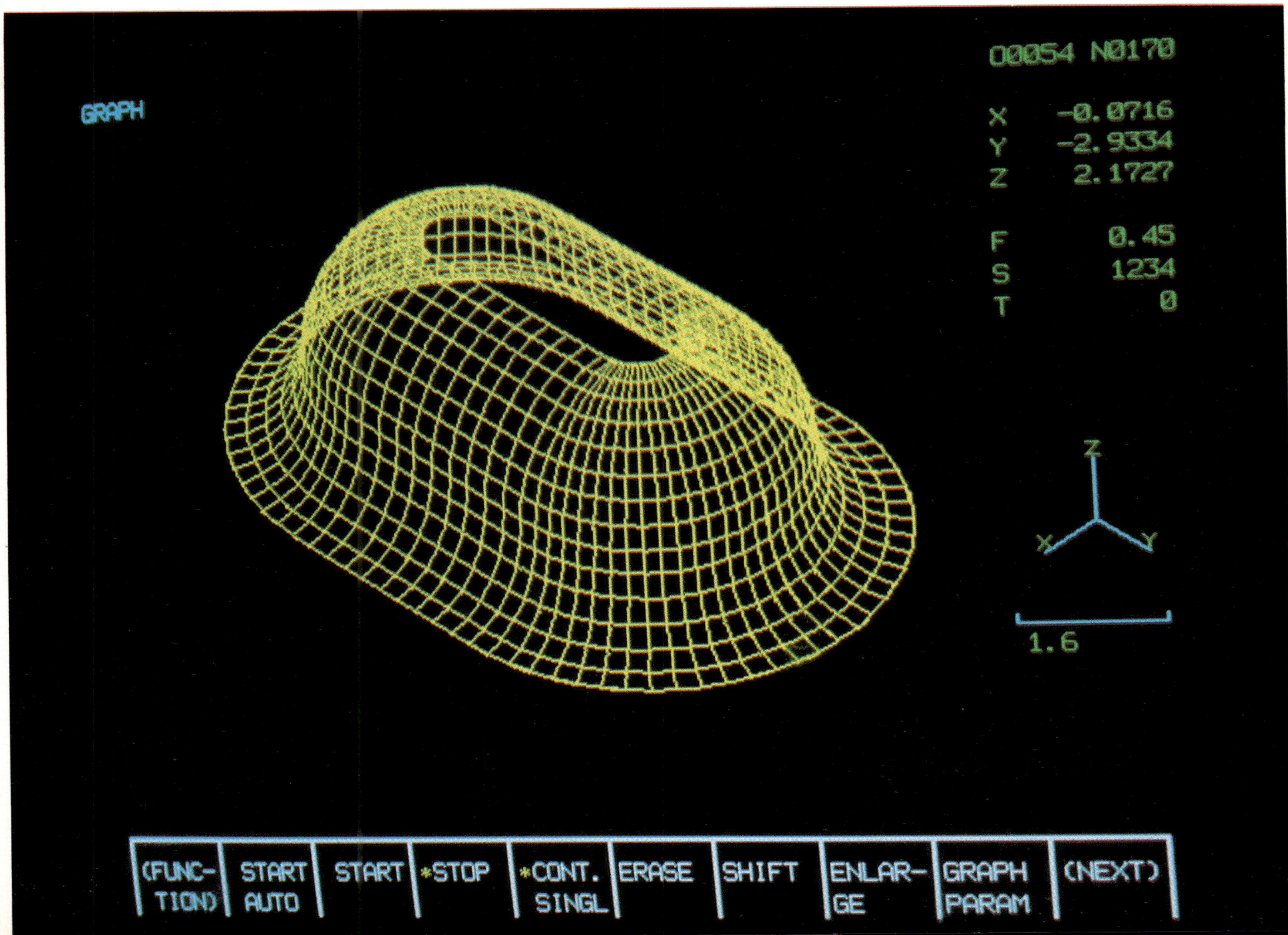

O0054 N0170
GRAPH
X -0.0716
Y -2.9334
Z 2.1727
F 0.45
F S 1234
T 0
Z
X
Y
1.6
(FUNC-TION)
START AUTO
START
*STOP
*CONT. SINGL
ERASE
SHIFT
ENLAR-GE
GRAPH PARAM
(NEXT)

spür« für unsere Umgebung vermitteln. Solche Sensoren können aber auch Radio-, Radar- oder optische Methoden der Entfernungsermittlung verwenden.

Berührungssensoren registrieren direkte Kontakte mit einem Gegenstand und geben nur »Aus«- oder »Ein«-Signale. In ihrer einfachsten Form sind sie lediglich Schalter, die bei der Berührung mit einem Objekt einschalten. Je leichter der Schalter zu bewegen ist, um so empfindlicher reagiert er auf Berührung. Drucksensoren messen nicht das bloße Auftreten oder Ausbleiben einer Berührung, sondern deren Stärke. Sie machen gewöhnlich von den piezo-elektrischen Eigenschaften gewisser Kristalle Gebrauch, die auf äußeren Druck hin einen elektrischen Strom hervorbringen; je größer der Druck ist, um so stärker ist der Strom. Solche Kristalle werden auch in den meisten modernen Feuerzeugen verwendet, um den Zündfunken zu erzeugen.

Die Wahl eines geeigneten Sensors hängt von seiner speziellen Aufgabe ab. Simple Sensoren liefern entsprechend simple Informationen, sind jedoch entsprechend billig und brauchen wenig Verarbeitungszeit; kompliziertere Sensoren sind teuer, brauchen mehr Verarbeitungszeit und oft auch mehr Strom – eine keineswegs vernachlässigbare Überlegung bei einem autonomen Roboter.

Funktionsdaten sind für sich allein schwer zu beurteilen, zumal solche Sensoren meist durch ein weiteres »Organ« ergänzt werden, um einen ausreichenden Nutzeffekt zu erzielen. Die eindrucksvollste Anwendung ist zweifellos der Schafschur-Roboter, der von der Universität von Westaustralien entwickelt wurde. Seine Berührungssensoren gestatten, den Scherkopf des Wirkorgans genau über die Haut des Tieres hinweg zu führen, ohne empfindliche Stellen zu berühren oder die Haut zu verletzen.

Optische Sensoren

Das Sehvermögen ist das wichtigste einzelne Wahrnehmungsvermögen des Menschen, wenn man die Fähigkeit, Sprache zu hören, unberücksichtigt läßt, und der Mensch ist von der Natur in wunderbarer Weise dafür ausgerüstet, die ungeheure Menge visueller Eindrücke zu verarbeiten, die wir unentwegt aufnehmen. Diese Form der Wahrnehmung mit Computermethoden nachzuahmen, erfordert einen riesigen Aufwand an Computergedächtnis und Verarbeitungskapazität; bei dem gegenwärtigen Stand der Technik können Roboter mit eingebauten leistungsfähigen visuellen Systemen nicht wirtschaftlich hergestellt werden. Immerhin kann schon mit einfachen Lichtsensoren viel erreicht werden, die im Grunde nichts anderes sind als Transistoren, die durch die Einwirkung von Licht geschaltet werden. Die von Grey Walter 1940 gebauten »Elektronischen Schildkröten« verwendeten Lichtsensoren, um ihre »Unterkünfte« aufzufinden. Roboter können ebenso gut auch infrarotes Licht aufnehmen, was den Vorteil hat, daß dieses Rauch und Dunst viel besser durchdringt als sichtbares Licht und daß es auch zum »Sehen im Dunkeln« verwendet werden kann. Außerdem können solche Sensoren eingesetzt werden, um Wärmequellen zu entdecken und die charakteristischen Wärmestrahlungsmuster von Oberflächen zu identifizieren – zum Beispiel gibt ein Gesicht Wärme auf völlig andere Weise ab als etwa ein heißer Suppenteller.

Computerfachleute haben wirkungsvolle Techniken für das Erkennen von Mustern entwickelt, die es Robotern ermöglichen, Formen zu identifizieren, wenn dem Robotercomputer beispielsweise einfache Silhouettenbilder von einer Videokamera eingegeben werden. Ein mit einer solchen Einrichtung ausgerüsteter Roboterarm kann an einem Montageband eingesetzt werden, um Teile zusammenzufügen, ein- und auszupacken, Maßtoleranzen zu kontrollieren, nach der Größe sortieren – die erste, Roboter betreffende Patentanmeldung in USA erfolgte 1954 durch

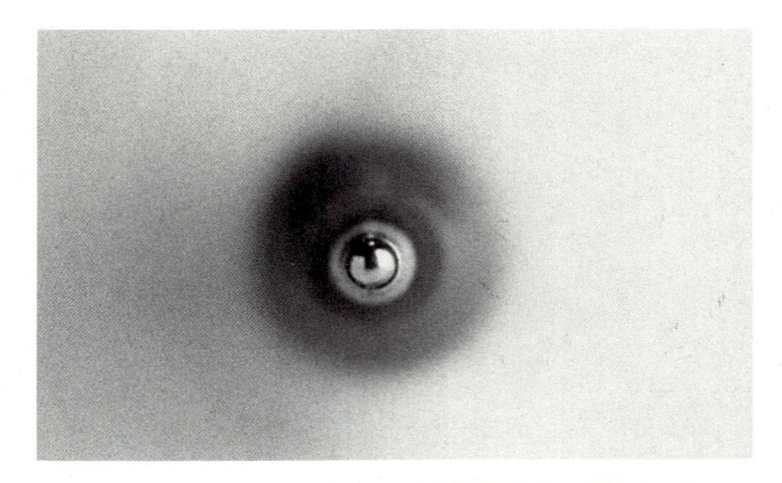

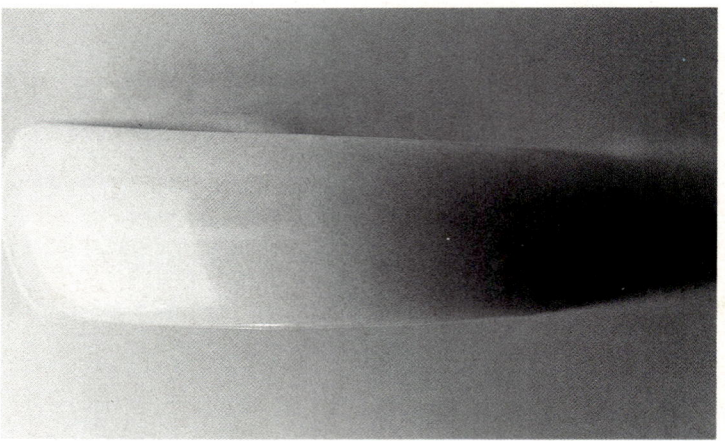

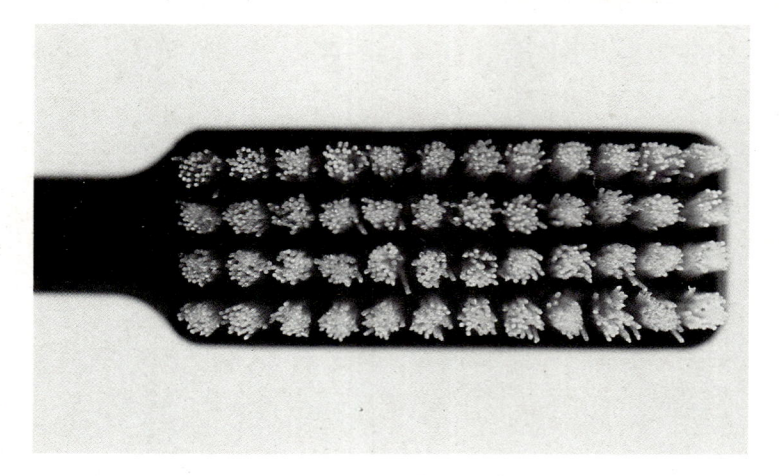

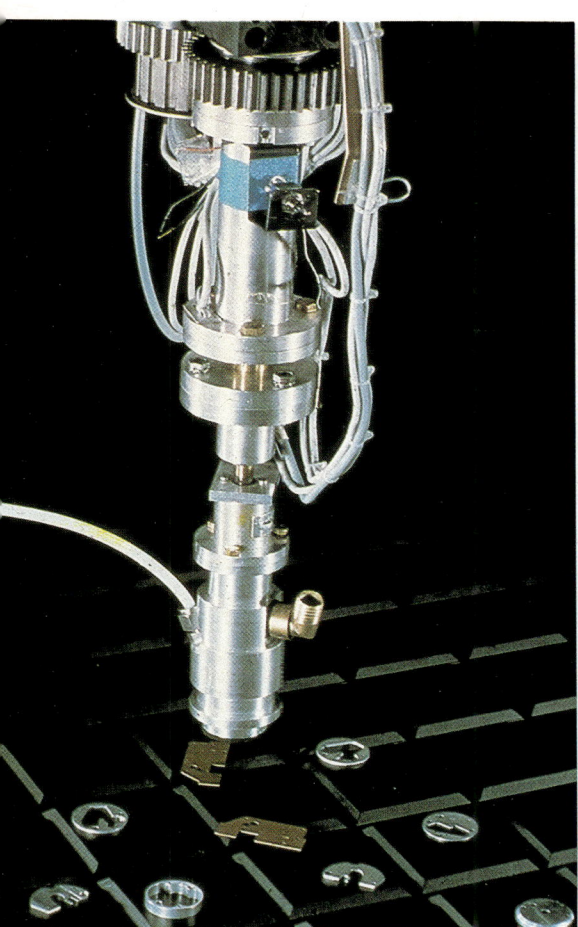

Oben, rechts oben und unten: Die Kamera dieses industriellen Sichtsystems erfaßt Einzelteile auf dem Montageband. Sie produziert Silhouetten von Standardgröße in digitaler Aufbereitung für die Verarbeitung durch den Computer. Diese relativ einfachen Bilder können vom Computer verglichen und gemessen werden, um die Identität, die Toleranzen, die Lage auf dem Band usw. zu bestimmen. Durch Reduzierung der Zahl der eingegebenen Daten und durch Spezialisierung des Informationszusammenhangs (also durch Konzentration auf jeweils wesentliche Aspekte) erzielt dieses Sichtsystem ein hohes Erkennungsvermögen. Anwendungsbreite wird gegen Genauigkeit eingetauscht.

Links: Wenn wir Gegenstände betrachten, können wir uns auf lebenslange Erfahrungen im Sehen stützen; die Nähe, die Beleuchtung und die Form der Darbietung bilden den Zusammenhang, innerhalb dessen die Gestalt der Dinge wahrgenommen wird. Wenn uns dieser Zusammenhang vorenthalten wird, sehen unsere Augen zwar dasselbe Bild, aber unser Gehirn vermag es nicht zu deuten: Wer hat die Zahnbürste, die Orangenschale, den Tassenhenkel und die Kugelschreiberspitze erkannt? Und dann stelle man sich diesen Effekt, um ein Vielfaches verstärkt, aus Roboter-»Sicht« vor!

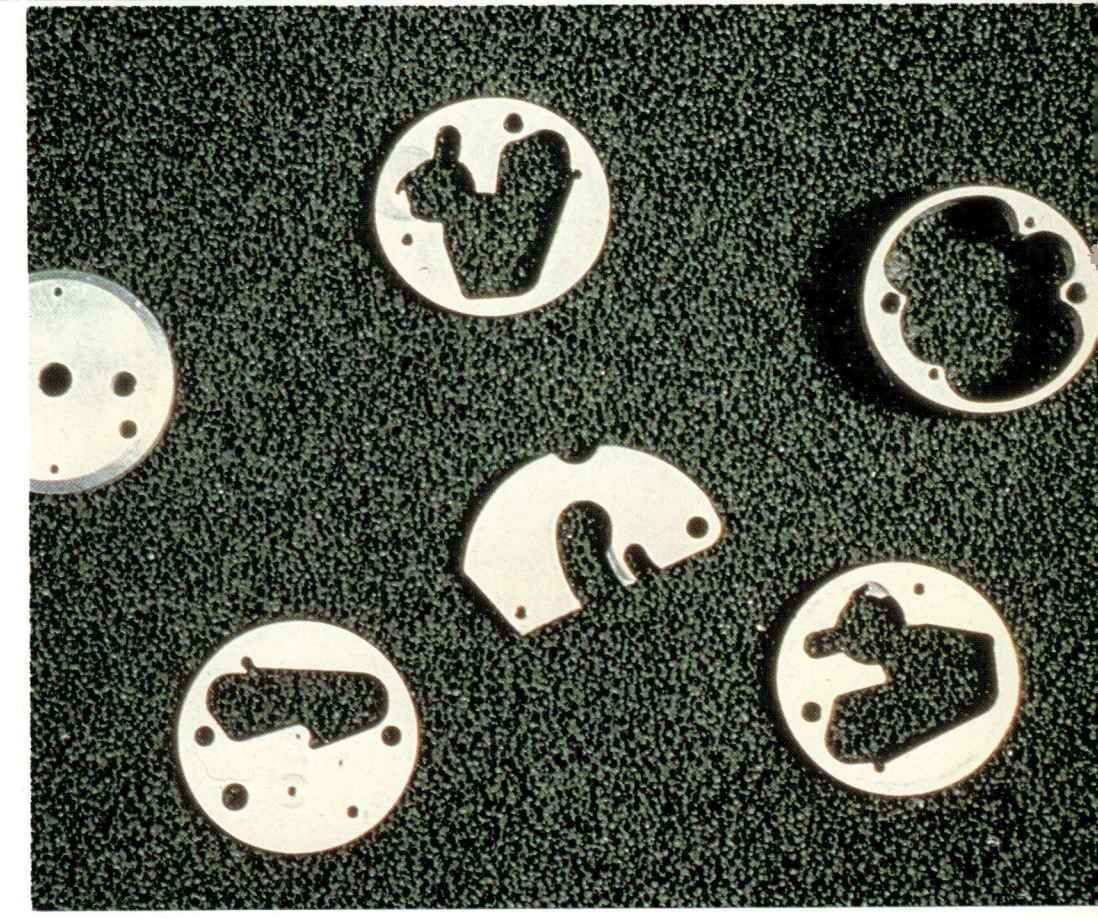

George C. Devol für »Programmiertes Umsetzen von Teilen«, und das ist genau das, was bei der Arbeit an Fertigungs- und Montagestraßen häufig vorkommt.

Akustische Sensoren

Roboter, die Sprache verstehen, haben für jemand, der sie baut oder betreibt, enorme Vorteile. Spracherkennungssysteme gibt es zwar, doch sind ihnen bisher gewisse Grenzen gezogen. Die erste Grenze gilt für alle Eingaben von Sensoren: Die Masse von Daten, um die es sich bei einer typischen Eingabe dieser Art handelt, erfordert viel Zeit, Antriebsenergie und Spezialgeräte, wenn diese Daten mit einer für Zwiegespräch und Ausführung erforderlichen Schnelligkeit verarbeitet werden sollen. So werden beispielsweise in ein Mikrophon gesprochene Wörter in den Computer in Form von Zahlenketten eingegeben, die die Frequenzmuster der Schallwellen darstellen; der Computer muß diese Muster mit gespeicherten Wortmustern vergleichen. Das erfordert Zeit und kann auch nicht genau sein – wenn ein Flensburger und ein Berner »geradeaus« sagen, dann sagen sie dasselbe Wort, aber hört es sich auch gleich an? Außerdem variieren Stimmen je nach Sprecher und je nach Umständen außerordentlich. Daher erkennen Spracherkennungssysteme entweder nur eine begrenzte Zahl vorprogrammierter Wörter von allen Sprechern, oder lernen ständig neue Wörter hinzu, aber nur von einem oder wenigen Sprechern. Dies sind keine schwerwiegenden Nachteile, aber sie haben zur Folge, daß sie Sprache im allgemeinen nur in Form einer Befehlsübermittlung durch Menschen verarbeiten können, nicht dagegen als eine Methode, die Umwelt autonom zu erkunden.

Sonstige Sensoren

Roboter können Gerüche wahrnehmen, indem sie Spuren chemischer Stoffe in der sie umgebenden Luft analysieren. In der Automobilfabrik von Austin-Rover werden Teile der Karosserie mit Gas gefüllt und dann von einem Roboter »abgeschnüffelt«. Gasgeruch deutet auf ein Leck und damit vermutlich auf eine schlechte Schweißnaht hin. Ähnliche Schnüffler werden auf kleine »fahrbare Untersätze« montiert, die selbsttätig das Innere von Gas- und Ölpipelines abfahren und ebenfalls die Schweißnähte prüfen. Schnüffler können auch das Auftreten von Rauch feststellen, indem sie die Lichtabsorption in einem Lichtbündel überwachen, durch das ständig Luftproben geblasen werden. Durch Büros und Werkstätten patrouillieren Roboter, die mit Brand- und Wasserspürgeräten ausgerüstet sind, und das dürfte auch Geschmacks- und Geruchssinn einbeziehen.

Auch Wärmesensoren können nützliche Informationen liefern und weitere Anwendungsmöglichkeiten erschließen. Ein mit Wärmesensoren und Thermoelementen ausgerüsteter Roboter könnte in Stahlwerken eingesetzt werden, um Hitzeausbrüche zu lokalisieren und die Temperaturen zu messen.

Eine Schnellgaststätte in Manhatten plant, für die Ausgabe von »Hamburgern« bis Weihnachten 1986 einen sechsarmigen Roboter »einzustellen«; er kann angeblich angebrannte Exemplare entdecken und beseitigen, Soßenreste von den Tischen entfernen und Bestellungen entgegennehmen. Wenn er nicht gerade anderweitig »im Einsatz« ist, soll er fröhliche Lieder singen und Randalierer beschwichtigen.

Entstehen eines Gesamtbildes

Die technische Erfassung einzelner Aspekte der Umgebung ist nicht schwer, wohl aber die Verarbeitung der Daten. Die Formung eines verständlichen Bildes der Wirklichkeit, nicht nur eines künstlich erfaßbaren näheren Umfeldes wie etwa eines Arbeitsplatzes, erfordert geschickte und scharfsinnige Programmierung und äußerst leistungsfähige Computer. Die Kosten für Rechenleistung und Speicherkapazität sowie die Größe der Bauelemente nehmen ständig ab, so daß es technisch und finanziell möglich ist, autonome Roboter mit immer mehr Sensorkapazität auszurüsten. Zugleich beschäftigen sich Wissenschaftler auf der ganzen Welt mit der Erforschung und Entwicklung künstlicher Intelligenz und erarbeiten Programme, die Computer in den Stand versetzen, ein Bild der wirklichen Welt – oder auch einzelner ihrer Aspekte – zu gewinnen. »Expert Systems« sind Programme, die Menschen bestimmter Zielgruppen ausfragen, um einen Grundstock von Informationen und Einsichten zu bilden – zum Beispiel hinsichtlich der verschiedenen Wege, aufgrund der Angaben von Patienten Krankheiten zu diagnostizieren – und dann durch Lernen aus Erfahrung auf dieser Grundlage weitere Einsichten zu gewinnen.

Die Fähigkeit, für sich selbst eine Art Wegekarte für das Interpretieren von Kenntnissen aufzubauen, ist ein wesentlicher Teil der technischen Spezifikation eines autonomen Roboters. Wie wir gesehen haben, ist es leicht, Kenntnisse zu erwerben, aber deren Verständnis erfordert die vergleichende und zusammenfassende Verarbeitung der von den Sensoren gelieferten Daten, ergänzt durch deren Vergleich mit gespeicherten Daten und schließlich durch den Vergleich von Hypothesen mit den tatsächlichen Vorgängen. Dies ist das Kernproblem aller Informationsverarbeitung, wie es besonders deutlich bei den Roboter-Tischtennisspielen 1985 in London zum Ausdruck kam; die Wettbewerber mußten einen Roboter konstruieren, der einen zugespielten Ball annehmen und über das Netz zurückschlagen kann, und zwar auf einem Tisch von rd. 200 × 50 cm. Der Roboter mußte die Position des Balls während des Flugs erfassen, Voraussagen über die Flugbahn machen und seinen Schläger in die richtige Position zum Schlagen bringen. Wenn dies dem Roboter einmal beigebracht worden ist, wird es sicherlich zu schnellen Ballwechseln zwischen konkurrierenden Robotern kommen, was wiederum die Konstrukteure zwingen wird, Spielanalyseprogramme und Schlagspiel-Software zu entwickeln. Die Bedeutung der Integration, der zusammenfassenden Auswertung der Sinneseindrücke für das Auffassen und das Verständnis einer Situation wurde anhand einiger psychologischer Tests demonstriert, bei denen guten Tischtennisspielern während des Spielens die Ohren verstopft worden waren; ihre Fähigkeit, ihren Schläger für das Zurückschlagen in die richtige Position zu bringen, litt an dem Ausbleiben der Information über Geschwindigkeit, Richtung und Drall des Balles, die das Aufschlaggeräusch auf dem Schläger des Gegners geben kann. Offensichtlich liefert das Auge eine Fülle von Informationen über diese Faktoren, aber die Ergänzung durch das Gehör bietet eine entscheidende Kontrollmöglichkeit. Das Beschaffen von Daten erledigen wir sofort, das Verstehen dauert etwas länger (in Anlehnung an den bekannten amerikanischen Spruch: »Das Schwierige erledigen wir sofort, das Unmögliche braucht etwas länger!«)

Rechts: Der teure »letzte Schrei« von heute ist die Mindestausstattung des Roboter-Narren von morgen. Dieses rein britische visuelle System besteht aus einem Beasty-Arm, zwei Servomotoren nebst Beasty-Steuergerät, einer Event One Snap Camera (also für Einzelaufnahmen) und einem BBC-Mikrocomputer.

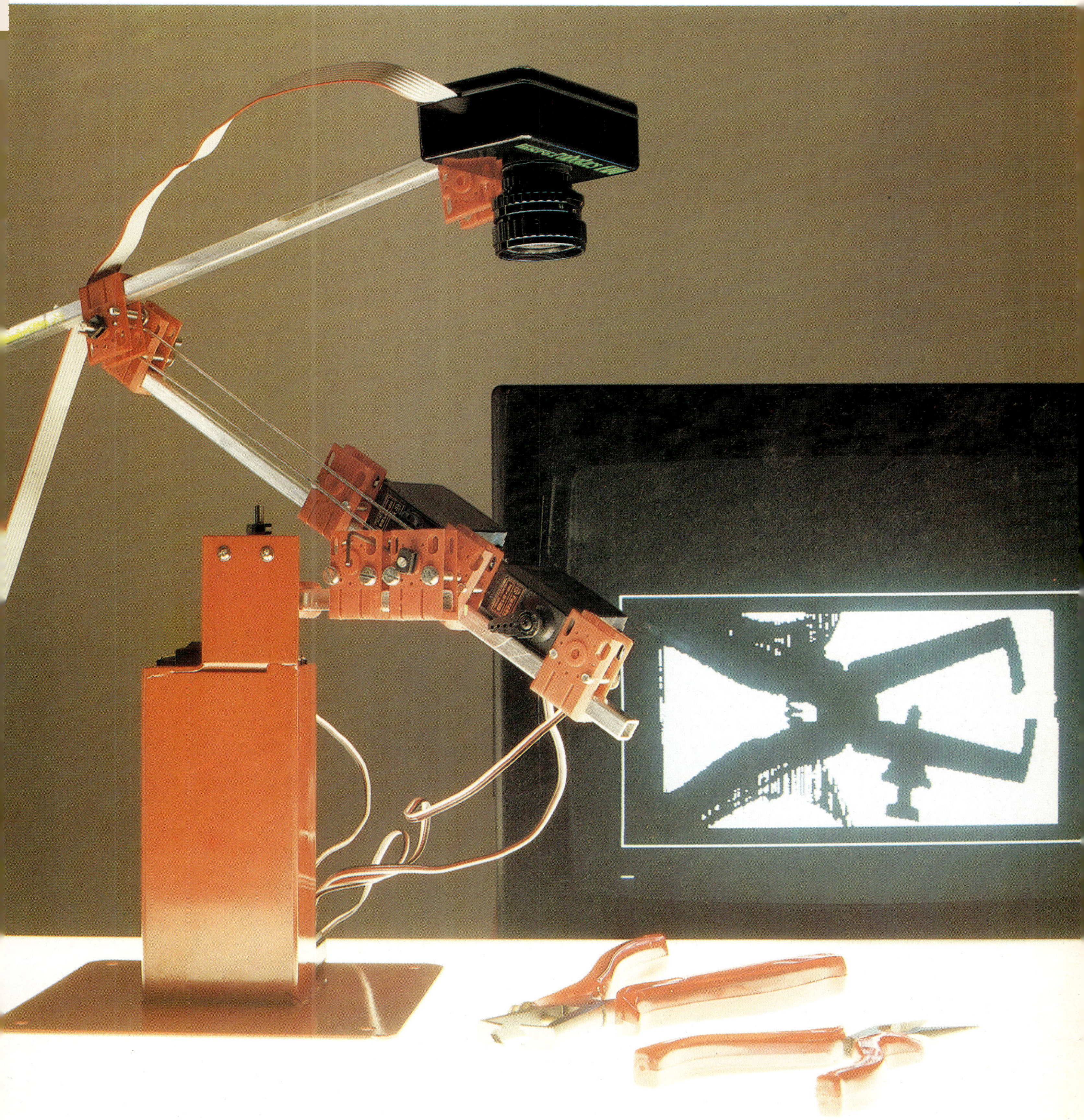

Roboter in der Industrie

*»Ich liebe die Arbeit; sie fasziniert mich.
Ich kann stundenlang dasitzen und ihr zusehen.
Ich habe sie so gern um mich herum;
der Gedanke, sie loszuwerden, bricht mir fast das
Herz.«*
Jerome K. Jerome, Drei Männer im Boot

Seit die Roboter aus den Computerlaboratorien auszogen, um die Welt der Arbeit im allgemeinen und die Fabriken im besonderen zu erobern, hat sich ihre Rolle als Arbeiter in mehreren klar umrissenen Bahnen weiterentwickelt. Zu dieser Rollenverteilung ist es durch das Wechselspiel zwischen den Erwartungen der Unternehmer, den Fähigkeiten der Roboter und der Einfallsfreudigkeit und dem Geschäftsgeist ihrer Väter gekommen. Natürlich ging dieses Wechselspiel nicht ohne innere Reibung ab, doch scheint dabei mehr Licht als Reibungswärme entstanden zu sein; jedenfalls entwickelt sich auf einem Gebiet, das für die Gegensätzlichkeit der Meinungen und die Flüchtigkeit seiner Definitionen bekannt ist, ein bemerkenswertes Maß von Übereinstimmung über die nützliche Verwendung von Robotern als eines zusätzlichen Faktors im Produktionsprozeß.

Eine der einflußreichsten Stimmen auf dem Gebiet des Industrieroboters ist im ganzen bisherigen Verlauf seines Lebens die Joseph Engelbergers, des Präsidenten der von ihm selbst 1961 gegründeten Unimation Inc., der ersten amerikanischen Firma, die sich ausschließlich mit Robotertechnik befaßt. »Mit der Robotik«, sagt Engelberger, »werden wir eine fortgesetzte und stetige Abnahme an Latzhosen-Arbeitern (blue collar workers) haben. Während der nächsten 25 Jahre werden sie weitgehend durch Köpfchenarbeiter (knowledge workers) ersetzt werden. Das sind diejenigen, deren menschliche Anpassungsfähigkeit und deren Grips entscheidend wichtig, viel wirtschaftlicher sowie geschickter im Nutzen von Möglichkeiten ist als das begrenzte Begriffsvermögen, das wir von einem Roboter zu erwarten haben.« Diese Auffassung wird unterstrichen durch die Worte eines relativen Neulings auf diesem Markt, Phillipe Villers, der 1980 eine neue Art von Roboter-Unternehmen gegründet hat und dessen Präsident er ist: »Wir möchten Führer auf einem Gebiet werden, das es bisher noch nicht gegeben hat ... Robotersysteme. Das bedeutet, die Roboter, die Computer, die Software, die höher entwickelten Sinne wie das Sehvermögen zu packen und sie alle für den Kunden zusammenzuspannen – eine Tätigkeit, die die Kunden gegenwärtig noch selbst übernehmen müssen.«

Villers fährt fort, indem er den früheren und den gegenwärtigen Stand der »Robotik« folgendermaßen klassifiziert: »Die erste Welle der Robotik besteht im wesentlichen aus mächtigen Hantierungsgeräten, anspruchslosen Kolossen, die schwere Lasten unter besonders widrigen Einsatzbedingungen bewegen. Die Roboter der zweiten Welle, die soeben erst anrollt, sind generell leicht, wendig und ›intelligent‹, letzteres in zweierlei Hinsicht: Erstens können sie sich in gewisser Weise an ihre Umgebung anpassen, da sie mit einem besseren Wahrnehmungsvermögen, insbesondere visuell, ausgerüstet sind; die zweite Verbesserung betrifft die Computerleistung, die das, was an Wahrnehmungen gemeldet wird, auch zu verwerten vermag, um sich so der jeweiligen Aufgabe anzupassen. Darum also geht es im wesentlichen bei den Robotern der zweiten Welle: sie sind intelligent mit fortschrittlichen Sensoren und intelligenteren Computern.«

Vermutlich geht Villers von der Vorstellung aus, daß die Roboter der dritten Welle – schneller, kräftiger, mit mehr Sensoren bestückt, durch intelligentere Software für einen größeren Bereich komplizierterer Aufgaben geeignet – die alleinige, komplette Belegschaft nach den Traumvorstellungen der Industriellen sein könnte, die totale Automation, nur noch »Blechkragen-Arbeiter« (metal collar workers), keine Menschen. Ist es das, was er meint? »Die automatisierte Fabrik, von der die Leute reden«, sagt Villers, »ist ganz ähnlich wie der Heilige Gral, etwas, nach dem man unentwegt sucht und dem man immer näher zu kommen glaubt, ohne ihn jedoch jemals zu erreichen ... Aber, was haben Sie denn vor zu ersetzen? Leute, die als Roboter eingesetzt sind – das ist alles, was Roboter zu tun vermögen.« Und das deckt sich mit Engelbergers Ansicht vom Einzug des Roboters in die Werkstatt: »Roboter finden ganz behutsam Eingang in die Belegschaft ... Unter unseren 3000 Robotern wüßte ich keinen, von dem jemand irgendwo sagen könnte: ›Halt, der da hat mir meinen Arbeitsplatz weggenommen!‹ ... Der vernünftige Weg, Arbeitskräfte abzubauen, ohne eine Krise heraufzubeschwören, ist der mittels der natürlichen Abgangsquote. In der amerikanischen Metallindustrie beträgt sie etwa 16 Prozent im Jahr ... Man stellt also Roboter an Arbeitsplätze, die es vorher gar nicht gab, oder man setzt sie an Plätzen ein, die durch einen Rentner freigemacht worden sind, oder man verwendet sie für Arbeiten, die so mies sind, daß sie niemand anderes machen will.«

Bei all seiner Pioniervergangenheit in einer hochtechnisierten Industrie, die mit romantischen Legenden und Science-Fiction-Stories umkränzt ist, hat Engelberger eine sehr klare Vorstellung von der »Robotik« als eines Elements des historischen Fortschritts in der amerikanischen Industrieproduktion als Ganzem. »Ich betrachte die Robotik als eine andere Form der Automation, eine Methode, die Produktionsprozesse zu revolutionieren. Bedenken Sie, daß 1870 immerhin 47 Prozent aller Arbeitskräfte in der Landwirtschaft tätig waren; 1970 waren nur noch vier Prozent der Arbeitskräfte dort eingesetzt. In einem Zeitraum von hundert Jahren hat sich also das gesamte Bild völlig geändert. Das hat diesem Land eine ungeheure Kraft gegeben.«

Amerikanische und japanische Gewerkschaften stimmten mit diesen Ansichten weitgehend überein, als Villers erste Roboterwelle sachte bis an die Fabriktore kam. In Japan traf dies zufällig mit einem unverhältnismäßig starken Anstieg der Lohnkosten zusammen, was sich in einem entsprechenden Produktivitätsrückgang widerspiegelte. Sowohl die Gewerkschaften wie die Unternehmer hielten es für wahrscheinlich, daß der Einsatz einfacher Roboter im Materialtransport die Produktivität durch unmittelbare Verbesserung des Durchsatzes verbessern würde. Bezeichnenderweise verbesserte er die Produktivität mitsamt der Arbeitsmoral, indem er die menschlichen Arbeiter von den anstrengenden und schmutzigen Arbeiten in der Fertigung befreite, die wenig Leute freiwillig übernehmen würden und die noch viel weniger Leute während einer ganzen Schicht zuverlässig ausführen könnten. Die japanische Einstellung gegenüber Wandlungen in den Arbeitsmethoden und Beschäftigungsformen zielte immer darauf ab, Verbesserungen der Produktivität für die Bezahlung anscheinend überflüssiger Arbeitskräfte zu benützen, worin man in anderen Ländern lediglich eine nutzlose Vergeudung der müh-

Gegenüber: Die wesentlichen Qualitäten eines Industrieroboters sind an diesem leistungsfähigen, tintenfischähnlichen Manipulator der Northrop Corporation (USA) deutlich zu erkennen. Kraft und Stärke kommen in seiner Form zum Ausdruck, Vielseitigkeit in der Verwendung eines Wirkorgans mit Saugnäpfen, um die zerbrechlichen Graphitplatten zu heben, und einfache Programmierbarkeit in der Verwendung eines tragbaren Einlern-Steuergeräts durch den Operator.

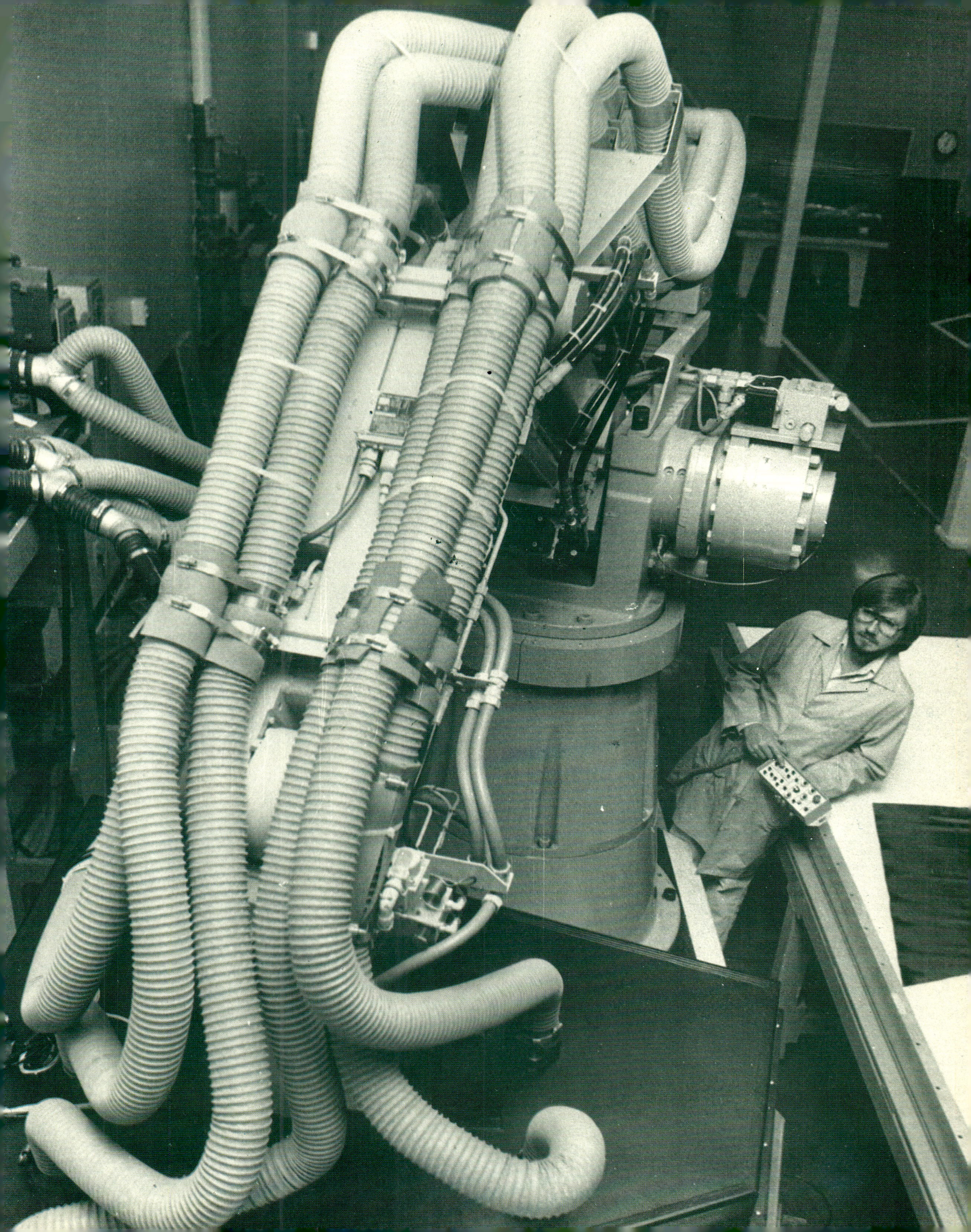

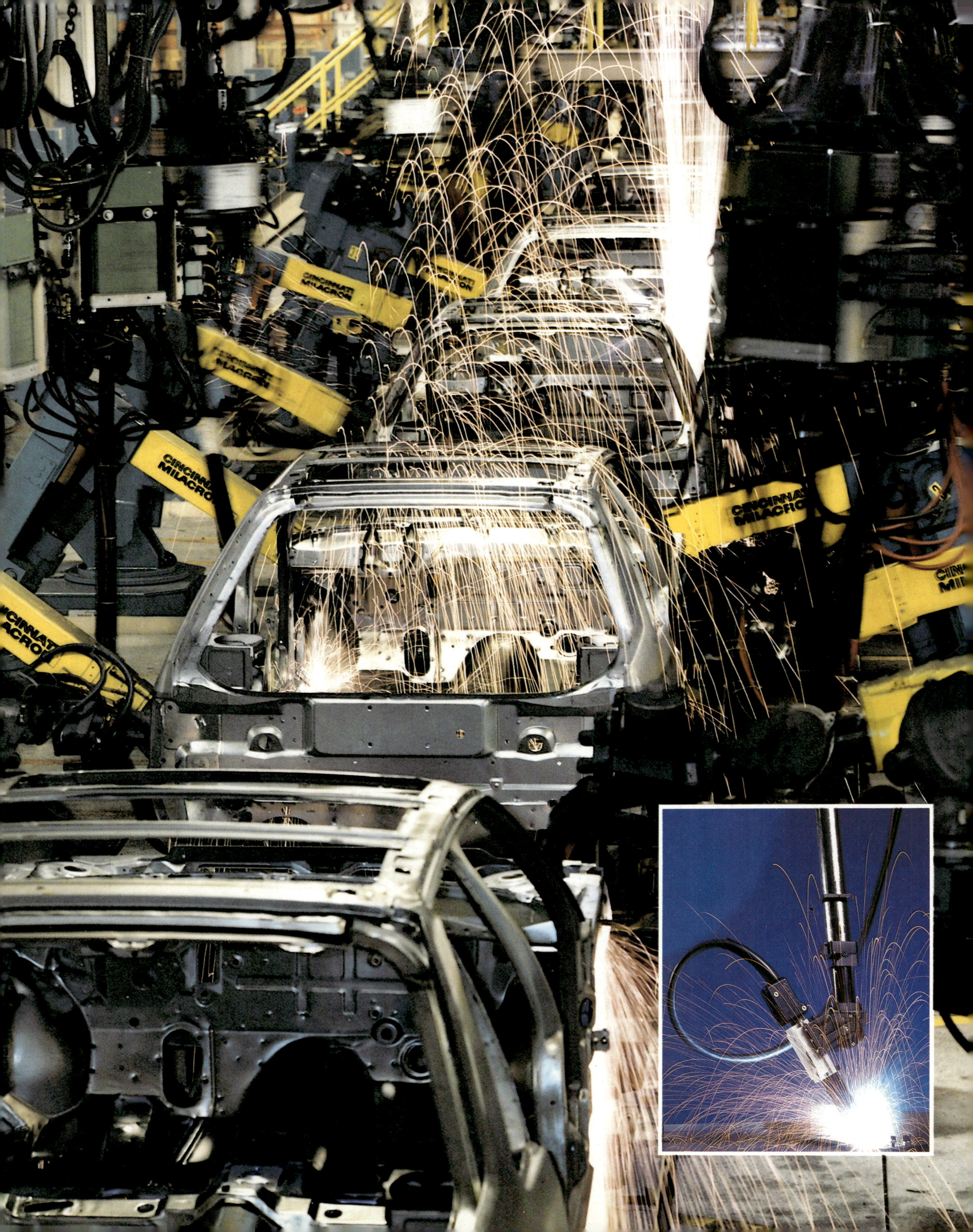
CINCINNATI
MILACRON
CINCINNATI
MILACRON

Gegenüber: Industrielle Fertigungsstraßen sind wegen des Lärms, der Eintönigkeit, der Gefährlichkeit und des Entfremdungseffekts nie ein angenehmer menschlicher Arbeitsplatz gewesen. Diese funkensprühende Roboter-Szenerie, erfüllt von gespenstiger Betriebsamkeit, beschwört Vorstellungen von der Schmiede des Vulkan herauf.

Gegenüber unten: Die saubere Funktionalität dieses Schweiß-Wirkorgans macht deutlich, daß in der Robotertechnik noch mehr als anderswo die formale Schönheit zwanglos aus der funktionsgerechten Konstruktion erwächst.

Rechts: Das Dichten von Nähten an Autokarosserien ist nicht nur ermüdend, sondern wegen des aggressiven Geruchs sehr unangenehm. Der mit einer Klebepistole ausgerüstete Milacron-Arm von Cincinnati (USA) braucht nur wenige Gelenke und eine relativ geringe Antriebsleistung, um mit dem Fertigungsfluß Schritt zu halten. Seine Positionssensoren gestatten ihm, seinen Arbeitsrhythmus dem Taktbetrieb anzupassen.

sam erzielten Produktivitätsgewinne gesehen hätte. Angesichts von vierzig Jahren industrieller Erfolge, mit denen die Japaner die übrige Welt überrundet haben, dürfte es europäischen und nordamerikanischen Beobachtern schwerfallen zu behaupten, daß die japanische Verhaltensweise widersinnig der verschoben sei, wie eklatant sie auch gegen hergebrachte westliche Managementprinzipien verstoßen mag. Es bleibt abzuwarten, ob die Produktivitätsgewinne durch die zweite und dritte Roboterwelle für die Japaner lohnend und befriedigend genug sein werden, um den Arbeitsfrieden auch dann zu erhalten, wenn die von den neuen Robotern übernommenen Arbeiten nicht immer nur die anspruchslosen, stumpfsinnigen und gefährlichen sind.

Die Einstellung der japanischen Gewerkschaften fand in den Köpfen ihrer amerikanischen Kollegen einen gewissen Widerhall, sowohl wegen ähnlicher sozialer Verpflichtungen gegenüber ihren Mitgliedern wie auch wegen der allmählich dämmernden Einsicht, daß amerikanische Erfolge in der Produktivität und im Exportgeschäft gegen eine ständig wachsende japanische Konkurrenz gewonnen werden müssen; alles, was die Produktivität verbesserte, verbesserte auch die Sicherheit der Arbeitsplätze. Es sieht nun allerdings so aus, als ob die zweite Welle diese Betrachtungsweise in Frage stellen könne. Irving Bluestone, Vizepräsident der amerikanischen Automobilarbeiter-Gewerkschaft, meinte 1979: »Die Einführung der Automation wird in den nächsten fünf bis 15 Jahren so schnell erfolgen, daß die Umbesetzungen an Arbeitsplätzen Formen annehmen, denen wir unsere Aufmerksamkeit in immer stärkerem Ausmaß zuwenden müssen ... Ein Roboter kostet heute etwa 20 000 Dollar; das ist weniger, als es kostet, einen Arbeiter ein Jahr lang an ein Montageband zu stellen. Angesichts so geringer Kosten kann man sich vorstellen, welche Art von Investitionen General Motors, Ford, Chrysler und die Unabhängigen vornehmen werden, um Roboter und computerisiertes Gerät in die Fabriken zu bringen.« Im Licht dieser Worte entbehrt es nicht der Pikanterie, daß der »historische« erste Roboter von Unimation 1961 an Ford verkauft wurde; noch viel bezeichnender ist es, daß Ford bis zum heutigen Tag von Robotern als von »Universalen Transfergeräten« (universal transfer devices) spricht, eine Bezeichnung, die Ford 1961 als akzeptable Beschönigung für das nach seiner Meinung besonders heikle Wort »Roboter« einführte.

Vielleicht sollte das letzte Wort einem der ersten überlassen werden, die sich zu diesem ganzen Thema geäußert haben – George C. Devol, der die Bezeichnung »universal automation« prägte, woraus dann der Name »Unimation« werden sollte, und dessen einschlägige Patentanmeldung von 1954 die erste ihrer Art in den USA war (wenn auch nicht die erste in der Welt – diese Ehre gebührt dem britischen Erfinder Cyril W. Kenward, dessen Patentanmeldung für das United Kingdom vom März 1954 der von George Devol um ein paar Monate vorausging). Als er 1983 über die Zukunft der »Robotik« und ihre Auswirkungen auf das Wohlergehen der Menschen schrieb, war er optimistisch: »Wie wiederholt ausgeführt worden ist, werden Roboter, die der menschlichen Arbeiterschaft gefährliche, stumpfsinnige und immer wiederkehrende Arbeiten abnehmen oder doch erleichtern können, einen tiefgehenden Einfluß auf die Strukturen ausüben, die die Industrie – und die Gesellschaft – in den kommenden Jahren annehmen wird. So wird beispielsweise vorausgesagt, daß bis 1995 Arbeitsverletzungen und -unfälle um bis zu 40 Prozent zurückgehen werden, als ›Ergebnis der Installierung von Robotern‹ ... Ich glaube, daß die Menschheit Besseres zu tun hat, als selbst Roboter zu spielen. Es ist ein furchtbarer Gedanke, sich einen Menschen vorzustellen, der es mit einer Maschine aufnehmen muß. Aber wenn wir uns alles gut überlegen, dann können wir diese Maschinen nutzen, unsere Nation wieder auf den Weg der Produktivität zurückzuführen und unseren Nachfahren eine Welt zu hinterlassen, die zwar hoch industrialisiert, aber auch ein viel angenehmerer Ort sein wird, um darin zu leben und zu arbeiten, als sie es je gewesen ist.«

Anstrengend, gefährlich und schmutzig

Außerhalb der Fabriken sind die Arbeitsbedingungen für den Menschen am unangenehmsten unter der Erde, unter dem Meer, in chemischen Fabriken und kerntechnischen Anlagen und – wenn man dies hier einbeziehen will – auf dem Schlachtfeld. Ro-

Oben: Was wie ein militärischer Totengräber oder ein landwirtschaftlicher Gefechtspanzer aussieht, ist in Wirklichkeit ein ferngesteuerter, fahrbarer Manipulator. Er wurde schon frühzeitig von der deutschen KHG für Wartungs- und Überholungsarbeiten in Kernenergieanlagen entwickelt.

boter und selbsttätige Geräte werden in immer größerem Umfang eingesetzt, teils aus unmittelbarer Rücksichtnahme auf den Menschen, teils, weil der Roboter die hohen Kosten sparen hilft, die Schutz und Erhaltung menschlichen Lebens unter gefährlichen Einsatzbedingungen verursachen.

Der Steinkohlebergbau ist schon lange in großem Umfang mechanisiert worden, und die Einführung der Robotertechnik ist ein wichtiger Schritt auf dem Wege zu vollständiger Automation. Mit der »intelligenten« Steuerung ihrer Operationen und Sensorsystemen, über die Roboter in zunehmendem Maße verfügen, sind allmählich die Voraussetzungen geschaffen, den Untertagebetrieb zu einem verketteten Produktionssystem auszubauen, das an die Stelle der mehr oder weniger konventionell organisierten Arbeitsprozesse tritt, bei denen Maschinen und Geräte von Menschen gesteuert und überwacht werden. Die Robotertechnik macht es beispielsweise möglich, die Arbeit der riesigen Schrämmaschinen an der Abbaufront mit dem Betrieb der Förderbänder und der Grubenbahn, die die Kohle abtransportieren, zu synchronisieren und gleichzeitig, dem »schreitenden Ausbau« folgend, die hydraulischen Deckenstempel zu setzen sowie ständig die Qualität der Kohle zu kontrollieren und Anzeichen für den weiteren Verlauf des Flözes zu erkennen. Die neuere Entwicklung von Geruchs- und Geschmackssensoren fußt weitgehend auf bergbaulichen Untersuchungen über das Erkennen drohender Gasausbrüche und Wassereinbrüche.

Nicht so weit unter Tage wie Bergwerke, aber für den Menschen nicht weniger unangenehm sind die Abwasserkanäle, Versorgungs- und Entsorgungstunnel, Kabelschächte und dergleichen unter unseren Städten. Roboterfahrzeuge mit Bahnverfolgung, bis jetzt noch mit Fernsehkameras und Steuerkabeln dirigiert, werden für die Inspektion und Reinigung von Abwasserkanälen, Abflußrohren und sonstigen unterirdischen Kanalisationssystemen eingesetzt. Mit dem Ausbau eines internationalen Netzes von Öl- und Erdgas-Pipelines könnte dies ein bevorzugtes Einsatzgebiet solcher Inspektions- und Wartungsroboter werden. In England (und auf dem Kontinent) werden Pläne für überregionale Kabelnetze auf Glasfaserbasis zur Übertragung von Fernsehprogrammen und Nachrichten ausgearbeitet. Es ist durchaus denkbar, daß für einen großen Teil dieser Arbeiten Roboterfahrzeuge eingesetzt werden, und es ist auch schon vorgeschlagen worden, die Kabel in Ver- und Entsorgungskanälen zu verlegen, wo sie mittels eines Bohrgeräts und einer Klebepistole an der Wand befestigt werden könnten.

Die Britische Telefongesellschaft, British Telecom International, besitzt umfassende Erfahrungen in der Kabelverlegung unter allen geographischen Bedingungen und hat einen Untersee-Kabellegerroboter ständig weltweit im Einsatz. Er heißt Seehund und ist ein großes Kettenfahrzeug, dessen Chassis von einem leichten Kampfpanzer stammt; er wird von dem Mutterschiff, das das Kabel mitführt und mit den zugehörigen Überwachungsgeräten ausgerüstet ist, ferngesteuert und kann sich sowohl über Wasser wie unter Wasser fortbewegen, vor allem aber auch auf dem Meeresboden kriechen. Er kann dort einen Graben »pflügen«, das Kabel hineinlegen und diesen beim Fahren wieder zuschütten. Er kann weiterhin bereits vorhandene Kabel orten und

Rechts: Vorsicht ist die Mutter der Porzellankiste und Unfallgefahr die Mutter der Erfindungsgabe – das gilt schon seit langem auf dem Spezialgebiet der Atomkraftwerks-Roboter. Der zur Überwachung und Schadenskontrolle in dem britischen Atomkraftwerk Harwell 1967 gebaute »Rivet« (Niete – sorry!) ist ein Vorläufer des sehr viel stärkeren »Herman«, der 1979 während des berüchtigten Reaktorunfalls von Three Mile Island in den USA bereitstand.

Unten: Der Zwang, mit radioaktivem Material vorsichtig und aus sicherer Entfernung umzugehen, gab der Wissenschaft von den Ferngreifern einen starken Antrieb. Der Operateur befindet sich hinter einem dicken Bleiglasfenster in Sicherheit, von wo seine Handbewegungen über Steuerknüppel auf die entsprechend beweglichen Greiferarme in der »heißen Zone« übertragen werden.

sie entweder reparieren oder an die Oberfläche schaffen, wodurch der Gesellschaft das zeitraubende und entsprechend teure Absuchen des Meeresbodens mittels Dreggankers erspart wird.

Die britischen Ölgesellschaften haben bei ihren Bohrarbeiten in der Nordsee ausgiebigen Gebrauch von ferngesteuerten und freischwimmenden Unterwasserfahrzeugen gemacht, um Offshore-Plattformen, auf dem Meeresboden verlegte Ölleitungen und Bohrlochfassungen routinemäßig zu inspizieren und zu warten. Ein wesentlicher Teil des technischen und finanziellen Aufwandes für den Einsatz von menschlichen Tauchern ergibt sich daraus, daß sie meist längere Zeit unter allen Arten teurer, unter Überdruck stehender Schutzgeräte arbeiten und manchmal ähnlich lange Zeit untätig in Dekompressionskammern verbringen müssen, um sich wieder an normale Druckverhältnisse zu gewöhnen. Roboter leiden natürlich nicht unter der Taucherkrankheit und brauchen auch nicht die umfangreichen technischen Einrichtungen, wie sie je nach der Tiefe nötig sind, um die für einen Berufstaucher erforderlichen Arbeitsbedingungen zu schaffen.

Das Diver Equivalent Manipulator System (DEMS, wörtlich: Tauchergleichwertiges Handhabungssystem) der General Electric Company ist dafür gedacht, bei der Suche nach unterseeischen Bodenschätzen mitzuwirken, und besteht aus einer Taucherglocke mit Roboterarm. Es kann bohren, Kabel durchschneiden, Trümmer bergen und bei Rettungsarbeiten helfen. Operateure steuern das DEMS von Bord eines Schiffes mittels Fernsteuerung und betätigen den Roboterarm, indem sie einen sog. »Master-Arm« bewegen, dessen Bewegungen von dem DEMS unter Wasser nachgeahmt werden. Fernsehkameras vervollständigen diesen echten »Rückkopplungskreis«.*)

Die US-Marine interessierte sich schon frühzeitig für diese Tauchfahrzeuge und wollte schon 1985 abgewandelte Ausführungen in Dienst stellen. Bei diesen vom Geschäftsbereich Verteidigungssysteme der Firma Honeywell nach Marine-Spezifikationen gebauten Geräten handelt es sich um »Minenentschärfungssysteme«, die von Überwasser-Räumfahrzeugen eingesetzt werden. Wenn eine Mine durch konventionelle Methoden aufgespürt ist, schwimmt das Gerät auf sie zu, wobei es von seinem eigenen Horchgerät und dem des Mutterschiffs dirigiert wird (die Horchgeräte sind ihrerseits eine interessante Ergänzung zu der Gruppe der Roboter-Sinnesorgane). Das Gerät trennt dann die Mine von ihrer Verankerung, so daß sie an die Oberfläche steigen kann, oder bringt sie – je nachdem, was es hinsichtlich Typ und Zustand der Mine feststellt – an Ort und Stelle zur Detonation.

Andere Tauchgeräte sind in der Bundesrepublik für die Inspektion der Kühlsysteme von Atomkraftwerken entwickelt worden. Der Roboter, der die Größe eines Haushaltsmülleimers hat, wird durch Wasserdüsen angetrieben und gesteuert. Mit seinen Fernsehkameras kann er bis zu Stellen vordringen, die anderenfalls wegen der Krümmungen des Rohrsystems oder wegen Strahlungsgefährdung unzugänglich wären.

Diese Gegebenheiten haben eine britische Firma, Taylor Hitac, veranlaßt, eine Reihe von Spezialrobotern für den Einsatz in der Atomindustrie zu entwickeln. Der ungewöhnlichste dürfte ein Roboter zum Abbruch und Abwracken von Atomanlagen sein, der einschließlich seiner hydraulischen Stelzen etwa 20 Meter hoch ist. Er klettert in den Reaktorbehälter, entfernt den radioaktiven Graphitkern und zerschneidet dann den Behälter mittels eines Schneidbrenners und unter Zuhilfenahme eines Magnetgreifers. Die Firma hat ähnlich innovative Ideen für eine so risikoreiche Aufgabe wie den Transport von Brennelementen –

---

*) Da der wichtigste Bestandteil des Systems der steuernde Mensch ist, handelt es sich nach vorherrschendem deutschen Sprachgebrauch um einen Manipulator, speziell um einen Tele-Operator, und nicht um einen weitgehend automatischen Roboter.

Gewichtheben ist nicht eigentlich ein Robotersport, und nur sehr wenige Industrieroboter wären imstande, auch nur ihr eigenes »Körpergewicht« zu heben. Dieser eindrucksvolle japanische Roboter dürfte besser für die Aufzeichnung farbiger Koordinatensysteme ausgerüstet sein.

Roboterfahrzeuge, die sich mittels magnetischer Schwebe- und Antriebssysteme durch Tunnelsysteme bewegen.

Andere Teile solcher Anlagen, aber auch chemischer Werke und Sprengstoffabriken, werden durch Roboterfahrzeuge wie den britischen Morfax Marauder oder den Rocomp des amerikanischen Battelle-Instituts überwacht werden. Diese Miniatur-Tanks werden ferngesteuert oder fahren vorgezeichnete Wege ab, wobei sie Hindernissen ausweichen, Treppen mit Leichtigkeit hinauf- und hinterfahren und an vorbestimmten Stellen anhalten, um Strahlungswerte zu messen, Luftproben zu nehmen oder Abstriche von exponierten Oberflächen zu machen – alles weitere Beispiele für die vielseitige Verwendbarkeit sensorbestückter Roboter. Eine leichtfüßigere Variante dieser Korridorkrabbler ist der Craft-Roboter, den Studenten der Technischen Lehranstalt Cranfield in England gebaut haben. Er ist als billiger »Botengänger« gedacht, der mit elektrischem Eigenantrieb versehen ist und seinen Weg auf dem Fußboden von Büros und Werkstätten zu finden vermag, wobei er Hindernissen aus dem Wege geht und auf infrarote Befehle des zentralen Einsatzcomputers reagiert. Er kann Sendungen bis zu 25 Kilo spedieren, bleibt jedoch mit seinen drei Rädern auf ebene Flächen beschränkt.

Überwachungsaufgaben werden zunehmend zu einem Anwendungsgebiet für Roboter. Die im Bundesstaat Massachusetts ansässige Firma Denning Mobile Robotics hat von der Southern

Steel of Texas einen Auftrag für die Lieferung von 200 Bewachungsrobotern. Sie sollen durch Gefängniskorridore patrouillieren und mittels infrarotempfindlicher optischer und ammoniakempfindlicher chemischer Sensoren Menschen aufspüren. Die US-Army hat Versuche mit Wachrobotern angestellt, doch haben sie noch zu keinem praktischen Ergebnis geführt.

Arme und der Mensch

Wie wir in einem Dutzend verschiedener Zusammenhänge gesehen haben, ist die in der Praxis bei weitem erfolgreichste Anwendung der Robotertechnik der industrielle Manipulator, der Roboterarm. Die ursprünglichen Patente sowohl von Devol wie von Kenward bezogen sich auf Manipulatoren für »Pick and Place« –, d. h. Aufnahme- und Ablege-Operationen (im Deutschen als »Einlegeräte« bezeichnet). So zeigt dann auch Kenwards Patentanmeldung einen zweiarmigen Manipulator mit vier Freiheitsgraden, der sich in drei rechtwinkligen (kartesischen) Koordinatenrichtungen über den Arbeitsplatz bewegt. Der erste, 1961 installierte Arm der Firma Unimation bediente eine Spritzgußmaschine, der er die Formen und Werkstücke zuführte und dann die fertigen Gußstücke entnahm. Die Generation von Robotern, die er hervorbrachte, hielt mit eben dieser Rolle ihren Einzug in die Fabriken, indem sie Spritzgußmaschinen, Extruder, Fräs- und Schleifmaschinen sowie Pressen und dergleichen bediente. Die Roboter nahmen Werkstücke auf und legten sie wieder ab, wozu weder sehr viel Intelligenz noch sehr viel Präzision gehörte, erledigten ihre Arbeit jedoch ohne Murren, zuverlässig, umprogrammierbar, ungeachtet allen Lärms, allen Qualms und aller Gefahren und zeigten damit alle die Qualitäten, die sie als Ersatz für ungelernte menschliche Arbeitskräfte so attraktiv machten.

Der erste für die Ausführung selbständiger Arbeiten geeignete Roboter kam von der norwegischen Landmaschinenfabrik Trallfa; er war 1966 von dem Beratungsingenieur Ole Molaug entwickelt worden, da es sich als schwierig erwiesen hatte, menschliche Arbeitskräfte längere Zeit mit einer so lästigen Tätigkeit wie dem Streichen von Schubkarren zu beschäftigen. Drei Jahre später verkaufte Trallfa Roboter auch schon an andere Firmen, und zwei aus dem ersten Fertigungslos sind bis heute damit beschäftigt, bei der schwedischen Firma, die sie seinerzeit gekauft hat, Bade- und Duschwannen zu emaillieren.

Inzwischen hatten sich die Unimation-Roboter als geradezu ideal für eine andere unangenehme, mittelmäßig anspruchsvolle Arbeit erwiesen, das Punktschweißen. Hierbei wird das Wirkorgan durch das Punktschweißgerät selbst gebildet. Meist besteht

Aufnehm- und Ablegeoperationen in der Montage und der Materialhandhabung entwickeln sich zu interessanten Spezialgebieten der Robotertechnik. Man beachte das zum Ergreifen eines Packens von Druckerzeugnissen konstruierte Wirkorgan sowie die Warnung vor den Bewegungen des Arms, eines »T3« der Cincinnati.

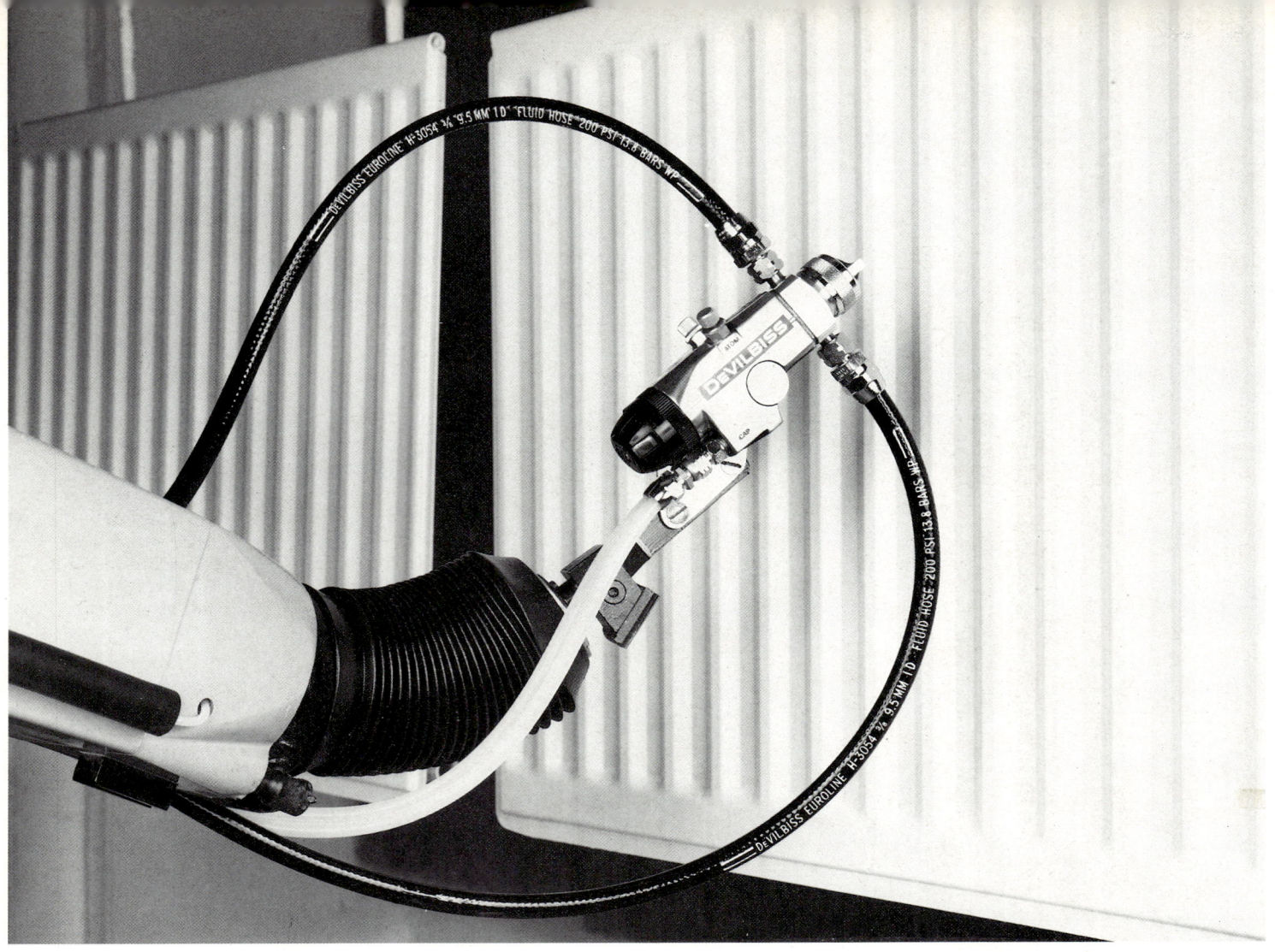

es aus einem Schweißbügel mit einer festen und einer gegen diese vorschiebbaren Elektrode. Der Roboterarm führt den Bügel an die zu schweißende Stelle (meist eine Naht zwischen zwei Blechteilen), legt die feste Elektrode an die zu verschweißende Naht an und schiebt die bewegliche Elektrode von der anderen Seite vor, woraufhin der Schweißstrom eingeschaltet und eine etwa groschengroße Schweißstelle gebildet wird. General Motors in Detroit waren 1969 die ersten Abnehmer für diese Roboter, gefolgt 1972 von Fiat (Daimler-Benz erprobte den ersten Unimate 1970). Die japanische Automobilindustrie, die diese Entwicklung mit großem Interesse verfolgt hatte, begann sehr schnell mit dem Einsatz von Robotern; der Japanische Industrieroboter-Verband war die erste derartige Organisation der Welt – gegründet 1971, vier Jahre vor den USA und sechs Jahre vor dem United Kingdom.

Seit jenen Pioniertagen sind die wirklichen Fortschritte auf dem Gebiet der Steuertechnik und der Software erzielt worden, ganz besonders mit der Sensortechnik, und hier vor allem bei den optischen Systemen. Die heutigen Unimates und ihre »Verwandten« sind offensichtlich Abkömmlinge von hydraulischen Manipulatoren der 60er Jahre, aber so erfolgreich sie auch waren, werden sie heute doch von den Robotern der schwedischen ASEA und deren Doppelgängern zahlenmäßig übertroffen.

Der ASEA-Roboter IRb6, ein vollelektrisch betätigter Roboterarm Jahrgang 1973, wurde als der erste vollelektrische Roboter im Handel dargestellt, obwohl er damals auch schon einige Konkurrenten hatte. Heute beherrschen diese Geräte das Lichtbogenschweißen, wobei Kawasaki für sich die erste praktische Anwendung mit der Aufstellung eines Kawasaki-Unimate für das Schweißen von Motorradrahmen 1974 in Anspruch nimmt. Tat-

Gegenüber: Die Kinematik eines Roboterarms braucht sich nicht auf rotatorische und translatorische Bewegungen zu beschränken. Die verstärkte Rüsselpartie dieses Farbspritzarms gibt diesem die für »Stetigbahnbewegungen« erforderliche Flexibilität und macht es außerdem möglich, die wichtigsten beweglichen Teile gegen Farbe und Schmutz abzudecken.

Links: Nach Art der Wirbelsäule bewegliche Roboterglieder bieten Lösungsmöglichkeiten für viele verzwickte Fälle, wie etwa das Arbeiten unter räumlich begrenzten Bedingungen.

Unten links: Geordnete, programmierte Bewegungen, wo nötig mit besonderem Nachdruck durchgeführt, veranlassen manche Betrachter zu Vergleichen mit speziellen nationalen Tugenden – oder was sie dafür halten.

sächlich hatte Hawker Siddeley, der britische Flugzeughersteller, schon seit einiger Zeit AMF-Versatran-Roboterarme unter Lizenz gebaut und 1972 einen Versatran für British Rail (die staatliche englische Eisenbahngesellschaft) zum Schweißen von Drehgestellen umgebaut.

1975 brachte die amerikanische Werkzeugmaschinenfabrik Cincinnati Milacron ein Gerät heraus, das unter dem Namen T3-Roboter (»The Tomorrow Tool« = Das Werkzeug von morgen) bekannt wurde. Dank wesentlich verbesserter Steuerungs- und Software-Systeme besaß es eine unerreichte Flexibilität und Präzision, wobei seine Fähigkeit, seine Funktionen hinsichtlich Fehlern und Pannen selbst zu überwachen, es zu einer begehrten Ergänzung auch modernster mechanischer Fertigungswerkstätten machte. Es wurde zuerst vor allem zum Bohren, Gewindeschneiden und Fräsen in der Metallverarbeitung eingesetzt, ganz besonders in der amerikanischen Luft- und Raumfahrtindustrie.

Während Cincinnati diesen Markt ausbaute, belegte die ASEA einen anderen mit Beschlag – den für Gießerei-Roboter. 1976 wurde der 60-kg-Roboter von ASEA in einer schwedischen Eisengießerei aufgestellt, wo er mittels einer pneumatischen Schleifscheibe die Angüsse und dergleichen von Gußstücken entfernte. Seitdem sind Schleifen, Gußputzen, Entgraten und Räumen Hauptanwendungsgebiete für Roboter geworden – wie meist, weil die Arbeiten monoton, anstrengend und schmutzig sind. Die Werkstücke sind für gewöhnlich schwer und erfordern daher große und starke Roboter, im Gegensatz zu den leichteren Modellen, wie sie für die Präzisionsbewegungen beim Arbeiten mit Werkzeugmaschinen verwendet werden.

Die Verwendung von Robotern für Montageoperationen war ein naheliegender Schritt, aber er wurde erst getan, als Olivetti

1975 den mehrarmigen, »über Kopf installierten« Portalroboter »Sigma« baute. Dieses Gerät und seine Nachfolger wurden dazu benützt, elektronische Bauteile einzusetzen und die Schreibmaschinentastatur zu montieren.

Aufgrund einer Spezifikation von General Motors baute Unimation 1978 einen der bestbekannten Industrieroboter, dessen Arm einen Arbeitsraum ähnlich dem eines menschlichen Arms bestreichen konnte und eine Belastbarkeitsgrenze von 5 lbs (rd. 2,25 kg) besaß. Dies war der PUMA (Programable Universal Machine for Assembly = programmierbares Universalgerät für Montage), der große Teile des Markts für Montageroboter an sich gerissen hat, teils wegen seiner Programmierungseigenschaften, teils wegen seines geringen Gewichts und seiner Flexibilität. Die PUMA-Baureihe 250 wiegt beispielsweise nur 6,8 kg zuzüglich rd. 34 kg für das Steuergerät, insgesamt also etwa 40 kg – und das gegenüber den etwa 700 kg eines typischen Montageroboters für Schweißverbindungen. Hören wir hierzu den Gründer von Unimation, Joseph Engelberger: »Neunzig Prozent der Teile eines Automobils wiegen weniger als 2,5 kg – was für mich eine ziemliche Überraschung war; ebenso, daß da überall diese 1400-kg-Schwergewichte herumfahren, und die meisten von ihnen (wohl wiederum die Einzelteile) wiegen weniger als 40 kg. Damit hatten wir nun einen Maßstab. Wir wollten eine Maschine haben, die an einem Fließband aufgestellt, so viel Platz wie ein Mensch einnehmen würde und in einer Taktmontage arbeiten könnte, die üblicherweise mit menschlichen Arbeitern besetzt ist und deren Arbeit sie auch näherungsweise mit derselben Geschwindigkeit erledigen könnte. So wurde PUMA geboren.« Zu ihren üblichen Aufgaben gehört das Einsetzen von Glühlampen in ihre Fassungen in den Montagestraßen von General Motors und das Einsortieren von Pralinés in die Schachteln bei einem britischen Süßwarenhersteller.

Die japanischen Roboterhersteller belieferten den japanischen und andere Märkte ohne wirklich bemerkenswerte Neuerungen, bis die Yamanashi-Universität 1979 den SCARA-Roboter entwickelte. SCARA bedeutet Selective Compliance Assembly Robot Arm (etwa: selektiver, fügsamer Zusammenbau-Roboterarm – ein Wortungeheuer, das verständlich macht, warum eine hieran anknüpfende Übersetzung ins Deutsche offenbar noch nicht versucht wurde). Er verkörpert ein Prinzip, das für die Eignung eines Roboters für Zusammenbau-Arbeiten wesentlich ist: Der Arm bewegt sich straff geführt und präzise in der jeweiligen vertikalen Ebene, zeigt aber »Fügsamkeit«, d. h. Flexibilität im Positionieren in der Horizontalen. Er kann demnach in vertikaler Richtung sehr genau bohren, stanzen und drücken, und in horizontaler Richtung Schrauben, Bolzen und Schneideisen einführen – sogenannte »Pflock-ins-Loch«-Operationen, bei denen der Roboterarm den Gegenstand auf die Mitte des Loches, in das er eingeführt werden soll, ausrichtet, dann aber mit »fügsamem« Druck nachschiebt, so daß die geometrischen Konturen des Loches und des Gegenstandes von sich aus für eine exakte Positionierung sorgen. Genauso geht ein Mensch vor, wenn er derartige Gegenstände plaziert, und das Fehlen einer entsprechenden Vorrichtung war einer der schwerwiegendsten Mängel bisheriger Montagearme gewesen. Der SCARA-Roboter förderte die Entwicklungsarbeit von Hitachi am Hi-T-Hand-Roboter, der zuerst 1974 vorgestellt wurde; dieser verwendete die Rückmeldung von Druckwahrnehmungen beim Einführen von Bolzen in Löcher sowie beim Gewindeschneiden und -bohren. Der Sankyo-SCARA wird von IBM als 7535-Roboter verkauft.

Das Bild des modernen Industrieroboters war Ende der 70er Jahre mit der Einführung brauchbarer, wenn auch begrenzter visueller Systeme komplett. Die Arbeit an diesem Problem wurde in den 60er Jahren aufgenommen, woran Entwicklungsteams an schottischen und amerikanischen Universitäten besonderen Anteil hatten. Darüber konnte ein Team der Universität Nottingham (England) 1972 die Vorteile seines SIRCH-Systems herausstellen; dies war in der Lage, unter nahezu industriellen Bedingungen Bildmuster zu erkennen. Kosten und Kompliziertheit setzten jedoch bis zum Ende des Jahrzehnts der kommerziellen Verwendung solcher Systeme enge Grenzen.

Unten: Die Instandhaltung großer moderner Computersysteme wäre unmöglich ohne die Hilfe ihres eingebauten Diagnosesystems; für die bis in die kleinsten Einzelheiten ausgetüftelten Arbeitsgänge der Mikrochip- und der Computerfertigung sind Präzisionsroboter von entscheidender Bedeutung; der Tag ist nicht mehr fern, an dem Roboter sich gegenseitig zusammenbauen und instandhalten. Was jedoch auf diesem Foto von wirklicher Bedeutung ist, ist die Tatsache, daß es eine komplizierte und teure Lösung wäre, eine Roboterhand zu bauen, um einen Schraubenzieher oder ein anderes für die menschliche Hand geeignetes Werkzeug zu »handhaben«. Es ist viel zweckmäßiger, ein Stück Schraubenzieher im Handgelenk des Roboters zu fixieren und den ganzen Arm vorübergehend als ein vernünftiges Spezialwerkzeug zu verwenden.

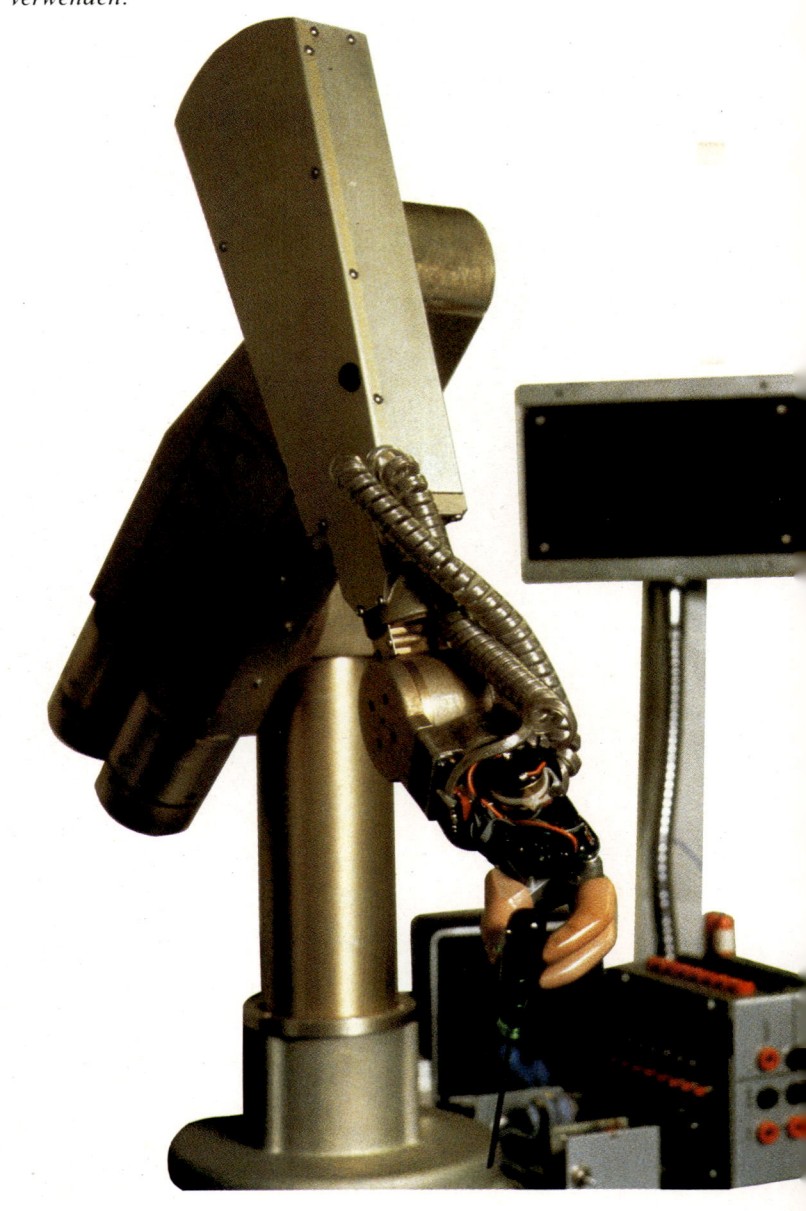

Oben und rechts: Diese Versuchshand läßt deutlich erkennen, wieviel Mühe und Einfallsreichtum erforderlich ist, um die Konstruktionsmethoden des menschlichen Organismus mit mechanischen Mitteln nachzuahmen. Das »Gespür« für das Zugreifen wird von den Drucksensoren auf der Innenseite der Hand vermittelt; dies können elektrische Druckmeßgeräte oder auch kleine gas- oder flüssigkeitsgefüllte Kissen sein. Wichtig ist, daß die Hand einen festen, aber nicht unzerbrechlichen Gegenstand stramm genug zu greifen vermag, um ihn festzuhalten, aber dennoch nicht zu zerdrücken.

Das Robot Institute of America ermittelte im Dezember 1982 6250 Roboter in USA im Einsatz*) – das Produkt eines Marktes von jährlich 155 Millionen Dollar – und rechnete mit einer jährlichen Zuwachsrate von 35 Prozent, entsprechend einer Zahl von 100 000 im Betrieb eingesetzten Robotern zum Jahr 1990. Die entsprechende Zahl für 1982 gliedert sich in folgende Anwendungsgebiete:

Punktschweißen	1190
Lichtbogenschweißen	270
Farbspritzen	290
Gußputzen, Finishen	30
Montage u. Zusammenbau	50
Werkstückzuführung zu Maschinen	1470
Druckgießen	880
Feingießen (Ausschmelzverfahren)	120
Materialhandhabung	1950

Diese Zahlen sind inzwischen gestiegen und werden dies – mehr oder weniger in Übereinstimmung mit den Zielprojektionen des Instituts – auch weiterhin tun.

Gegenwärtig zielen die weiteren Schritte im Einsatz von Industrierobotern darauf ab, die Fortschritte der letzten Jahre hinsichtlich Anwendungsmöglichkeiten, Hardware und Software in Flexible Manufacturing Systems (FMS = Flexible Herstellungssysteme) zu integrieren, die ein komplettes fertigungstechnisches Paket darstellen: Notfalls auf bestimmte Industrien speziell zugeschnitten, aber im wesentlichen ein Alleskönner und Tausendsassa, der mit einer »Latte« von Wirkorganen und Sensoren ausgerüstet ist und leicht für jede Aufgabe innerhalb seiner physischen Fähigkeiten programmiert und umprogrammiert werden kann. Die Computerindustrie hat vierzig Jahre gebraucht, um zur Kenntnis zu nehmen, daß leichte und allgemeine Verwendbarkeit das ist, worauf es dem Kunden ankommt, aber die Roboterindustrie scheint aus ihren Erfahrungen gelernt zu haben.

Vielleicht sollten wir diesen Abschnitt mit einer Story beschließen, die man sich in der noch weitgehend »un-roboterisierten« englischen Automobilindustrie erzählt. Fiat startete 1982 eine Werbekampagne für ihre Autos mit einem opernhaft aufgemachten Film über ihre mit Robotern ausgerüsteten italienischen Fabriken. »Von Robotern gebaut«, hieß der Werbeslogan; »Von Deppen gekauft«, war die säuerliche britische Antwort, mit dem Zusatz, daß die »ersten 1500 vom Band rollten mit wunderschön geschweißten Türen – ringsum zu.«

Zupacken – aus der Entfernung

Ein nicht geringer Teil der Technik und der Verfahren, die die Roboterkonstrukteure bei der Entwicklung von Robotern verwendeten, stammten aus verwandten Gebieten wie der Fernwirktechnik und der Fernsteuerung. Die Menschen haben schon immer Hilfsmittel angewandt, um die Reichweite, Kraft und Ausdauer ihrer Gliedmaßen zu vergrößern – der Hebel ist der Urtyp

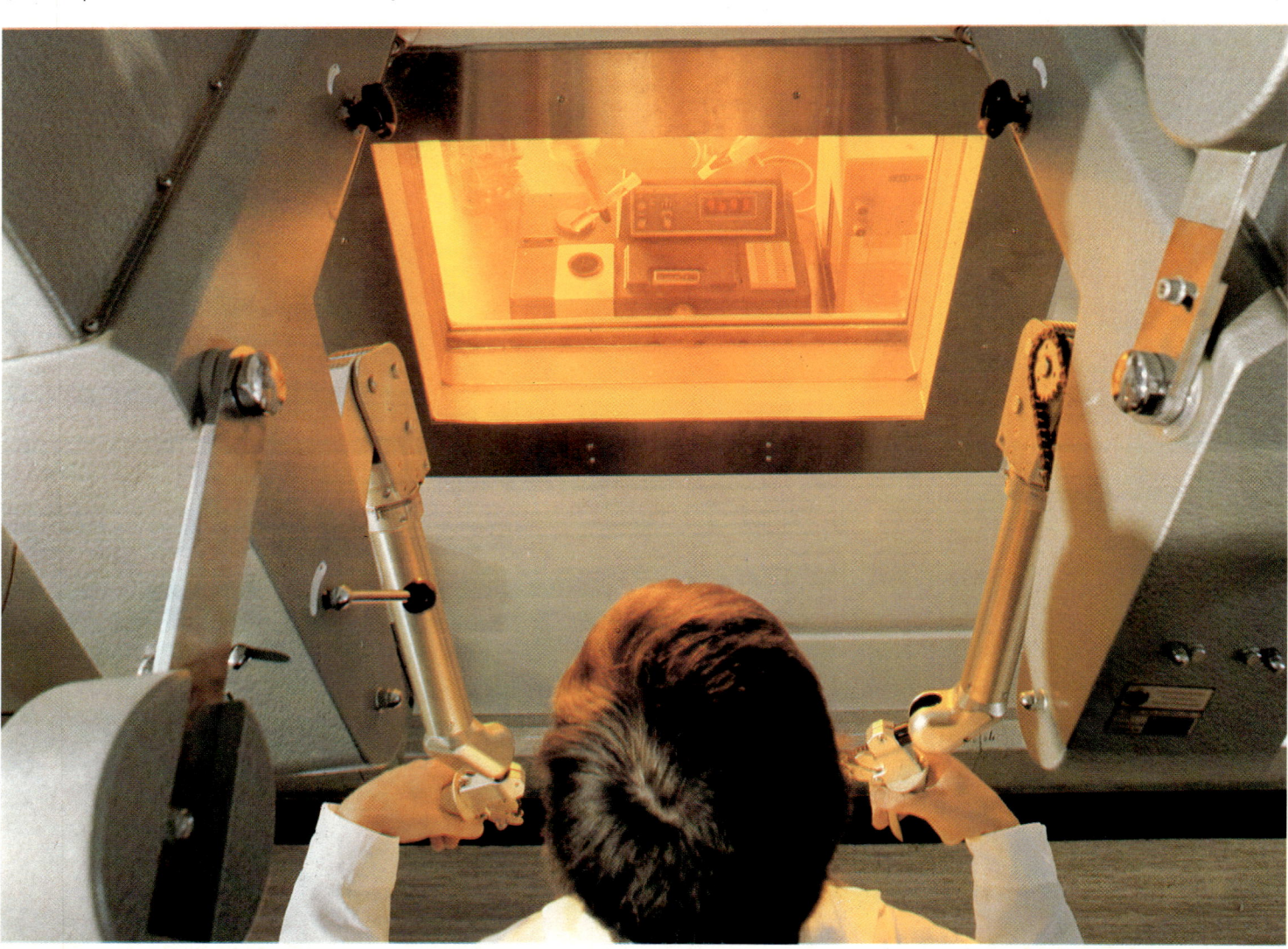

---

*) Die entsprechende Zahl für die BRD (soweit vergleichbar) ist 3500.

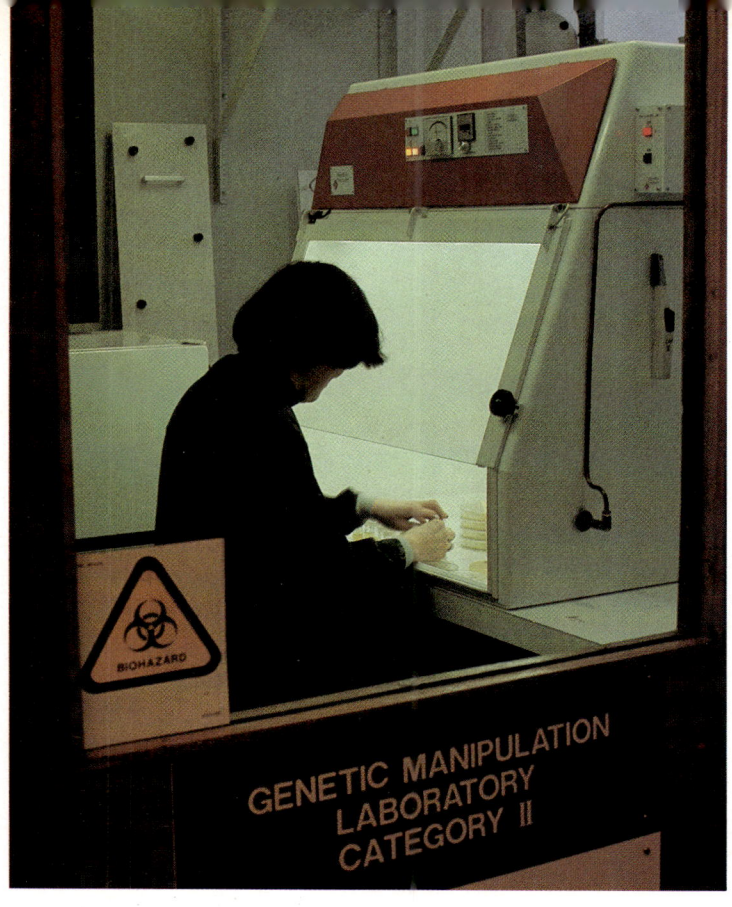

eines Instruments zur »Einwirkung auf Abstand« –, aber die Zunahme von Verfahren zur Fernbedienung setzte so recht eigentlich erst in der Metallindustrie ein, wo das Schmelzen, Gießen und Walzen großer Mengen sehr heißen Metalls den Einsatz einfacher, robuster Maschinen erforderlich machte. Die Entwick-

Unten links: Die Aufgabe, weiter entfernte Gegenstände zu handhaben, stellt sich viel schwieriger dar, wenn man sie von der Seite des Operateurs aus betrachtet. Man sieht, wie die Haltung der Hände, der Handgelenke und der Unterarme durch Gelenke des Teleoperators übertragen werden.

Links: Das neue und umstrittene Gebiet der Gen-Technologie hat sich von Anfang an der Teleoperatoren bedient; die Bedienungspersonen müssen von ihren Arbeitsobjekten völlig isoliert sein, um gegenseitige Infizierung zu vermeiden, und sind ständig mit mikrochirurgischen Aufgaben beschäftigt, die winzige Bewegungen unter mikroskopischer Beobachtung erfordern. Beide Bedingungen werden von solchen Kleingeräten erfüllt.

Unten: Die Übereinstimmung zwischen den Bewegungen des Operateurs und denen des »Waldo« ist hier deutlich zu erkennen. Das Öffnen eines Schraubverschlusses ist ein Test sowohl für die Geschicklichkeit und Gelenkigkeit des Operateurs wie für die des Geräts.

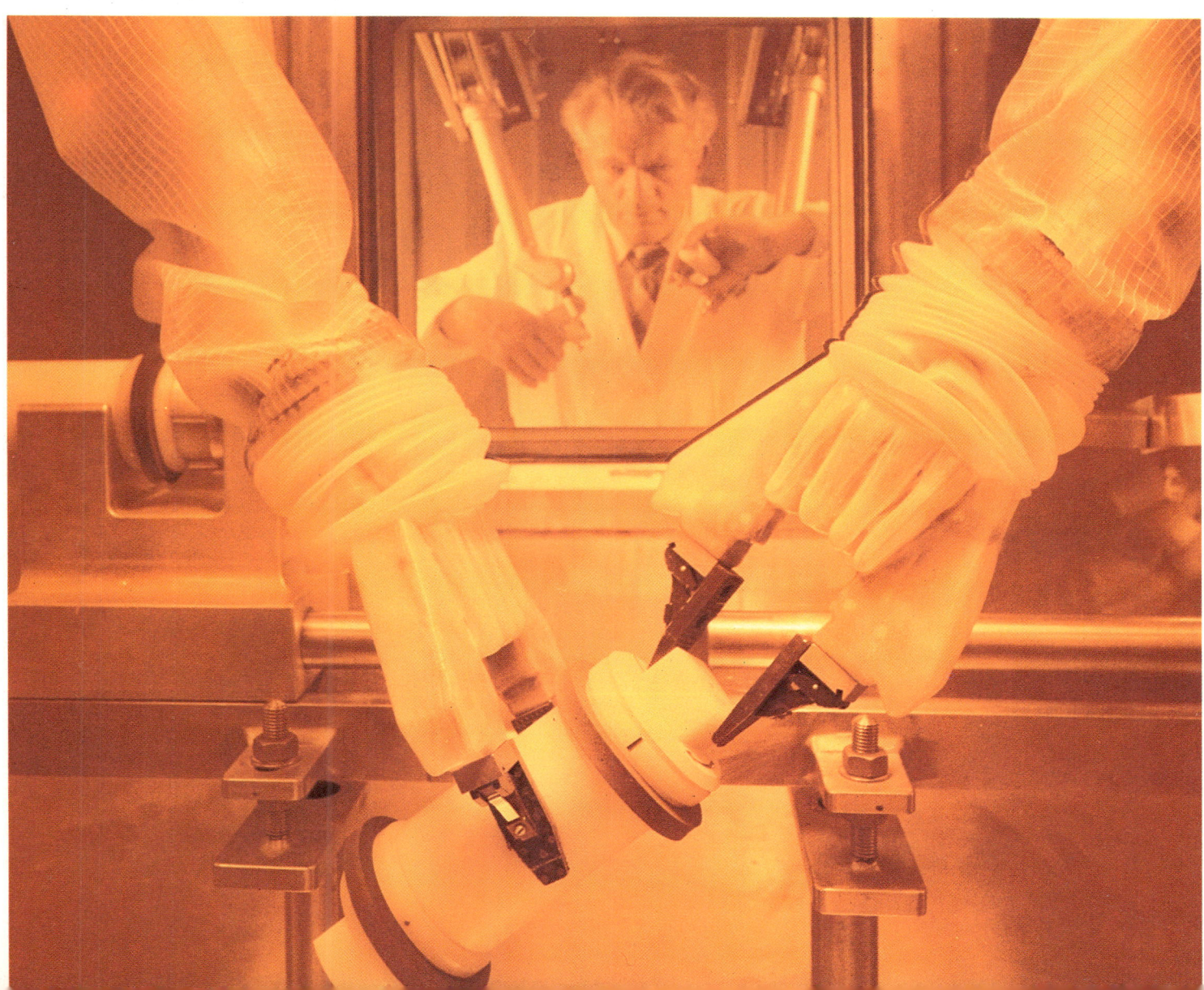

80

lung solcher maschineller Hilfsmittel gewann plötzlich an Dringlichkeit und stellte gleichzeitig bisher unerhörte Genauigkeitsansprüche, als während des Zweiten Weltkrieges die Atomenergieprogramme ins Leben gerufen wurden. Hier sahen sich die Wissenschaftler gezwungen, mit geringen Mengen außerordentlich gefährlicher Substanzen umzugehen, gewöhnlich aus einiger Entfernung und oft gedeckt durch einen Schutzschirm mehrere Zoll starken Panzerglases.

Die allerersten Manipuliergeräte waren, wenn man so will, die in die Wandung eines Arbeitsgefäßes oder -raumes eingesetzten Leder- oder Stoffhandschuhe. Diese Einrichtung wurde überholt durch ein mechanisiertes Übertragungssystem, das die Handbewegungen des Operateurs auf die »Sklavenhände« am eigentlichen Arbeitsplatz überträgt (und – nach einem SF-Roman von Robert Heinlein, s. S. 125 – unter dem Namen »Waldo« in die SF-Terminologie eingegangen ist). Unter amerikanischen Roboterfachleuten erhielten diese Vorrichtungen dann den Namen »telechirs«, ein griechisches Kunstwort für »Fern-Hände«, was im Deutschen gewöhnlich mit »Ferngreifer« oder »Teleoperator« wiedergegeben wird*). Die Präzision solcher Vorrichtungen hat in dem Maße zugenommen, wie die Entwicklung der Elektrotechnik und der Elektronik fortgeschritten ist, nicht zuletzt unter dem Einfluß der Robotertechnik. Ferngreifer und Master-Slave-Manipulatoren sind in Kernkraftwerken, chemischen Fabriken, Sprengstoffabriken und dergleichen ständig in Gebrauch, also überall, wo von Menschen aus sicherer Entfernung mit gefährlichen Substanzen und Geräten hantiert werden muß.

Ihre Manipulierbarkeit ist heute so vervollkommnet, daß sie die menschlicher Hände nicht nur nachahmt oder reproduziert, sondern übertrifft und erweitert. Chirurgen, die Eingriffe am Gehirn oder im Kniegelenk vornehmen, Wissenschaftler, die Dünnschnitte von pflanzlichen oder tierischen Gewebsproben sezieren, Techniker, die Mikrochip-Geräte bauen oder prüfen – sie alle verwenden Klein-Manipulatoren mit mikrooptischer Rückkopplung, die es möglich macht, die Handbewegungen des Operateurs in einem bestimmten Verhältnis maßstabsgerecht zu reduzieren. Eine der neuesten Entwicklungen auf dem Gebiet der Reaktorwartung ist ein fernbedienter Manipulator, der aus einer großen Zahl von Getriebegliedern und einem Wirkorgan besteht; dieses kann in ein Rohr – beispielsweise das eines Kühlsystems – eingeführt und mittels elektronischer Bildrückmeldung von seinem Operateur bis an die Wirkstelle – etwa eine fehlerhafte Schweißung in der Ummantelung eines Reaktors – herangeführt werden, wo dann die Fernwirkhand für Reparaturen und Wartungsarbeiten in Aktion treten kann.

Während Fernwirkhände im Mikrobereich die Bewegungen des Operateurs maßstabsmäßig reduzieren und dabei auch den Kraftaufwand und die Schnelligkeit der Bewegungen zwangsläufig verringern, bewirken andere Fernwirksysteme das Gegenteil, indem sie Kraft und Schnelligkeit der Bewegungen verstärken.

*) Die deutsche Bezeichnung scheint insofern geeigneter, als sie den speziellen Aspekt der Hand nicht so einseitig in den Vordergrund rückt. Auch die hier in diesem Zusammenhang angeführten Beispiele beschränken sich nicht auf diesen engeren Bereich.

Links: Alten oder verbrauchten Gliedmaßen neue Kraft zu verleihen, ist die Aufgabe dieser hydraulischen Exoskelette. Die kurzen oder schwachen Bewegungen des Operateurs werden durch die von außen zugeführte Energie vergrößert oder verstärkt. Bei allen mechanischen Rückkopplungssystemen ist es wichtig, sanfte, wiederholbare Steuervorgänge zu erzielen.

Rechts: Die improvisiert »zusammengebastelte« Versuchsanordnung verrät die Kompliziertheit der hydraulischen Antriebselemente. Einige Einzelheiten des Exoskeletts sind sichtbar; sie können wie die Beinschutzpolster von Hockeyspielern enger festgeschnallt werden, wo es für die Stützung und Steuerung erforderlich ist.

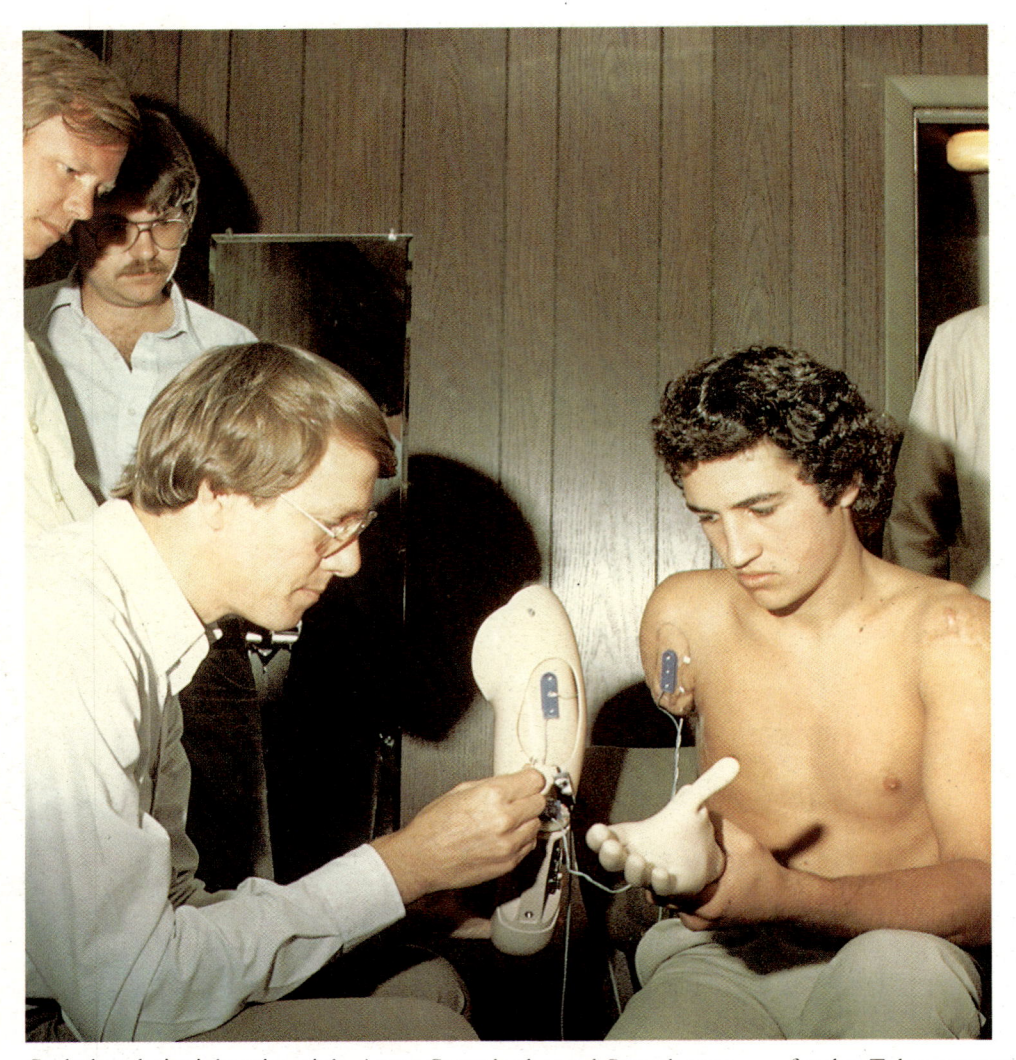

Links: Moderne muskelsensorische Techniken machen es möglich, Prothesen mit dem Reststumpf in einer Art organisch-anorganischer Symbiose zusammenarbeiten zu lassen. Die Prothese erhält ihre Steuersignale von den winzigen elektrischen Strömen in den Nerven des Stumpfs und macht dann mit Hilfe elektrischer Stellmotoren die entsprechenden Bewegungen.

Rechts: Diese Prothese von der Universität von Utah ist etwas moderner. Sie verwendet elektronische Schaltungen aus diskreten Komponenten, doch sind Hand und Handgelenk nur rudimentär angelegt.

Rechts unten: Man kann sich schwer eine unwahrscheinlichere Idee vorstellen als diesen schreitenden Transporter, und doch genügt ein Blick auf diesen Prototyp, sich seine Einsatzmöglichkeiten in unwegsamen Gelände vorzustellen. Das Zusammenwirken der Geschicklichkeit des »Fahrers«, blitzschnell den gangbarsten Weg zu erkennen, mit den mechanischen Fähigkeiten des Geräts dürfte sich allerdings als eine Methode erweisen, das Problem der künstlichen Intelligenz nicht so sehr zu lösen wie ihm aus dem Wege zu gehen.

So haben beispielsweise viele Autos Servolenk- und Servobremssysteme, bei denen die Kraft der menschlichen Hand oder des menschlichen Fußes durch hydraulische oder pneumatische Servosysteme verstärkt wird. Neuerdings treten jedoch elektrisch angetriebene Manipulatoren in Erscheinung, die menschliche Fähigkeiten auf sehr viel weniger prosaischen Anwendungsgebieten verstärken.

Das Problem der Rückmeldung innerhalb eines Regelkreises wird sofort akut, wenn elektrische Manipulatoren ins Spiel gebracht werden. Eine mechanische Verbindung kann von der Wirkstelle ein »Gespür« zurück an den Operateur vermitteln, so daß die Haftkräfte und das Nachgeben empfunden werden; Servolenksysteme für Automobile müssen so konstruiert sein, daß sie die Kräfte und Vibrationen von den Rädern ebenfalls an den Fahrer weiterleiten. Diesen Rückkopplungseffekt in elektrischen Servosystemen zu reproduzieren, erfordert ein hohes Maß an Präzisionstechnik, wenn man eine zutreffende Wiedergabe der Haft- und Beschleunigungskräfte erreichen will. Diese Art von Steuerung ist wichtig bei Manipulatoren, jedoch von überragender Bedeutung, wenn der Manipulator zum »Exoskelett« (zum Außenskelett) wird.

Man stelle sich vor, daß die kraftverstärkte »Hand« eines Teleoperators nicht an einer örtlich getrennten Wirkstelle eingesetzt wird, sondern unmittelbar an die Hand des menschlichen Operateurs selbst angelegt wird; der Mensch liefert die Steuerbewegungen, aber das Wirkorgan des Teleoperators greift direkt an der Last an, und der Kraftverstärker leistet die eigentliche Arbeit. Dann denke man sich den Operateur als ganzen – mit Händen, Armen, Füßen und Beinen – in ein den ganzen Körper umgreifendes Teleoperatorsystem verpackt, und man hat eine Art Skelettroboter, mit seinem menschlichen Operator mitten drin, vor sich. Das also ist das Exoskelett*). Die erste praktische Anwendung war der Taucherpanzer für große Wassertiefen, wie er in den 40er und 60er Jahren entwickelt worden war. Er sah wie ein riesiges stählernes Osterei mit zwei Armen aus und hatte hinsichtlich der Formgebung seiner Gelenke manches von mittelalterlichen Rüstungen entlehnt. Deswegen suchten auch Ende der 60er Jahre NASA-Spezialisten Waffensammlungen in Europa auf, um sich bei der Entwicklung der ersten Raumanzüge (für den offenen Weltraum) inspirieren zu lassen. Die erste praktische Anwendung solcher Exoskelette galt der Hilfe für Körperbehinderte: zum Stützen, Verstärken und natürlich auch zum Trainieren von Gliedmaßen, die infolge erblicher Defekte oder Schädigungen des Nervensystems – etwa durch Kinderlähmung – verkümmert sind. Daraus entwickelten sich Prothesen mit Fremdantrieb – Ersatzglieder wie etwa die heutige Steeper Myoelectric (muskel-elektrische) Hand –, die Steuersignale direkt von den Muskeln des Trägers im unbeschädigten Teil des Gliedes erhalten und diese so verstärken, daß fremd angetriebene Nachbildungen des fehlenden Gliedes betätigt werden können.

Sehr schnell erkannten Industrie und Militär, daß mit dieser Technik Super-Schwerathleten hervorgebracht werden könnten, die in der Lage wären, mit einem großen Satz über ein hohes Ge-

---

*) Es sei hier nochmals daran erinnert, daß diese Muskelkraftverstärker, selbst wenn sie einen großen Teil der Gliedmaßen oder gar den ganzen Körper erfassen, mangels logischer Schaltungen und Speicher keine Roboter im eigentlichen Sinne, sondern lediglich Servomanipulatoren sind.

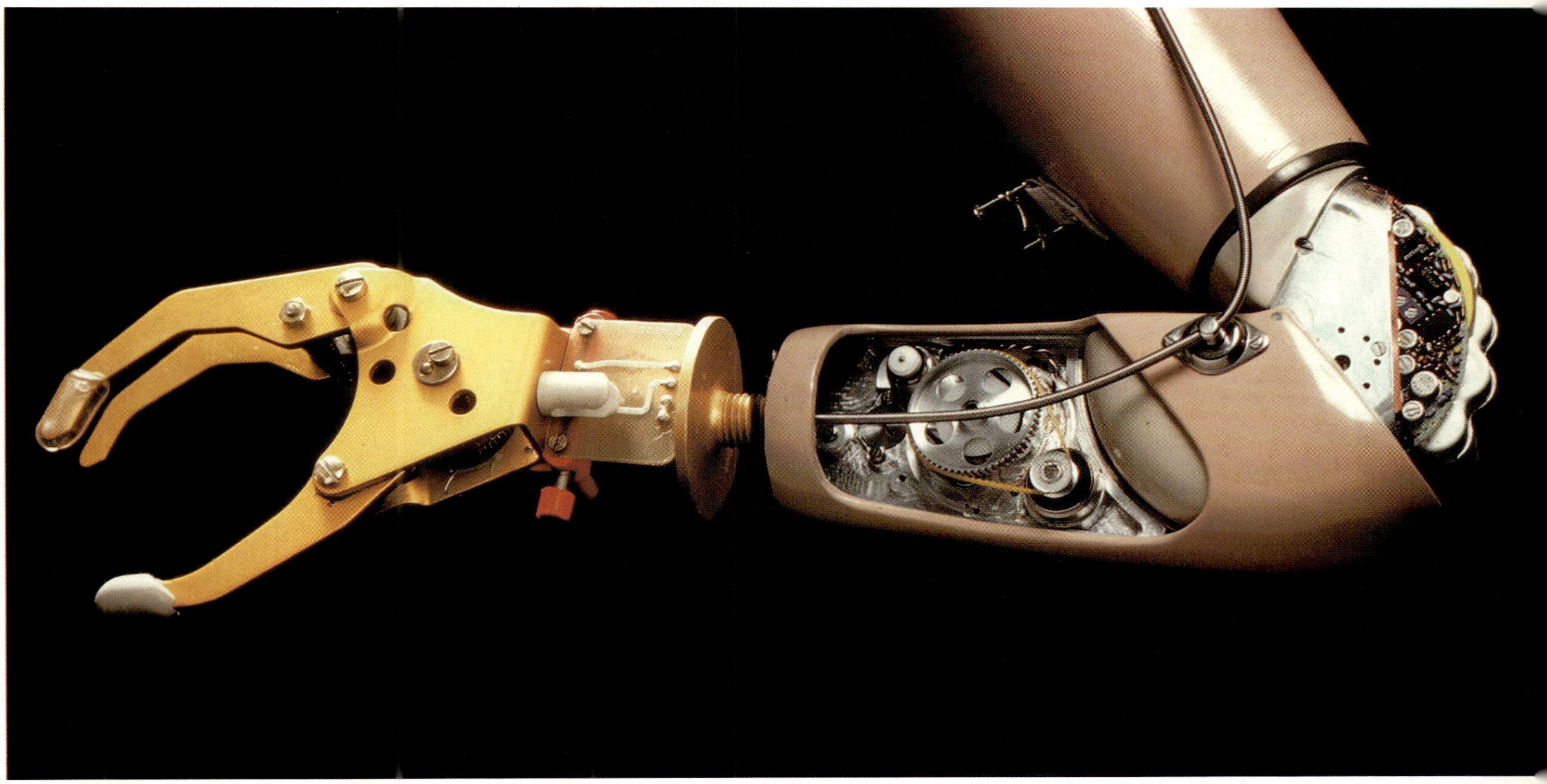

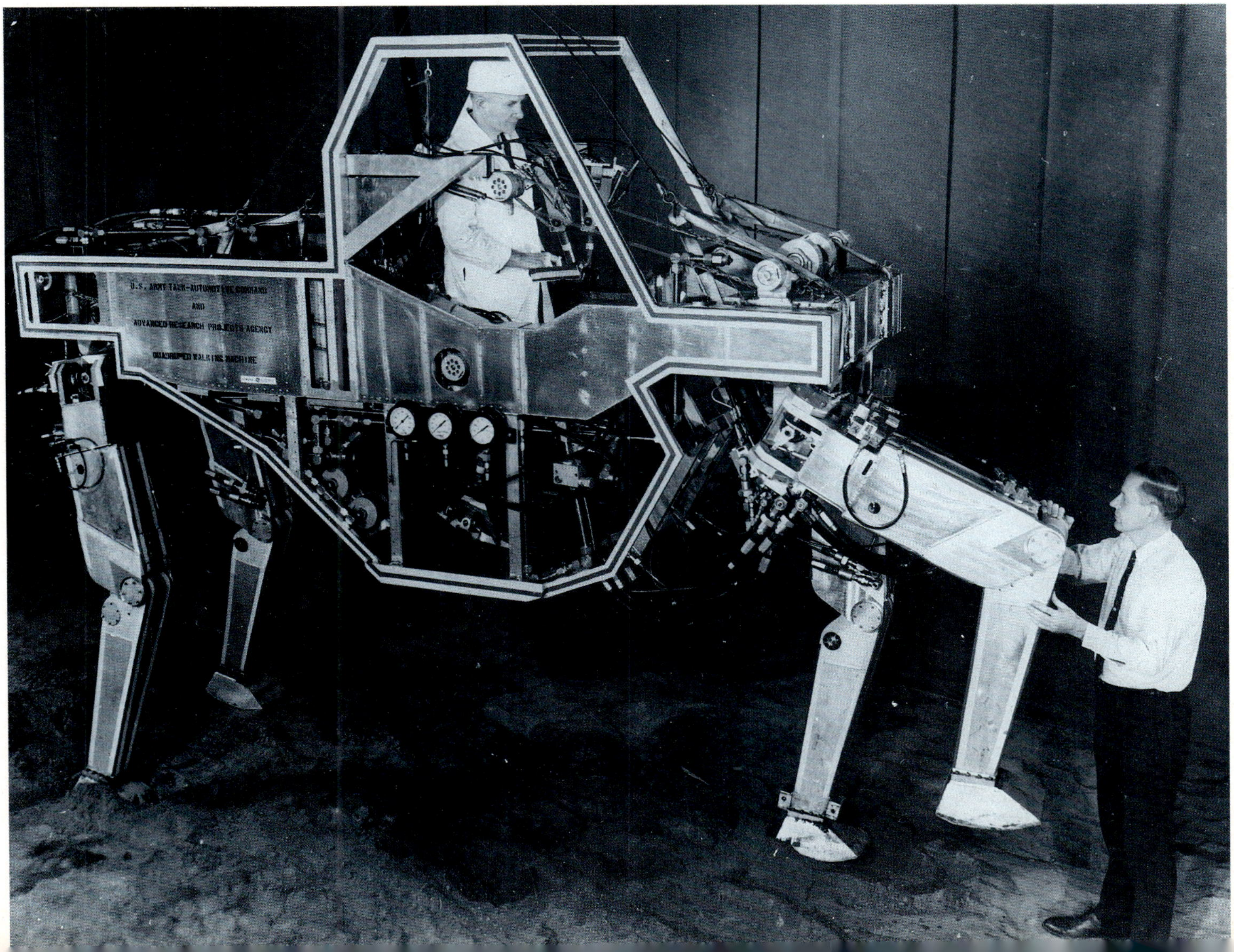
U.S. ARMY TANK-AUTOMOTIVE COMMAND
AND
ADVANCED RESEARCH PROJECTS AGENCY
QUADRUPED WALKING MACHINE

bäude hinwegzuspringen, Panzer aus Gräben herauszustemmen und Eisenbahngleise zu begradigen. Solche Monstren sind tatsächlich möglich, und man kann sich vorstellen, daß es in der Industrie viele nützliche Tätigkeiten für sie gäbe; wie immer bei solchen Systemen liegt die wichtigste Begrenzung in der Genauigkeit der Rückkopplung und der Sensorschleifen. Der Schaden, den der Träger eines solchen Exoskeletts durch Unachtsamkeit in seiner Umgebung anrichten kann, wird gegebenenfalls nur durch die schrecklichen Verletzungen übertroffen, die ein solcher Kyborg (ein Kunstwort aus »kybernetischer Organismus«) sich selbst zufügen kann. Der Operateur muß daher in der Lage sein, das Gewicht und die Massenträgheit der Gegenstände, die er berührt, zu spüren. Der Steuermechanismus des Geräts muß unter-

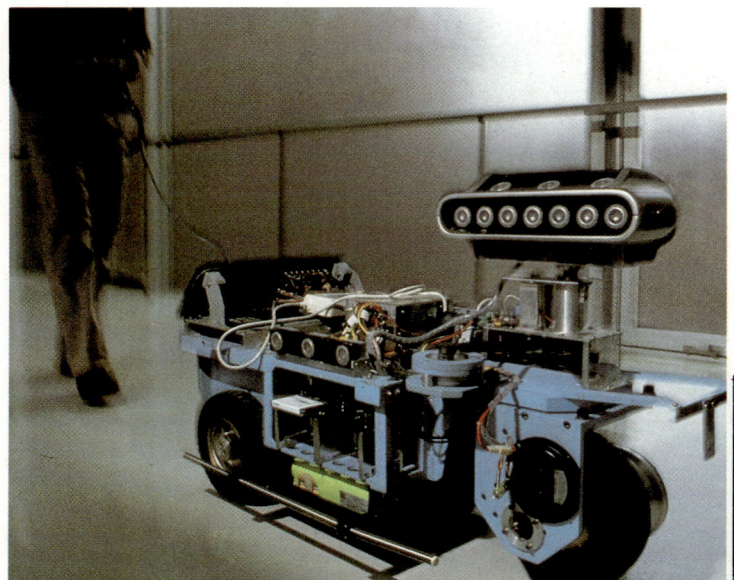

Gegenüber: Die Tatsache, daß die meisten menschlichen Größenmaßstäben entsprechenden Roboter nur Lasten von wenigen Kilogramm handhaben können, ist kein Nachteil für diejenigen, deren Glieder überhaupt keiner Bewegung fähig sind. Das Gefühl, dank eines solchen Arms ein wenig unabhängiger von seiner Umgebung zu sein, kann in seiner Bedeutung für ein gewisses Gefühl der Selbständigkeit und des Selbstvertrauens eines körperbehinderten Menschen gar nicht hoch genug veranschlagt werden. Ähnliches wurde in den 70er Jahren auch für Heimcomputer behauptet, aber bezeichnenderweise erwiesen sie sich als ziemliche Enttäuschung – vor allem, weil sie reine abstrakte Entscheidungsfähigkeit ohne jeden physischen »Punch« verkörpern.

Oben und rechts: Blindenhund-Roboter wurden zuerst in England entwickelt, um Blinde daran zu gewöhnen, sich auf Hunde zu verlassen und auf sie einzugehen. Dieser japanische Blindenroboter hat eine Reihe von Sensoren und vermag Lasten zu tragen, Hindernissen aus dem Weg zu gehen und mittels der Hundeleine – die in Wirklichkeit nichts anderes als ein Steuerkabel ist – mit seinem »Herrchen« in Verbindung zu bleiben.

scheiden können zwischen den beabsichtigten Bewegungen des Operateurs, die verstärkt werden sollen, und den unbeabsichtigten Reflex- und Zufallsbewegungen, bei denen das keinesfalls geschehen darf, wie etwa Niesen, Stolpern oder eine Mücke von der Nasenspitze verjagen.

Eine besonders sensationelle Anwendungsform des Exoskeletts ist der Schreitende Transporter, den der General-Motors-Geschäftsbereich für kybernetisch-menschengestaltige Maschinensysteme für die US-Army entwickelt hat. Der Operateur sitzt in einer Steuerkabine; an seinen Armen und Beinen sind die Steuerhebel befestigt, deren Bewegungen von den vier Beinen, auf denen der Transporter einherschreitet, reproduziert werden. Die Vorteile dieses bizarren Geräts sind seine Vielseitigkeit, seine Ladefähigkeit und seine Geländegängigkeit. Der Operateur scheint sich vorzukommen, als stapfe er auf einem riesigen Gürteltier daher. Die alten Skythen, deren leichte Kavallerie durch die gewandte Beherrschung ihrer Reittiere den Griechen bei ihrem ersten kriegerischen Zusammentreffen die mythologische Vorstellung von den Zentauren suggerierte, würden dem sicherlich beipflichten.

Und nochmals mit Gefühl...

Die wesentliche Eigenschaft des Roboters ist, wie wiederholt betont worden ist, seine Programmierbarkeit – die Fähigkeit, jedwede Tätigkeit oder Abfolge von Tätigkeiten zu lernen, die in seinen physischen Kräften steht, und diese Abfolge genau und unbegrenzt zu wiederholen. Dies und autonome Selbständigkeit sind die beiden Hauptkriterien, die das Idealbild des Roboters definieren.

Programmierbare Maschinen hat es schon lange gegeben. Vielleicht die ältesten Beispiele sind Musiktruhen; sie enthalten eine sich langsam drehende Walze, auf der eine Unzahl von Stiften angeordnet sind, die die kammartig angeordneten Klangzungen anreißen, so daß eine durch die Anordnung der Stifte programmierte Melodie entsteht. Meist können verschiedene Walzen eingelegt werden, wodurch eine Umprogrammierung möglich ist. Eine etwas komplexere Weiterentwicklung dieser Grundidee sind Pianola und mechanisches Klavier: Hier ist die Notenfolge durch Löcher vorgegeben, die in ein aufgerolltes Papierband gestanzt sind; dieses Band wird durch ein Tastgerät geführt, das die Tasten anschlägt und so die Melodie hervorbringt. Etwas anspruchsvollere Typen können die Dynamik des ursprünglichen Spielers wenigstens teilweise wiedergeben – zumindest das Pedaltreten, manchmal auch das *legato* und *rubato*. Immerhin wurden kürzlich die beiden Stücke *Rhapsody in Blue* und *Ein Amerikaner in Paris,* 1933 von ihrem Komponisten George Gershwin selbst gespielt, von der Rolle eines mechanischen Klaviers, mit einer modernen Hintergrundmusik auf Stereoplatten übertragen.

Solche Techniken fanden in der Industrie für die Steuerung von Maschinen, wie Dreh- und Fräsmaschinen Eingang. Das

Programm präsentierte sich in Gestalt einer Kette von Zahlen, die die Einstellung der verschiedenen Funktionselemente der Maschinen angaben und von einem Lochstreifen oder einem Packen Lochkarten abgelesen wurden. An deren Stelle traten später Magnetbänder für die Programmierung numerisch gesteuerter (numerically controlled = NC) Maschinen.

Roboter können programmiert werden, indem zuerst ein Computerprogramm aufgestellt, auf einem Magnetband oder Magnetdisk gespeichert und von dort in den Programmspeicher des Roboters übertragen wird – eine sehr brauchbare Methode, Robotern bekannte und erprobte Anwendungsabläufe beizubringen. Die Aufstellung solcher Programme kann von einem Programmierer übernommen werden, der an einer Konsole sitzt und das entstehende Programm an einem richtigen Roboter erprobt, doch kann sich dies als aufwendig und unpraktisch erweisen; eine einfachere und praktischere Methode ist die Simulation der Roboterbewegungen mit Hilfe eines Computers, der mittels einer Bildschirm-Video-Einheit ein dreidimensionales, perspektivisches Bild des Roboters mitsamt seines Arbeitsplatzes aufzeichnet. Das Roboterprogramm wird dann auf den simulierten Roboter übertragen, so daß der Programmierer den Programmablauf unter den verschiedensten Bedingungen verfolgen kann. Dies kann eine Verbesserung gegenüber der »internen« Programmierung direkt »vor Ort« sein, besonders, weil diese erlaubt, Vorstellungen von der Gestaltung des Arbeitsplatzes in Verbindung mit dem simulierten Verhalten des Roboters nachzuprüfen.

Die am häufigsten angewandte Methode der Roboterprogrammierung ist jedoch die des unmittelbaren praktischen Erlernens. Hierbei wird das Wirkorgan des Roboterarms von Hand durch die ganze Abfolge von Operationen geführt, die er später selbständig nachvollziehen soll und die er jetzt Schritt um Schritt mechanisch »lernt«. Große Manipulatoren können auch mit einem maßstäblich verkleinerten Programmierarm ausgerüstet sein, der die Wirkcharakteristik des Hauptarms simuliert, aber von einem menschlichen Operator leichter zu handhaben ist. Eine andere Methode besteht darin, den Roboter in seiner »Lernphase« durch Betätigung der Steuerknüppel und Tasten eines Steuerpults (»Teach-Konsole«) einzusteuern: jedes Gelenk des Arms wird der Reihe nach von dem menschlichen Operator bewegt, bis dieser mit Verhaltensweise und Stellung des Arms zufrieden ist, worauf er dem Roboter durch Drücken eines Knopfes den Befehl erteilt, diese Position (als Resultierende der Winkel und Stellungen der einzelnen Gelenke) in seinem »Gedächtnis« zu speichern. In beiden Fällen kann der soweit »einexerzierte« Roboter veranlaßt werden, die erhaltenen Instruktionen probeweise »abzuspielen«, wodurch der Operateur die Möglichkeit erhält, die Abfolge an jeder Stelle anzuhalten, um Änderungen vorzunehmen. Die Steuerungssoftware bietet diese und auch noch andere Möglichkeiten, wie etwa eine Optimierung: Wenn der Programmierer sich überzeugt hat, daß die Hauptpositionen in diesem Ablauf vom Roboter richtig erfaßt sind, dann erarbeitet der Steuerungsrechner die optimalen »Bahnen« zwischen diesen Punkten, wobei er die Funktionscharakteristiken des Roboters, wie Geschwindigkeit, Gelenkdrehbereiche, Kinematik und Verfahrwege berücksichtigt.

Eine Optimierung ist nur dann angebracht, wenn dem Roboter ein Punktprogramm eingegeben wird, also etwa das Aufnehmen eines Gegenstands an einer bestimmten Stelle und dessen Ablegen an einer anderen. Wie der Arm sich zwischen diesen beiden

Links: Ganz wie der Roboterhund seinen Besitzer anlernt, so bringen auch die Menschen den Robotern alles mögliche bei; dieser Monteur, der einen Roboter das Einsetzen von Ventilen lehrt, steht vielleicht im Begriff, sich um den eigenen Arbeitsplatz zu bringen.

Rechts: Autoteile zügig und ohne Beschädigung aus ihren Lagerbehältern zu entnehmen ist eine Fertigkeit, die leichter und billiger zu vermitteln als zu erlernen ist.

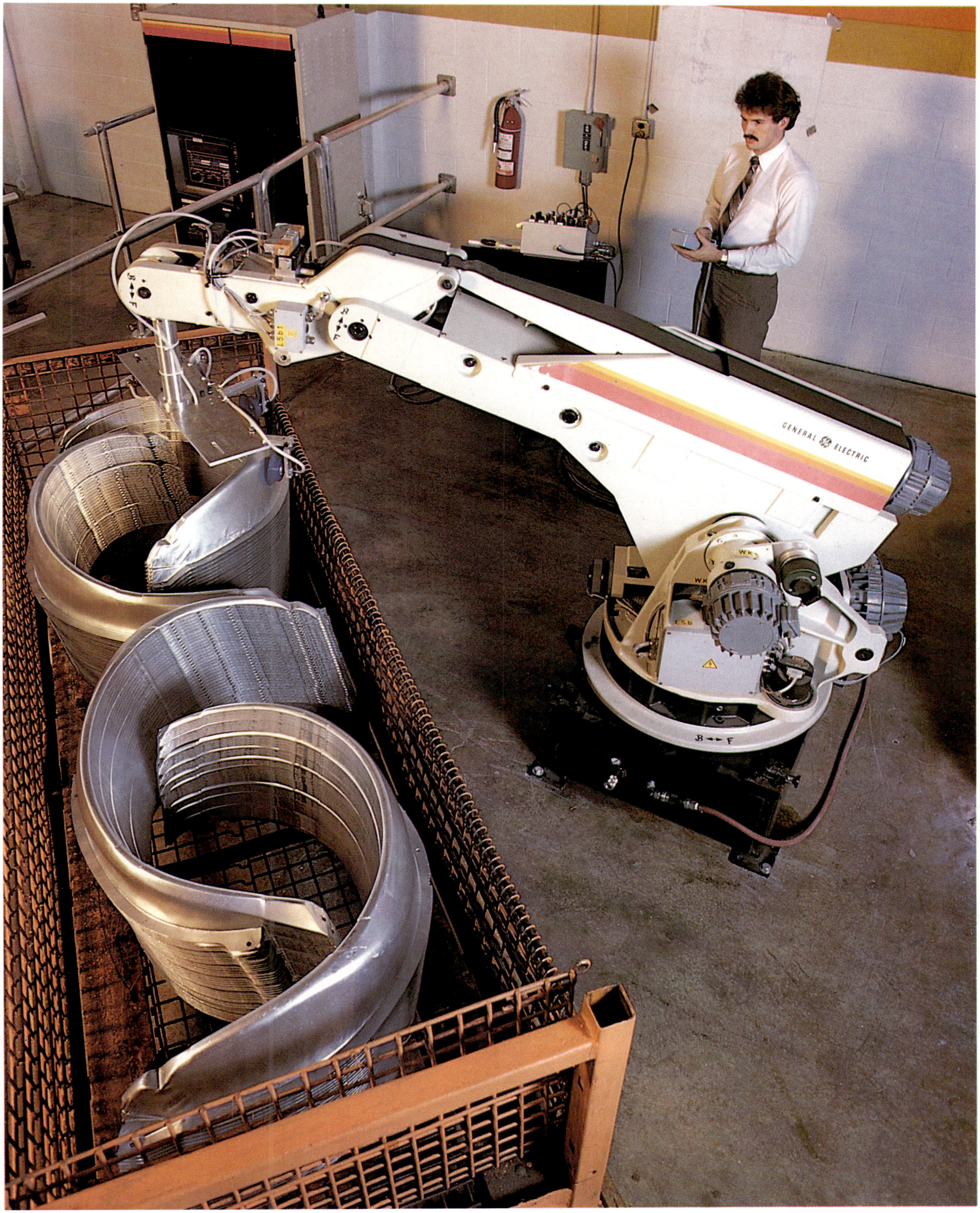
GENERAL ELECTRIC

Die Mikromaus von Battelle ist, wie die meisten Roboter der Spezies Nagetiere, der geborene Labyrinthspürer. Sie mißt die zurückgelegte Entfernung, indem sie die Stromstöße zählt, die an ihre Schrittmotore gesandt werden, und »sieht« mittels des Infrarotlichts, das sie von ihrer Unterseite aussendet und mit den fünf Sensoren entlang der Unterkante ihres Körpers wieder auffängt.

Punkten bewegt, ist für die Erfüllung seiner Aufgabe unwesentlich, es sei denn, daß die optimale Bahn zu einem Zusammenstoß mit einem Teil des Arbeitsplatzes führt; in diesem Fall muß der Programmierer Zwischenpunkte dieses Weges eingeben, so daß dieser neu berechnet und das Hindernis umfahren wird. Die Einsatzmöglichkeiten eines Roboters beschränken sich jedoch keineswegs auf derartige Punkt-zu-Punkt-Bewegungen. Ein sehr gängiger industrieller Verwendungszweck ist das Farbspritzen; dabei muß der Roboter eine komplizierte und oft unregelmäßige dreidimensionale Bahn verfolgen. Die erforderliche Programmierung kann nur als Ganzes durch den Programmierer erfolgen, und zwar durch das geschlossene »Abfahren der Bahn«.

Die oben genannten Verfahren sind anwendbar, wenn die gestellte Aufgabe keine Rückkopplung (bzw. Rückmeldung) und keinen Entscheidungsvorgang erforderlich macht; ist dies hingegen der Fall, dann muß der Roboter durch mehr oder weniger konventionelle Computermethoden programmiert werden. Je nach der Art des Steuerrechners, der zu programmierenden Aufgabe und den Vorstellungen des Programmierers kann dies auf verschiedene Weise geschehen. Manche Roboter müssen programmiert werden, als seien sie für den Steuercomputer da und nicht umgekehrt, und benötigen Programme, die in einer der konventionellen Computersprachen wie BASIC oder FORTRAN abgefaßt sind. Andere haben ihre eigene Programmiersprache eingebaut, wie IBMs AML und Unimations VAL. Da es sich hierum speziell zugeschnittene Fragen handelt, machen sie dem Programmierer das Leben sehr viel leichter und sollten zu entsprechend effizienteren Programmen führen, was sich letzten Endes auch in der Leistungsfähigkeit des Roboters widerspiegelt.

Geisteszustände

Viele Roboter brauchen Programme, die keine bestimmte Aufgabe beschreiben oder vorschreiben, wohl aber den Roboter in die Lage versetzen, die Welt der Wirklichkeit auf ganz bestimmte Weise zu erfassen, selbst über seine Reaktionen zu entscheiden und sogar eigene, auf seine Erfahrungen gegründete Strategien zu entwickeln. Damit bewegen wir uns in den tiefen Wassern künstlicher Intelligenz (Artificial Intelligence = AI) und der intelligenten Wissensverarbeitung (meist wiedergegeben durch die Abkürzung IKBS = Intelligent Knowledge-Based Systems). Dieses Gebiet betreffende Programme bestehen aus einer Datensammlung, die die bekannten Fakten über einen Zustand, eine Aufgabe oder eine Örtlichkeit enthält, weiterhin eine Reihe von Regeln, um auf der Grundlage beobachteter oder bekannter Ereignisse eine Reaktion auszulösen, und einen Strategie-Verarbeiter für die Änderung alter Regeln, die Entwicklung neuer Regeln, und den Rückgriff auf die Datensammlung bei Bedarf. Die künstliche Intelligenz hat jahrelang eine bevorzugte Stellung auf der Dringlichkeitsliste der Roboterforschung eingenommen, aber die Rückschläge waren nicht weniger zahlreich als die Erfolge, wohl aber von größerer Bedeutung. Aufgrund der Erfolge hochtechnischer Programme wie des Weltraumwettlaufs und der Mikrochip-Technologie erwarten viele, daß Probleme nur genannt zu werden brauchen, um auch schon gelöst zu werden; vielleicht sollte man nur hier ein bißchen mehr Geld und Zeit aufwenden und dort ein paar Forscher mehr anstellen, aber ansonsten liefert die Wissenschaft das Gewünschte. Es sieht aber nicht so aus, als ob dies auch für »AI« gelte. Ein Mitglied der angesehenen Forschungsgruppe für künstliche Intelligenz an der Universität Edinburgh meinte kürzlich: »Wir haben fünfzehn Jahre gebraucht, um nicht ganz dorthin zu kommen, wo ich 1970 innerhalb von fünf Monaten zu sein hoffte.« Bezeichnenderweise erfordert die Arbeit den Einsatz großer, leistungsfähiger Computer, was ihre Auswertung für den Bau autonomer Roboter vorerst impraktikabel macht.

Wir haben jedoch weiter oben bereits gesehen – zum Beispiel bei Grey Walters »Schildkröten« –, daß auch mit einfachen Me-

Rechts: Zweck der Mikromaus-Wettbewerbe war es, das Interesse von Hobby-Elektronikern an der Roboterei und an Software-Techniken zu fördern. Die Mäuse müssen zuerst in einer vorgegebenen »Übungszeit« ein der Größe nach bekanntes, nach dem Wegenetz aber unbekanntes Labyrinth erkunden und es dann so schnell wie möglich durchqueren. Die schnellste Maus gewinnt den Messing-Käse im Mittelpunkt des Labyrinths.

Unten: Die Mikromaus-Wettbewerbe, die von Dr. John Billingsley vom Polytechnikum Portsmouth (England) ins Leben gerufen worden waren, haben an Anziehungskraft in dem Maße verloren, wie das Thema mehr und mehr in die Hand von Experten geriet. Billingsleys jüngste Idee ist ein Roboter-Tischtennis-Wettbewerb.

thoden ein anscheinend komplexes Verhalten erzeugt werden kann, und die vielen »labyrinthtüchtigen« Roboter machen dies sehr deutlich sichtbar. Robotler haben jahrelang Robotermäuse auf ihren Schreibtischen durch Irrgärten krabbeln lassen, um ihre Theorien über Intelligenz und sensorgesteuerte Bewegungen zu testen. Claudee Shannon, der Begründer der Informationstheorie, konstruierte 1930 eine solche Maus – Gott allein weiß, warum sie so heißen. Ein britischer Wissenschaftler, Dr. John Billingsley vom Polytechnikum Portsmouth, rief Ende der 70er Jahre einen »Mikromaus-Wettbewerb« für Amateur-Robotler ins Leben. Die Robotermäuse mußten autonom und so konstruiert sein, daß sie ein Labyrinth erkundeten und dann den Weg bis zum Ziel fanden, das durch einen Käse aus Messing gekennzeichnet war. Die Maus, die das Labyrinth am schnellsten durchquerte, erhielt den Käse.

Die Wettbewerber erkannten schnell, daß das Entwerfen semiintelligenter labyrinthtüchtiger Software nicht besonders schwierig ist. In vielen Fällen läßt sich der Weg einfach dadurch finden, daß man vom Eingang aus einer Wand so lange folgt, bis man den Ausgang erreicht. Die Überwachungspersonen fanden dann ebenso schnell heraus, wie man Labyrinthe anlegt, in denen die Wandabtaster sich festfuhren. Die Hauptprobleme hingen mit dem mechanischen Teil des Systems zusammen – präzise anzuhalten, loszufahren und umzudrehen, Querstraßen zu erkennen und sich in der Mitte eines Korridors zu halten. In den ersten Jahren des Wettbewerbs waren diejenigen Mäuse Sieger, die am zuverlässigsten und vorausschauendsten waren, und nicht unbedingt die mit der fortschrittlichsten Software. Der direkteste Such-Algorithmus*) lautet:

1 Betrete das Labyrinth und bewege dich geradeaus;
2 Nimm an einer Wegegabel oder Kreuzung die am weitesten nach links führende Abzweigung, vorausgesetzt, daß du ihr nicht bereits gefolgt bist oder daß du von ihr aus nicht an der Gabelung angekommen bist;
3 Wenn du in eine Sackgasse geraten oder an eine Kreuzung gelangt bist, deren Abzweigungen dir bereits alle bekannt sind, dann kehre zu der vorherigen Kreuzung zurück;
4 Wiederhole alles von Schritt 2 an, bis das Ziel erreicht ist – Erfolg – oder du zum Eingang zurückkehrst – das Labyrinth hat nur Sackgassen.

Mit dieser Anweisung kann ein Roboter mit jedem Labyrinth fertig werden, obwohl sie weiterer Verfeinerungen bedarf, wenn die Lösung in kürzester Zeit, oder der beste aller möglichen Wege gefunden werden soll. Die Probleme, die sich einer Mikromaus entgegenstellen, sind eine stark verkleinerte Ausgabe der Probleme, denen sich ein freibeweglicher, autonomer Roboter etwa in einer Fabrik oder einem Büro gegenübersieht. Es ist die Fülle unvorhersehbarer Veränderungen der lokalen Geometrie, die für den Roboter und sein Programm Probleme aufwerfen kann: Man stelle sich vor, daß jemand einen Tisch auf den Korridor schiebt: wird der Roboter ihn »sehen«, oder wird er versuchen, unter ihm hindurch zu fahren und dabei das Gleichgewicht

---

*) Detaillierte Anweisung für einen Funktionsablauf.

Rechts: Teilnehmer an dem 1984er Euromaus-Wettbewerb in Kopenhagen stellen ihre diversen Sensoren, Konstruktionen und Methoden vor. Die mit dem etwas intelligenteren Gesichtsausdruck sind großenteils die menschlichen Wettbewerber. Speedy Gonzales (der schnelle Gonzales) ist langjähriger Gewinner der englischen Wettbewerbe; Thumper, ein anderer englischer Wettbewerber, fährt die Wände des Labyrinths ab, indem er an beiden Seiten entlangblickt.

zu verlieren? Wird der Roboter Glastüren erkennen? Man stelle sich vor, daß der Weg zeitweilig versperrt ist – wird der Roboter bei der Suche nach einem Ausweg überall anstoßen?

Solche Mängel können an sich berücksichtigt werden, aber die Grenzen, die der Größe eines Computers und einer Energiequelle gezogen sind, die ein mobiler Roboter aufnehmen kann, begrenzen zugleich die Menge der Daten, die aufgenommen und verarbeitet werden können. Einige AI-Forscher meinen jedoch, daß diese und andere Software-Beschränkungen dadurch überwunden werden können, daß man zur Lösung von Umweltproblemen dieser Art völlig neue Wege beschreitet. Nach ihrer Auffassung handelt es sich um künstlich geschaffene Probleme, die sich aus dem linear-schrittweisen Verarbeitungskonzept im »Innersten« unserer Computer und unseren Vorstellungen vom Lösen eines Problems ergeben. Statt zu versuchen, das menschliche Gehirn mit einem konventionellen Computer nachzuahmen (der sich ihrer Meinung nach keineswegs wie ein menschliches Gehirn verhält), sollten wir soweit wie möglich den Aufbau des Gehirns nachahmen und das Verhalten dieses Instruments studieren.

Das Ergebnis dieser Überlegungen ist das Neuralnetz-System,

so genannt nach dem Neuron, der eigentlichen Funktionseinheit des Gehirns. Es hat mehrere Eintrittstellen und einen Austritt, der über das Nervensystem Nachrichten an die Muskeln des Körpers weiterleiten oder in andere Neuronen eingeben kann. Obwohl dieses System auf den ersten Blick nicht anderes als ganz einfach ein biologisches Gegenstück zum Gedächtnis eines elektronischen Computers zu sein scheint, findet sich darin nichts, was einer Zentraleinheit gliche und mit dem die Eintritt- und Austrittstellen dieser Zellen ständig verbunden wären. Nirgends scheint eine zentrale Steuereinheit zu sein, die der Steuereinrichtung einer Maschine entspräche. Das hat schließlich dazu geführt, daß die Forscher Intelligenz und Wissen als eine dem Vernetzungssystem selbst entstammende Eigenschaft sehen. Es ist lange ein Pseudo-Faktum der Wissenschaft und der Science-Fiction gewesen, daß die Zahl der Neuronen in einem Gehirn seine Leistungsfähigkeit bestimmt und daß es irgendeine kritische Zahl oder Relation gibt, bei deren Überschreiten sich in einem Gehirn zwangsläufig das Phänomen der Intelligenz einstellt. Einige Forscher haben daher als Gegenstück zum Gehirn Netze aus RAM-Chips gebaut (Random Access Memory = Speicher mit wahlfreiem Zugriff, integrierte Schaltungen, die Millionen von Transistoren enthalten, deren jeder eine Binär-Stelle (1 bit) darzustellen vermag), wobei sie bei ihren Versuchen von den stetig fallenden Preisen für Speichergeräte profitierten. Die Arbeiten begannen Mitte der 60er Jahre in England, und 1972 entwickelte ein Team der Universität Kent das MINERVA-System, das einen bemerkenswerten Erfolg erzielte, indem es anhand der zuvor definierten Idealformen gedruckter Buchstaben die handschriftlichen Entsprechungen erkannte – und dies mit Reaktionszeiten, die weit unter denen konventioneller Computerbauarten lagen. Einige aus diesem Team zogen an die Brunel-Universität (ebenfalls in England) um, wo sie 1981 das WISARD-System zusammenbauten (Wilkie, Stoneham and Aleksander's Recognition Device). Dieses Gerät erzielte einen hundertprozentigen Erfolg bei Tests, bei denen es 15 menschliche Gesichter erkannte – lebendige Gesichter mit aller Veränderlichkeit des bildlichen Eindrucks, wie sie durch Licht und Schatten, Stimmung und sogar Grimassen hervorgebracht wird. Das System ist inzwischen als Musterkennungsgerät für Roboter und andere Anwendungen im Handel erhältlich, aber die Bedeutung dieses Forschungszweigs für künstliche (auch für Roboter nutzbare) Intelligenz kann gar nicht hoch genug veranschlagt werden.

Roboter daheim

»Wirf den Schraubenschlüssel weg!«
Wutanfälle kommen vor – Robert Heinlein

Wir haben gesehen, wie die allgemeine Vorstellung von einem Roboter sich bei näherem Zusehen in alle Arten von Handhabungsgeräten, Automaten und dergleichen auflöst, so daß wir anfangen, in allem etwas Roboterhaftes zu sehen, was auch nur eines der entscheidenden Kennzeichen aufweist. Der Haushaltsroboter ist eine moderne Sagengestalt – bestimmt kein Golem, aber ebenso wenig ein Extraterrestrial, eher irgendwo zwischen C3PO aus »Krieg der Sterne« und Woody Allens verrücktem Roboter-Schaffner in dem Film »Sleeper« angesiedelt. Diese Sorte Roboter kann man kaufen, und vielleicht können ein paar Leute etwas damit anfangen. Eine etwas bessere Kategorie von Robotern ist auch daheim in der Wohnung anzutreffen, etwa als Spielzeug, Baukästen, Lehr- und Mobilgeräte und dergleichen. Ob Roboter auch im Haushalt als Dienstboten oder Hilfskräfte eine nennenswerte Rolle spielen werden, bleibt abzuwarten; der Computer hat auf die Organisation und die Abwicklung des Haushalts keinen besonderen Einfluß gehabt, auch wenn der Mikrochip in zahlreichen Haushaltsgeräten zu finden ist. Viel wahrscheinlicher ist, daß neue Robotertechniken in zunehmendem Maße das Design der Haushaltsgeräte beeinflussen werden, ohne unbedingt ihr allgemeines Erscheinungsbild oder ihre eigentliche Funktion zu ändern – Waschmaschinen, Heizöfen, Staubsauger, Küchengeräte und »braune Ware« könnten allesamt von »intelligenten« Handhabegeräten, Berührungssensorik oder visuellen Systemen profitieren. Das Dumme mit dieser Art abgewogener und scheinbar vernünftiger Voraussage ist, daß sie sich gewöhnlich innerhalb weniger Jahre als nichtig oder unsinnig erweist – Mr. Watson, der die IBM, einen Giganten dieses Industriezweigs, durch ihre Aufbaujahre steuerte, sagte voraus, daß es einen Weltmarkt für insgesamt fünf Computer geben werde.

Haushaltsroboter

Solche Maschinen sind nicht billig. Sie kosten zwischen 1000 Dollar und 5000 Dollar und mögen als Statussymbol und zur Unterhaltung dienen, bieten aber wenig praktischen Nutzen. Es handelt sich um batteriegespeiste Mobilgeräte von etwa ein Meter Höhe und 50 Kilogramm Gewicht. Die Hersteller beschreiben sie unterschiedlich als »freizügig«, »autonom« und »erzieherisch« – Eigenschaftswörter, von denen bezeichnenderweise keines die Bedeutung von »nützlich« hat.

Der RB5X besteht aus einem zylindrischen Gehäuse mit halbkugeliger Abdeckung und einem fünffachsigen Greifarm. Er bewegt sich auf drei Rädern und trägt rings um seine Bodenplatte mehrere Kollisionsanzeiger; diese ergänzen sein Entfernungsmeßsystem, dessen Grundlage ein Ultraschallmesser ist, wie er für die Selbstfokussierung von Kameras verwendet wird.

TOPO von Androbot ist ein ansprechendes Roboterwesen von Nolan Bushnell, dem Gründer von Atari Computers. Es besitzt nur zwei (etwas unheimlich auswärts gestellte) Räder, die ihm offenbar Standfestigkeit und Lenkbarkeit verleihen. Es wird von einem Personal Computer Apple II über eine Infrarot-Verbindung gesteuert und besitzt außerdem einen Speichervorrat von synthetischer Sprache. Da er weder einen Arm noch sonst ein Greifgerät besitzt (außer einer umklappbaren Abstellfläche, die den Werbefotos zufolge ausreicht, um einen kleinen Apfel zu halten), ist seine Verwendbarkeit begrenzt; er kann die Tür aufhalten, wenn jemand sie geöffnet hat, und er ist ein wunderbar teurer wandelnder Briefbeschwerer. Er könnte auch einen Einbrecher erschrecken, wenn er auf ihn drauf fiele.

»Ein mobiles Unterhaltungssystem für zu Hause« – so tun die meisten Kritiker den Hubot ab, der aus einem Fernseher, einem Video-Spielgerät, einem Radiokassettenrekorder, einer Batterie, einem Motor und ein paar Rädern besteht. Wenn er noch ein paar Knöpfe und einen Plattenspieler hätte, könnte er eine Jukebox sein.

Hero I von Heath Zenith in Bristol (England) sieht schon ein wenig mehr nach etwas aus. Er besitzt einen fünffachsigen Arm mit Greifer, Ultraschall-Entfernungsmesser, Bewegungs- und Helligkeitssensoren, Schallerkennung und Sprachsynthetisierung. Eine Tastatur und ein Bildschirm geben Zugang zu dem eingebauten Computer (also ein einfaches Bedienungskonsol), und der Steuerteil ist aus austauschbaren Leiterplatten aufgebaut, wodurch es möglich wird, mit dem Gerät zu experimentieren und es weiter auszubauen. Dies war der Leitgedanke bei der Konstruktion, mit der das Interesse und das Verständnis für Roboter geweckt werden soll. Das mag durchaus nützlich sein.

Roboterarme für pädagogische Zwecke

Dies ist der Haupt-Wachstumsbereich für Heim-Roboter und – aus denselben Gründen – auch für ihre »Kollegen« im industriellen Bereich. Noch immer kann man mit einem solchen Arm nichts machen, was man eigentlich nicht auch selbst tun könnte, außer natürlich, über Roboter nachzudenken. Und deswegen ist auch von Pädagogik die Rede. Sie reichen im Preis von ein paar hundert bis zu ein paar tausend Dollar, und für den Antrieb verwenden sie alle Methoden, die auch für industrielle Manipulatoren gebräuchlich sind – sogar noch einige mehr; Schrittmotoren sind ebenso gebräuchlich wie konventionelle Hydrauliksysteme. Die Neptune- und Genesis-Roboterarme, beide von englischen Herstellern, verwenden jedoch als Hydraulikflüssigkeit einfaches Leitungswasser, wobei als Antriebskraft der durch Pumpen verstärkte Leitungsdruck genügt.

Solche Arme können häufig auch in Form von Baukästen gekauft werden – also ganz in pädagogischem Sinn – und fast alle müssen von einem Personal Computer gesteuert werden, wenngleich nichts Teures erforderlich ist; so kostet der Sinclair-Timex oder der Commodore Vic-20 um 150 Dollar, und beide reichen durchaus. Diese Arme können in kleinem Maßstab das meiste von dem tun, was ihre großen Vorbilder bewerkstelligen, aber der Maßstab ist wirklich klein: Der größte Arbeitsradius beträgt 60 cm, und die Belastungsgrenze liegt bei knapp über 100 Gramm. Die meisten haben irgendeine Art von Positioniersen-

Gegenüber: Roboter-Traum oder Abfalleimer-Alpdruck? Wenn Vielzweck-Haushaltsroboter je wirklich heimisch werden sollten, müssen sie verwendbare Arme, eine Auswahl von Wirkorganen, Spracherkennung und Sprachformung sowie ein entwickeltes Sehvermögen als Standardausrüstung besitzen. Die entscheidende Frage ist, ob jemand all diesen technischen und finanziellen Aufwand treiben will, um Wasser zu kochen oder Telefonanrufe entgegenzunehmen.

93

Rechts: Viel mehr als Unterhaltung ist von dem Androbot TOPO nicht zu erwarten, woran auch dieser Massenauftritt nichts ändern kann. Da er keine Arme hat, rollt er etwas frustriert auf seinen beiden elektrisch angetriebenen Rädern umher, wobei er mit seiner Infrarot-Verbindung lediglich teure Computerzeit verbraucht und die armen Schildkröten erschreckt.

Unten: Wenn alle Roboter Woody Allens ulkig-verrückten Helfern in dem Film Sleeper (Der Schläfer) glichen, dann wollten wohl die meisten Leute gern zum Spaß einen haben.

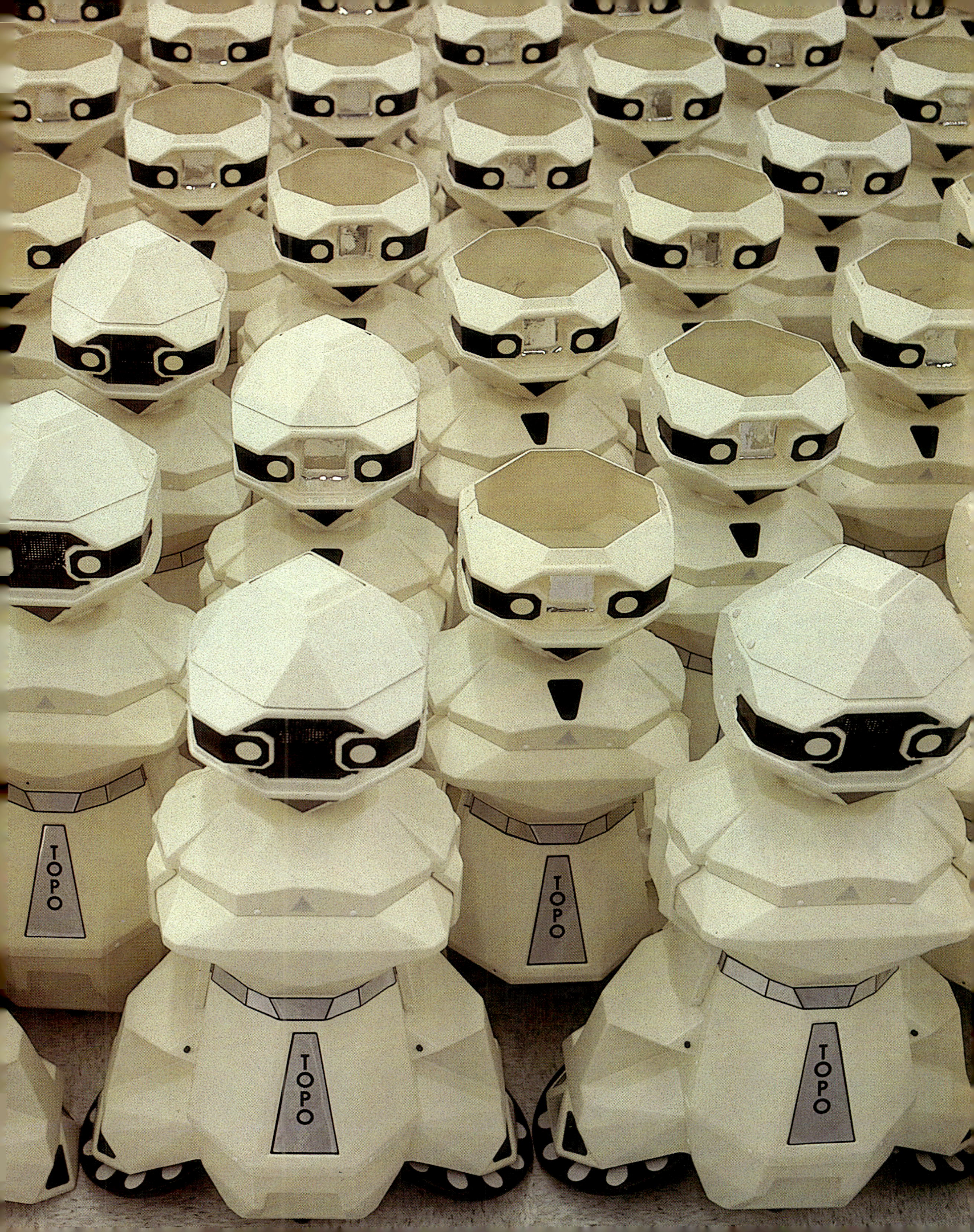
TOPO
TOPO
TOPO
TOPO

sor, oft auch einen Berührungssensor, der angibt, ob der Greifer geschlossen ist. Nur ganz wenige erlauben die Verwendung einer Auswahl von Wirkorganen; eine bemerkenswerte Ausnahme stellt der elegante Rhino XR dar, der mit seinem Arm in offener Gitterbauweise, mit offenliegendem Kettenantrieb und Zahnradgetriebe ganz so aussieht wie etwas, was 1895 auf der Heimtechnik-Ausstellung in Philadelphia eine Medaille gewonnen hat.

Spielzeugroboter

Die Auswahl reicht von Modellautos, die sich durch Drehen und Umklappen in Weltraumungeheuer verwandeln, bis zu einem Roboter-Wartungsgerät; die meisten sind unterhaltend, manche sogar instruktiv. Mechanische Spielzeuge haben eine lange Geschichte, die über die deutschen Spielzeugmacher des Mittelalters bis zu den wasserbewegten Bühnenbildern Herons von Alexandria 300 v. Chr. zurückreicht. Der Modellroboter als Spielzeug taucht zuerst in den 40er und 50er Jahren auf, der großen Zeit der Metallbaukästen (Meccano), der Science-Fiction-Filme und der Comics. Der »wahre Jakob« mußte allerdings bis zur Ankunft des Computers warten. Leachim, ein 1972 von Michael Freeman gebautes Schreckensgebilde, 90 kg schwer und 1,80 m groß, mit funkelnden Lichtern geschmückt, wurde eines der ersten Lehrgeräte in Robotergestalt. Es verfügte über ein reiches Repertoire an kassettengespeicherten Sachinformationen und eine Telefonwählscheibe, mittels derer Kinder die Antworten auf Fragen eingeben konnten, die Leachim gestellt hatte. Sechs Jahre später wurde ein 30 cm großer Abkömmling von Leachim namens 2-XL in Massenproduktion hergestellt und in Spielzeugläden verkauft. Es ist ein gedrungenes kleines Plastikmodell mit einer primitiven Tastatur, mit der man die Antworten auf die ebenfalls von Kassetten »abgespulten« Fragen eingeben kann; in Ergänzung zu den Fragen sind auf den Kassettenbändern auch die korrekten Antworten sowie weitere Informationen zu dem jeweiligen Thema gespeichert. Es ist eine ganze Reihe von Kassetten mit verschiedenen Themen erhältlich.

Milton Bradleys Big Trak ist ein sechsrädriges Spiel-Fahrzeug, das von Elektromotoren angetrieben wird und dessen Bewegungen durch Steuerbefehle gelenkt werden, die auf dem numeri-

Rechts: Extra-Bauteile von Fischertechnik wurden verwendet, um diesem Baukasten-Gefährt einen Greifarm zu geben, der durch den darüber angeordneten linearen Stelltrieb geöffnet und geschlossen wird. Obwohl ihn eine Reihe von Sensoren – Bahnsteuerung mit Infrarotlicht, Lichtintensitäts- und Ultraschall-Entfernungsmessung – befähigen, einigermaßen genau zu navigieren, würden Radschlupf und mangelnde Stabilität auf einem so lockeren Untergrund seine Rechenanlage bald überfordern.

Unten: In dem Maße, wie Computer im Lauf der 80er Jahre daheim, in der Schule und in Ferienheimen populär wurden, begannen sich auch Kinder für Roboter zu interessieren, wobei meist die auf dem Fußboden laufenden »Schildkröten« (die Plastikglocken auf den Fernsehern) und – zum Steuern – die für Lehrzwecke entwickelte Programmiersprache LOGO verwendet wurden. Die Schildkröte besitzt präzis funktionierende Schrittmotore, eine Computerverbindung und einen Schreibstift, um die Anweisungen des Operateurs auf dem Fußboden aufzuzeichnen. LOGO und die Schildkröte verwandeln Geometrie und Computerprogrammierung in ein einfaches System, die Umwelt zu beschreiben.

BUILT BY
NAME
SERIAL No.
ECONOMATICS EDUCATION DIVISION
PATENT APPLIED FOR

Rechts: Die schnelle Verbilligung der Mikrochips kam Ende der 70er Jahre in den Produkten der Computerhersteller auf dramatische Weise zum Ausdruck, wenn man nur an den britischen Unternehmer Clive Sinclair und die amerikanischen Firmengründer Steve Wozniak und Chuck Peddle denkt. Sinclairs Erfolg beruhte darauf, daß er ganze Computersysteme in kleine, hübsch aussehende Gehäuse verpackte und zu attraktiven Preisen auf den Markt brachte, so daß der Computer, wie primitiv und wenig ansprechend er selbst damals gewirkt haben mag, ein selbstverständlicher Gebrauchsgegenstand sowohl zu Hause wie am Arbeitsplatz wurde, nicht anders als eine Armbanduhr oder ein Kugelschreiber.

Links: Das BBC-Gerät ist ein preiswerter Roboter-Baukasten, der als Ergänzung zu dem populären BBC-Heimcomputer verwendet werden kann. Die mechanischen Bauteile stammen von Fischertechnik. Das Gerät ist mit Licht- und Hindernissensoren als Grundausstattung ausgerüstet. Viele Besitzer haben es für andere Roboterversuche ausgeschlachtet.

Rechts oben: Die in USA schon lange bestehende Einrichtung der Ferienheime für Kinder wurde in England gerade damals außerordentlich populär, als der Mikroelektronik-Boom einsetzte. Manche Kinder sammelten ihre ersten Erfahrungen mit Computern und Robotern in dieser Umgebung, angeregt durch das Vorhandensein solcher Geräte, die Gelegenheit zum Experimentieren und genügend Zeit, ihren Ideen nachgehen zu können, ohne abgelenkt zu werden. England hinkte zwar 1985 seinen industriellen Wettbewerbern hinsichtlich des Einsatzes von Industrierobotern hinterher, was jedoch Heimcomputer anbetrifft, lag es prozentual an der Spitze.

Rechts: Die große Zahl bereits vorhandener Personal Computer machte es möglich, daß der schnell expandierende Sektor für Lehr- und Heimroboter von der Annahme ausgehen konnte, die von ihm angepeilte Zielgruppe werde großenteils die Computerkapazität bereitstellen können, um die Roboter zu betreiben, so daß die Hersteller sich ganz auf die Entwicklung von Software und speziellen Anwendungen zu entsprechend mäßigen Preisen konzentrieren konnten. Wenn beispielsweise Roboterarme, die 200 Dollar kosteten, zusammen mit einem Computer angeboten werden mußten, so gab dies einen Gesamtpreis von etwa 450 Dollar – ein spürbarer Unterschied unter allen Umständen, besonders aber in einem Markt, auf dem neue Produkte zunächst unerprobter Qualität kommen und gehen.

100

Links: In seinem Buch Mindstorms (Gedankenstürme) schildert der Lehrer und Mathematiker Seymour Papert, wie ihn als Kind ein Satz Zahnräder so faszinierte, daß sie für ihn zu einer winzigen Phantasiewelt wurden, in der seine spielerischen Vorstellungen sich zu Erkundungen auf dem Gebiet der Physik, der Mathematik und Dynamik ausweiteten.

Links, Einschiebbild: Bei Verwendung von Schrittmotoren und eingebauten Steuerschaltungen können selbst ganz billige »Schildkröten« bemerkenswert genaue Bewegungen durchführen.

Rechts: Die Figuren, die die Schildkröte auf dem Fußboden beschreibt und aufzeichnet, können mittels LOGO wie von einer körperlosen Schildkröte auf dem Computerschirm nachgeahmt werden.

Unten: In diesem Weltbild sind Computer o. k., aber sie können nur die Gedanken, Einfälle und Fehlleistungen der jungen Menschen widerspiegeln.

101

schen Tastenfeld auf seiner »Ladefläche« eingegeben werden. Diese Befehle können aneinandergereiht werden und sind de facto nichts anderes als Computerprogramme. Viele Robotfanatiker haben dieses Spielzeug gekauft, um es zu Hause an ihren Computer anzuschließen und auf diese Weise die Programmierungsmöglichkeiten erheblich zu erweitern.

Es kann billiger sein, Big Trak oder vergleichbare Spielzeuge als computergesteuerte Roboter zu verwenden, statt eigens konstruierte, bodenbewegliche Lernroboter zu kaufen. Bei ersteren handelt es sich um computergesteuerte »Buggies«, die dem Kind Robotertechniken näherbringen sollen; sie sind programmierbar, haben eine offen zugängliche Elektronik, verfügen über eine Reihe von Sensoren einschließlich der Möglichkeit, weitere anzubringen, und können meistens noch einen Schreibstift führen und damit zu »Schildkröten« werden.

Anknüpfend – wenn auch vielleicht unbewußt – an Grey Walters »elektrische Schildkröten«, kriechen diese Geräte auf dem Boden herum, wobei sie gewöhnlich ihre Bewegungen mit dem Schreibstift aufzeichnen, so daß man diese anschließend studieren kann. Sie werden über ein Kabel oder eine Infrarotstrahl-Verbindung von einem Personal Computer aus gesteuert, möglicherweise unter Verwendung der für Lehrzwecke entwickelten Computersprache LOGO. Dies ist eine Konsequenz aus den erzieherischen Vorstellungen des amerikanischen Pädagogen Seymour Papert, der Computer und Roboter (und natürlich alles, was es sonst noch gibt) einsetzen möchte, um Kindern die Möglichkeit zu geben, »Miniaturwelten« zu schaffen, in denen sie sich durch Spielen Kenntnisse in Physik, Mathematik, Englisch und schließlich über Erziehung selbst aneignen können. Die Boden-Schildkröte (deren Bewegungen auch auf dem Bildschirm nachgezeichnet werden können) wird durch Befehle wie VORWÄRTS oder RECHTS gesteuert, die das Kind veranlassen, in geometrischen Begriffen zu denken, und dies auf ganz natürliche Weise. Die Struktur der Sprache macht die Entwicklung komplizierter Programme zu einem schrittweisen Vorgang, und die Bedienungsmethode zielt darauf ab, den Erfolg so erreichbar wie möglich zu machen, weswegen Fehlerhinweise hilfreich und nicht kritisch-rügend sind. LOGO taucht inzwischen in den Computern vieler Klassenzimmer auf und könnte sich als der bedeutendste Einzelbeitrag erweisen, Kindern mehr Verständnis für Roboter zu vermitteln.

Weitere Ideen

Roboter und Robotereinflüsse beginnen auf dem Wege über Tanzsitten und Fernsehen auch in das traute Heim vorzudringen, während sie zugleich auch in Schaufenstern und Diskotheken immer häufiger auftauchen. Auf New Yorks Straßen fingen Kinder zu Beginn der 80er Jahre an, in einer unheimlich roboterartigen Weise nach Poprhythmen zu tanzen, vielleicht mit veranlaßt durch die Tatsache, daß Roboterbildern in der Automobilwerbung und Fernsehberichten über die japanische Industrie immer mehr Platz eingeräumt wurde. Der Modetick wurde zu einem Tanzfimmel, der sich innerhalb von ein paar Jahren bis nach Europa und dem Fernen Osten ausbreitete. Roboter-Schaufen-

Unten: Milton Bradleys Big Trak ist ein programmierbares Fahrzeug, das die Robustheit des BBC-Buggy mit den erzieherischen Qualitäten der Parkettschildkröte verbindet. Jeder, der sich zutraut, an seiner Schaltung herumzubasteln, kann es an einen Heimcomputer anschließen und auf diese Weise eine billige, stabile und ausreichend genaue Schildkröte zurechtzaubern.

Rechts: Diese ansprechenden Dinger sind als teilweise vormontierte Baukästen erhältlich und vollführen einfache Manöver, wobei sie auf hohe Pfeiftöne oder Händeklatschen reagieren.

103

MY ROBOT OMS-B

FLOOR PLAN

105

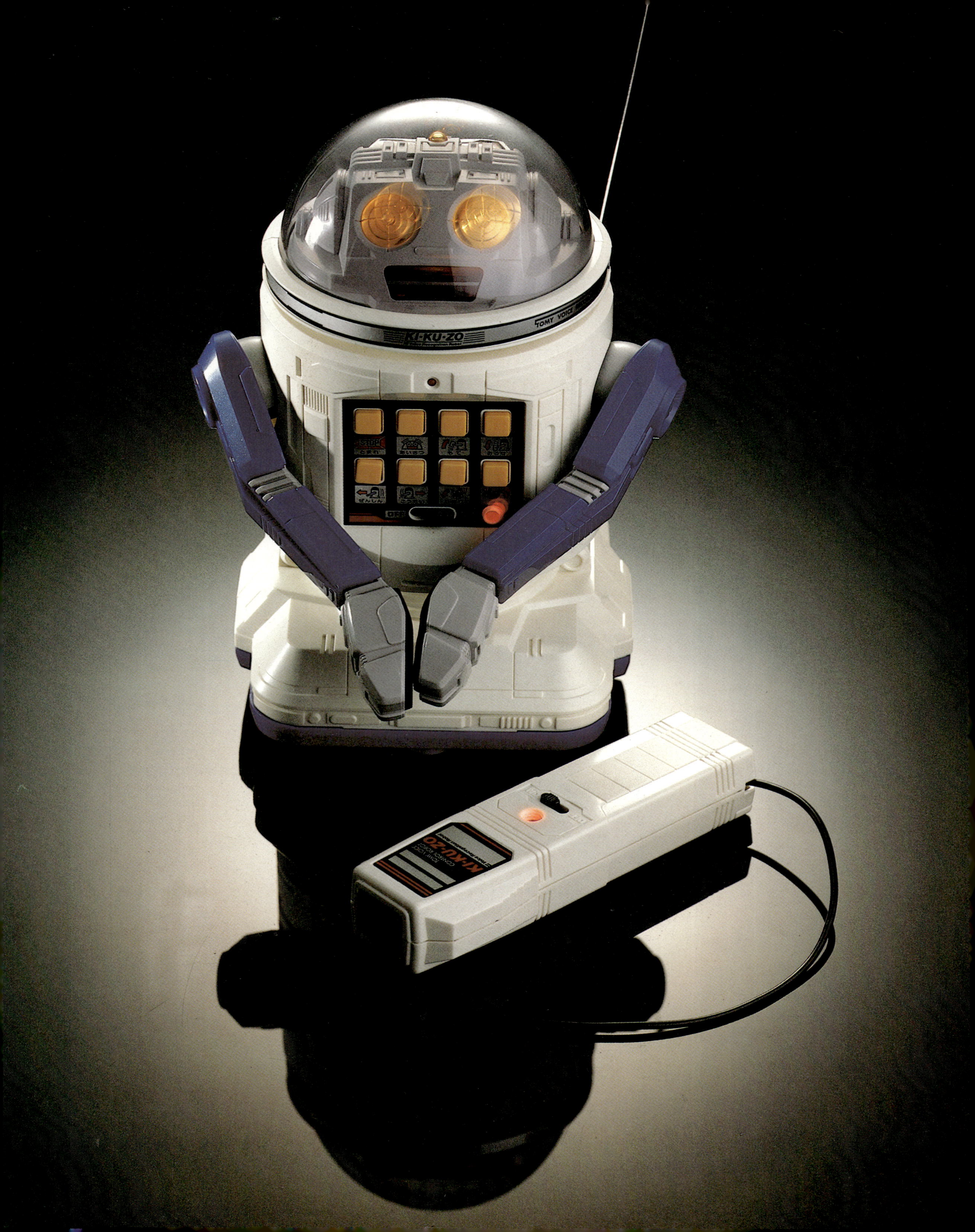
KI-KU-ZO
TOMY VOICE

Vorhergehende Doppelseite: Zahl und Artenvielfalt mobiler und ortsfester Spielzeugroboter sind ein Anzeichen zunehmenden Interesses von Handel und Kundschaft an diesem Gegenstand.

Links: Der Tomy Ver-bot ähnelt im Prinzip dem Big Trak darin, daß seine Bewegungen durch die eingebaute Tastatur gesteuert werden; er kann jedoch »abgerichtet« werden, auf Befehle, die in das akustische Steuergerät gesprochen werden, eine Folge von Bewegungen auszuführen.

Rechts: Diese beiden Keramik-Roboter von Ditto Reproductions tun eigentlich überhaupt nichts – aber sie sehen immerhin niedlich aus.

Unten: Wie Big Trak ist auch Tomy Robo I ein faszinierendes Spielzeug mit engen Verbindungen zur »wirklichen« Arbeitswelt. Es wird mittels der beiden Steuerknüppel und der Energieanzeigetafel gesteuert und kann dazu benützt werden, Gegenstände mit ausreichender Genauigkeit aufzunehmen und abzulegen.

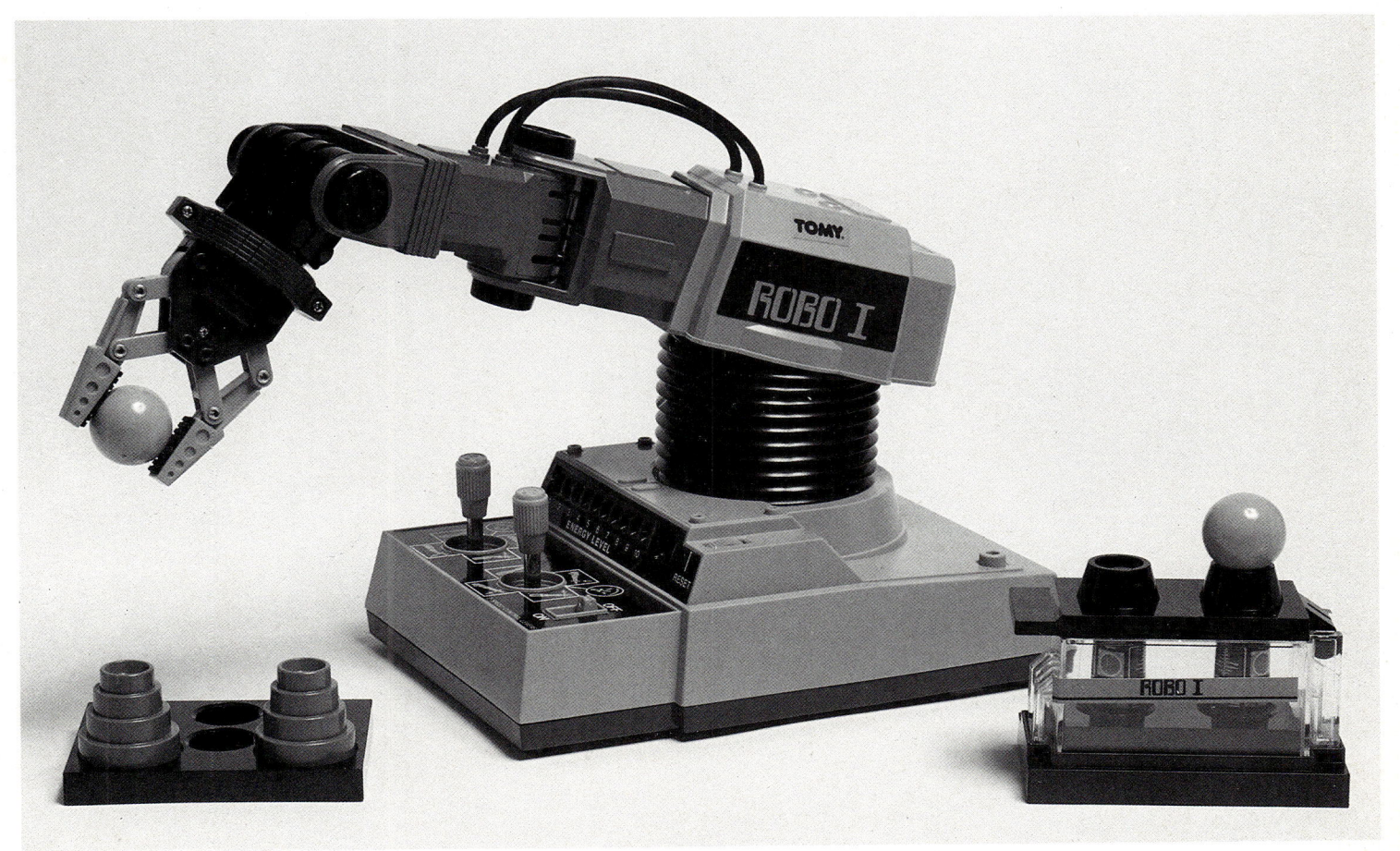

sterpuppen begannen ebenfalls um diese Zeit, ihre Kleider mit artigen Bewegungen vorzuführen, obwohl es mechanische Versionen schon lange zuvor gegeben hatte; die Original Android Company in London liefert programmierbare, vielseitig bewegliche Schaufensterpuppen für eben diesen Zweck. Billigere Versionen solcher Roboter fingen um 1983 an, als Neuheiten in Diskotheken aufzutauchen, obgleich Darstellungskünstler wie »Professor« Bruce Lacey schon Anfang der 70er Jahre begonnen hatten, mit Tanzrobotern zu experimentieren. Die japanische Elektronik-Firma Sony produzierte eine denkwürdige Serie von Fernsehanzeigen, bei denen sprechende Haushaltsgeräte auftraten; die diskrete Verbindlichkeit des getreuen Dieners und Ratgebers, wie sie von R2D2 in Krieg der Sterne personifiziert wurde, ist durch die ungute Betriebsamkeit von John Cleeses Robot-Staubsauger in den Hintergrund gedrängt worden.

Einige neuere Nachrichten aus Roboterkreisen deuten auf zukünftige Verwendungsmöglichkeiten in Haus und Hof, Schule und Klinik hin:

1 Für Medizinstudenten stehen in einigen Ausbildungsstätten Roboter-Patienten zur Verfügung; sie haben optische, akustische und taktile Sensoren, Körpertemperatur, Puls, Herzschlag und Atmung. Sie sind so konstruiert, daß sie verschiedene Zustände nachahmen können, beispielsweise Herzstillstand, und auf Behandlung in angemessener Weise ansprechen.

2 Angehende Zahnärzte in Atlanta (Georgia) verwenden Roboter-Köpfe zum Üben von Zahnoperationen; sie können den Mund öffnen, haben eine rosa Zunge und weiße Zähne, die eine Reihe von Schäden und Zahnkrankheiten aufweisen. Eingebaute Sensoren veranlassen den Kopf, Schmerzgefühl zu zeigen, und ein Sprachsimulator stöhnt: »Auks, gags guk weh!« Weitere Versionen fangen an zu bluten und simulieren Krämpfe und Erstickungsanfälle.

3 Vom Maschinenbaulabor des Britischen Industrieministeriums ist ein Roboter-Blindenhund entwickelt worden. Er heißt Meldog Mk I, ist so groß wie ein Spaniel und wird von aufladbaren Batterien angetrieben. Er läuft auf Rädern seinem Herrchen einen Meter voraus und wackelt mit der Leine, wenn er einen Schritt aus dem festgelegten Sicherheitsbereich hinaus tut. Es ist beabsichtigt, die Benützer anfänglich in der Verwendung der »Führerhunde« zu trainieren, bevor sie ein eigenes Exemplar erhalten; zukünftige Versionen sollen mit dem Benützer in engerem Informationsaustausch stehen, sollen Licht- und Geräuschsensoren besitzen, die es ihnen gestatten, sich »umsichtiger« zu bewegen und sollen so programmiert werden, daß sie Befehle ignorieren, die ihren Besitzer in Gefahr bringen könnten.

4 Die Nippon Telegraph and Telephone Company hat einen Roboter mit Händen entwickelt, der die Seiten nahezu eines jeden Buches umblättern kann, sofern man ihm zuvor die Gelegenheit gibt, die Dicke des Buches und die Art, wie es »sich anfühlt«, festzustellen.

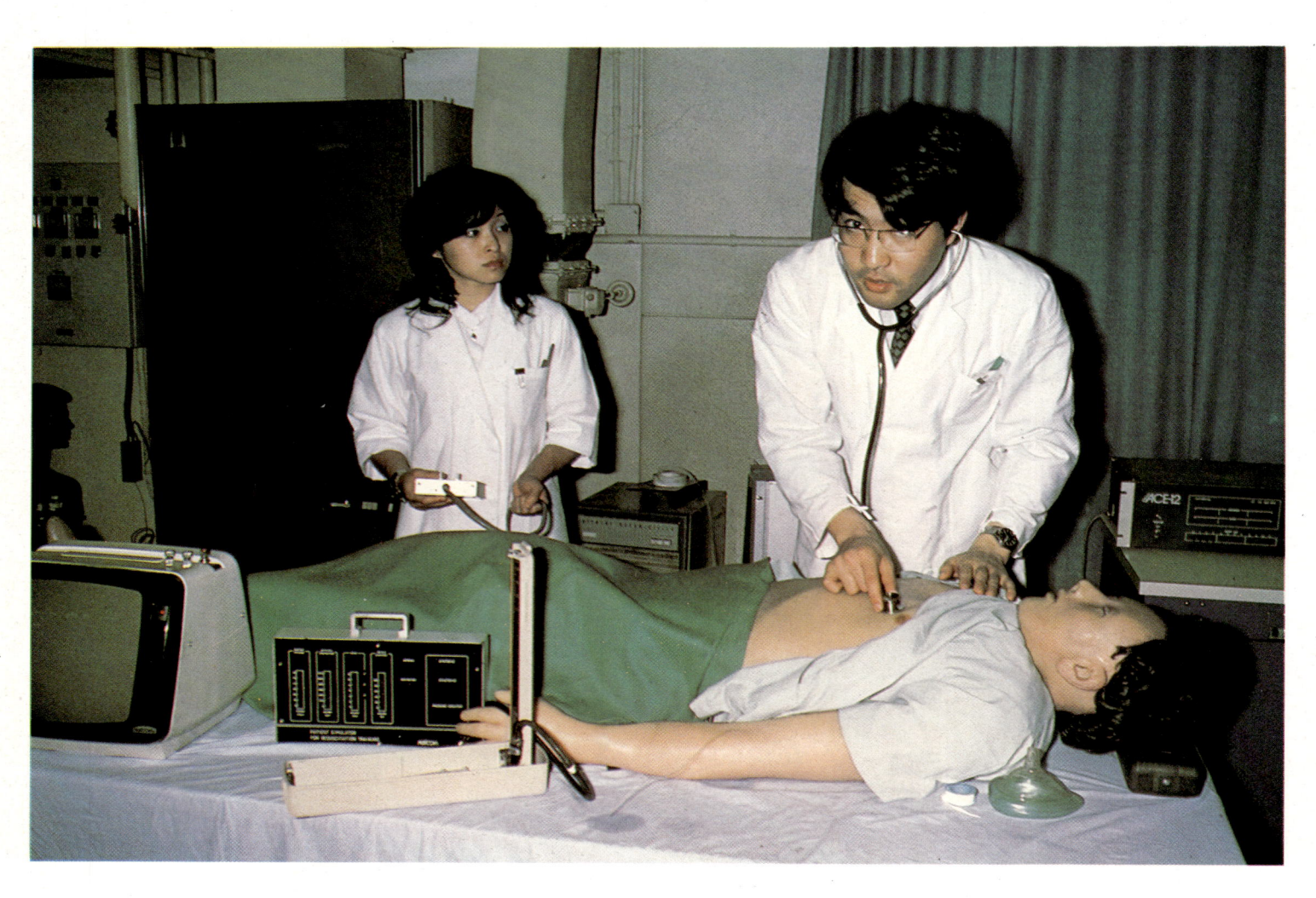

*Oben und rechts: Relativ billige Satnav-
(Satelliten-Navigations-)Systeme
sind schon seit längerer Zeit für Segler
und Hochseefischer erhältlich; viele
Automobilhersteller reden davon,
in ihren Wagen Richtfunkeinrichtungen
einzubauen, die sich auf Laser-Disk-Archi-
ve für Straßenkarten und Verkehrsweg-
Aufzeichnungen stützen. Es ist eine
Klischeevorstellung aus Wirklichkeit
und Dichtung, daß jemand, der aus
tiefem Schlaf erwacht, als erstes fragt:
»Wo bin ich?« Von jetzt ab weiß es
Ihr Wagen besser als Sie – wer ist
nun der besser Informierte, und wer
hat die Führung? Das Auto wird bei
der weiteren Entwicklung seiner automatischen Steuerung zweifellos diesen
Weg zur System-Vorherrschaft weiter
verfolgen – im wohlverstandenen Interesse
an mehr Sicherheit.*

*Links: »Androiden« erweisen sich
als sehr nützlich: Dieses medizinische
Übungsobjekt besitzt Puls- und Herzschlag
und führt Atembewegungen aus, wobei
es alle möglichen krankhaften Veränderungen bis zum Herzstillstand nachahmt.
Es reagiert dann – oder auch nicht –
auf die Bemühungen des Praktikanten,
zu normalen Funktionen zurückzufinden.
Solche Übungsmöglichkeiten bieten
sich auf keine andere Weise.*

Roboter im Weltraum

»Ich verweilte in ihrer Nähe, unter diesem milden Himmel, beobachtete die Nachtfalter, wie sie um das Heidekraut und die Glockenblumen herumflatterten, lauschte dem sanften Wind, wie er durch das Gras strich, und wunderte mich, wie sich je ein Mensch einen unruhigen Schlaf für die Schläfer in dieser unruhigen Erde vorstellen könnte.«
›Wuthering Heights‹ (Die Sturmhöhe) von Emily Brontë

Ein Roboter-Schauspiel im Fernsehen – live! Wenn je die Rede davon sein konnte, daß das Roboterzeitalter begonnen habe, dann war das im April 1985, als Zuschauer auf der ganzen Welt die Besatzung der amerikanischen Raumfähre beobachteten, wie sie einen neues Wirkorgan für den fast 15 Meter langen Telemanipulator ihres Raumgeräts zusammenbastelten. Sie versuchten, an einem fehlgesteuerten Satelliten anzulegen, mußten aber erst einen Schalter an dessen Seite umlegen, bevor sie sich ihm ungehindert nähern konnten. Die Männer verwendeten alles, was sie an Bord finden konnten – Draht und Klebestreifen von einem Getränkekarton –, angeleitet von den Spezialisten auf der Erde, die ihre Vorschläge an Labor-Exemplaren ausprobieren konnten.

Dieses faszinierende Zwischenspiel trug alle Merkmale eines lebenswahren Kampfes gegen die Tücke des Objekts: eine unerwartete Panne unter widrigen Umständen, improvisierte Hilfsmittel, unerprobte Notlösungen, und an der Strippe einen Haufen Klugscheißer, die aus der Geborgenheit ihrer bequemen Bürosessel gute Ratschläge erteilten. Wie es sich gehörte, war dieser erste Anlauf zu interplanetarischer Roboter-Heimwerkerei ein Fehlschlag – aber ein lehrreicher; bei zukünftigen Unternehmen wird ein kompletter Notvorrat an Büroklammern, Streichhölzern, alten Glühbirnen und einigen Exemplaren von The Whole Earth Catalog*) mitgeführt werden müssen, um solche Behelfsreparaturen zu ermöglichen. Das bordeigene Unterhaltungssystem wird Videokassetten mit Sam Shepard and Michael Jackson in Antonionis *Zen and the Art of Motorcycle Maintenance* (Zen und die Kunst der Motorrad-Reparatur, ein Film) in sein Repertoire aufnehmen.

Der Weltraum ist wie geschaffen für Roboter, und die Roboter für den Weltraum. Auf der ganzen Erde gibt es keinen Lebensraum, der so abgelegen und lebensfeindlich, so schwer erreichbar und so teuer zu bewohnen wäre. Der Mensch wird vielleicht nie weiter in den Weltraum vordringen als bis zum Mond, aber seine Roboter werden bestimmt das Sonnensystem erkunden, vielleicht zum Teil auch besiedeln. *Der Krieg der Welten,* H. G. Wells' Science-Fiction-Roman aus dem Jahr 1898, schilderte eine Invasion der Erde durch Marsbewohner, die Todesstrahlen und dreibeinige Landegeräte mit Exoskelett einsetzten. Eine unheimliche Vorahnung?

Bisher wurden bei Weltraummissionen ferngesteuerte Robotergeräte verwendet. Bei den amerikanischen Mondflügen hob der Surveyor, durch Radiosignale von der Erde aus dirigiert, einen Graben aus und analysierte Oberflächenproben, photographierte mögliche Landeplätze und erforschte mittels geeigneter Sensoren die Radioaktivität des Mondbodens. Zur selben Zeit führte die UdSSR ihr Unternehmen zur Beschaffung von Gesteinsproben durch, die auf dem Mond ferngesteuert in die Rückflugkapsel verstaut und von dieser zur Erde zurückgebracht wurden.

Der russische Lunochod I war das erste Räderfahrzeug auf dem Mond. Es wurde im November 1970 abgesetzt und fuhr zehn Monate lang auf dem Mond umher. Es wurde von Solarzellen und Batterien angetrieben, wobei die letzteren von einem Heizgerät warm gehalten wurden, das auf der Basis radioaktiven Zerfalls arbeitete. Während es, ferngelenkt von einem vierköpfigen Team auf der Erde, einige Quadratkilometer Mondoberfläche erkundete, übertrug es 20 000 Fotos und Gigabytes (1 GByte entspricht fast 10 Milliarden bits) von Daten von seinen verschiedenen Sensoren. Letztere umfaßten seismologische Sensoren, autonome Hinderniserkennungs- und Vermeidungssoftware, und stereoskopische Fernsehkameras. Verfolgt wurde es von Observatorien auf der Krim und in Frankreich, und zwar mittels Laserstrahlen, die von einem Laserspiegel des Fahrzeugs reflektiert wurden.

Bei dem amerikanischen Erkundungsflug zum Mars 1976 wurde Viking 1 auf der Oberfläche des Mars abgesetzt, die trotz des durch die Entfernung verursachten Zeitverzugs bis zur Ankunft auf dem Mars von der Erde aus sicher dirigiert wurde. Die Viking war mit einem sechsachsigen Arm ausgerüstet, war auf ihren drei Beinen ortsfest und enthielt zwei chemische Versuchsgeräte, eine Wetterstation, eine seismologische Meßanlage, ein Fotoverarbeitungsgerät und zwei Computer.

Der Viking-Arm war der erste im Weltraum, aber das Teleoperatorsystem der amerikanischen Raumfähre ist bisher das beste seiner Art. Es ist der größte je gebaute Roboterarm, und seine Entwicklung kostete 24 Millionen Dollar. Verwendet wurde er bisher beim Starten von Satelliten, die er aus dem Laderaum der Fähre herauszuheben und genau zu positionieren hatte. Im schwerelosen Bereich kann er ohne weiteres Lasten bis zu 50 Massentonnen manipulieren. Der Operateur an Bord der Raumfähre dirigiert ihn mittels zweier Steuerknüppel und der Bildrückmeldungen von Fernsehkameras am »Ellbogen-« und am »Handgelenk« des Arms.

Die zukünftige planetarische Forschung wird durch zunehmende Autonomie der Robotergeräte gekennzeichnet sein – die ortsfeste Viking 1 war durch den Zeitverzug im Verkehr mit der Erdstation nicht übermäßig behindert, aber ein bewegliches Gerät müßte mit selbständigen intelligenten Wahrnehmungssystemen und autonom entscheidenden Bordcomputern ausgerüstet sein. Orbitalgeräte wie die Teleskopsatelliten benötigen autonome Steueranlagen, um das Verhalten des Geräts und seine Instrumente im Griff zu behalten. Derartige Anlagen werden sicherlich auch aus den Forschungsstätten hervorgehen, die in die weitere Verfolgung der amerikanischen Strategic Defense Initiative (SDI), des »Krieg-der-Sterne-Projekts«, eingeschaltet sind. Die Zahl und Vielfalt der Übertragungs- und Überwachungssatelliten wächst rasch; vielleicht gibt es eines Tages dankbare Aufgaben für eine Art orbitalen Wartungsroboter, der von einer Raumfähre ausgesetzt und auch wieder eingeholt werden könnte. Er sollte in der Lage sein, andere Satelliten zu orten und an ihnen festzumachen, um dann mit einem möglichst vielseitigen ferngesteuerten Handhabungsgerät auch umfangreiche Wartungs- und Reparaturarbeiten durchführen zu können. Ein solcher Arm könnte sehr wohl eine Kreuzung zwischen einem ferngesteuerten und einem autonomen Manipulator sein: Seine Software könnte ein ganzes Repertoire fertig programmierter Einzeltätigkeiten enthalten, die dann jeweils durch einen einzigen Be-

---
*) Katalog eines großen amerikanischen Reform-Versandhauses.

Dieses entfernt an eine große Glühbirne erinnernde Gerät tauchte 1978 in die Venusatmosphäre ein.

111

fehl – wie etwa »schraube diese Mutter auf« oder »ersetze diesen Chip« – in Gang gesetzt werden und die Einwirkungsmöglichkeiten des Operateurs vervielfachen und zugleich vereinfachen könnten.

Ein solcher Roboter auf Umlaufbahn ist heute nicht nur machbar, sondern nahezu wirtschaftlich, wenn man bedenkt, was es kostet, wenn ein Satellit im Wert von einigen Millionen Dollar wegen irgendeines simplen mechanischen Fehlers ausfällt. Der Weg müßte dann konsequent weiterführen zum Raummechaniker und interstellaren Bauhandwerker, der Raumantennen, Kraftwerke und Montageplattformen errichtet, betreut und betreibt. Mit den finanziellen Mitteln, die in den 60er und 70er Jahren für die Mondprogramme zur Verfügung gestellt worden waren, wäre dies alles nicht nur technisch möglich, sondern würde wahrscheinlich auch viel schneller praktische Resultate erbringen; es ist jedoch zweifelhaft, ob genügend politischer Wille und wirtschaftliche Berechtigung hinter einem solchen Unternehmen stünde. Die amerikanische Raumfähre wurde 1983 zum ersten Mal eingesetzt, um materialkundliche Experimente durchzuführen, und es besteht reges wirtschaftliches Interesse an der Möglichkeit, hochwertige Verfahren im Raum zu erproben, wie etwa das konvektionslose Kühlen (ohne Wärmeabgabe an die Umgebungsluft) von Schmelzen, die Behandlung geschmolzener Proben ohne Behälter (Tiegel), das Legieren durch Diffusion im Vakuum und in schwerelosem Zustand, und die Trennung biologischer Oberflächen durch Elektrophorese. Dies könnte die Grundlage für eine verfahrenstechnische Industrie unter Raumbedingungen und unter Einsatz von Robotertechnik sein; zugleich könnten Roboter den Asteroidengürtel »bergbaulich« erschließen, wo es um Nickel-, Zinn- und Iridiumbrocken von der Größe Coney Islands (des Badestrands der New Yorker) geht. Auf dem Mond und anderen Planeten könnten Robotmaschinen ähnliche Arbeiten übernehmen und chemische Grundstoffe und Mineralien gewinnen, um sie zur Erde zu schaffen oder an Ort und Stelle aufzubereiten.

Wenn irgendeine von diesen Zukunftsideen Wirklichkeit werden sollte, dann hat der Roboter die besten Aussichten, mit von der Partie zu sein. Der Weltraum ist für Menschen ein teurer Aufenthaltsort, aber für Roboter beinahe behaglich. Jedenfalls nicht unwirtlicher als die Tiefsee.

Rechts: Die erstaunlichen Leistungen des russischen Lunochod sind ein ausgewachsenes Weltraum-Epos. Als erstes auf dem Mond eingesetztes Räderfahrzeug irdischer Herkunft führte es 1970 zehn Monate lang Erkundungs- und Forschungsfahrten aus, wobei es, von der Erde aus von einem vierköpfigen Team ferngesteuert, eine Fülle von Daten sammelte und übertrug. Die Zahl seiner Sonden und Sensoren, die Batterie von Solarzellen und die grazilen, einzeln abgefederten Räder kennzeichnen Lunochod als einen ernsthaften Schritt in Richtung einer Robotererforschung des Weltalls.

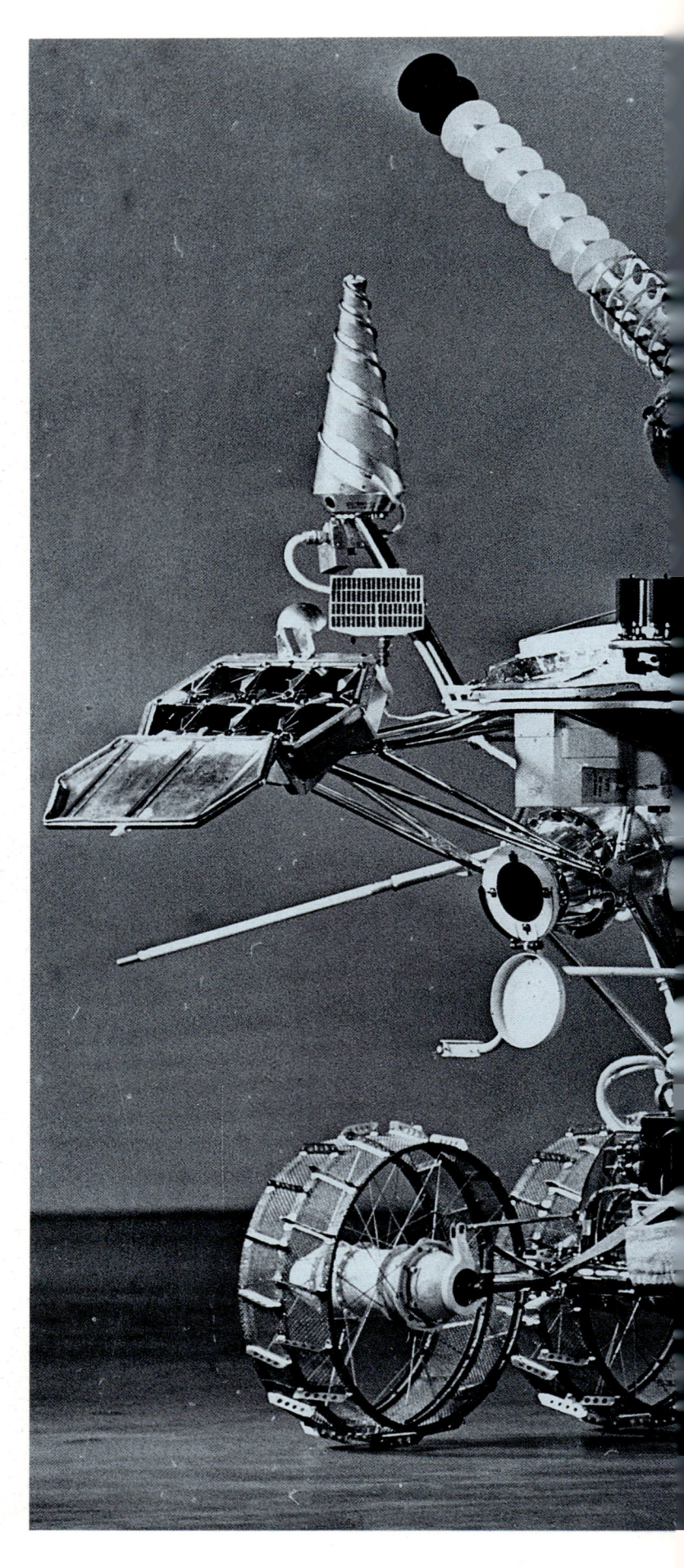

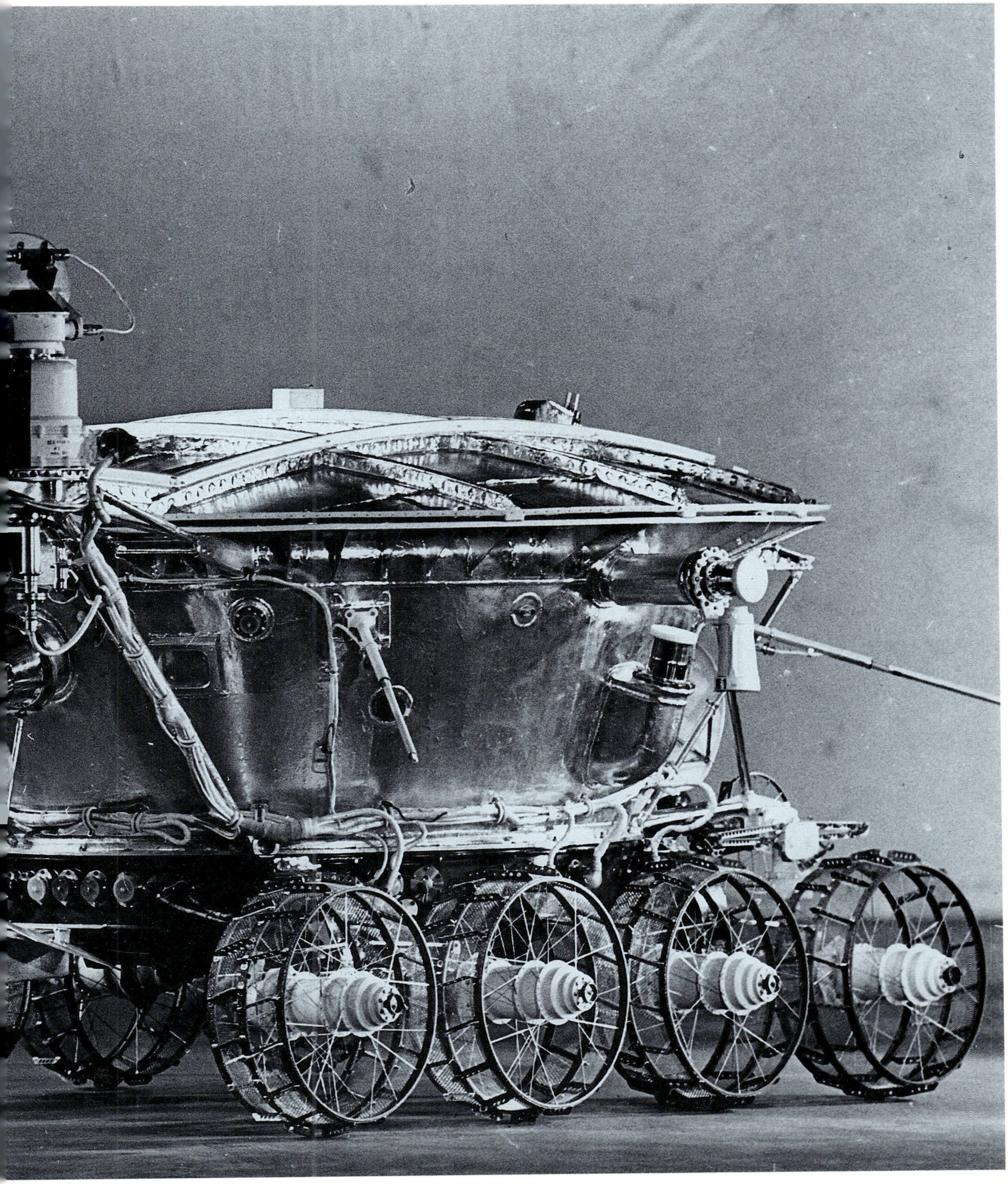

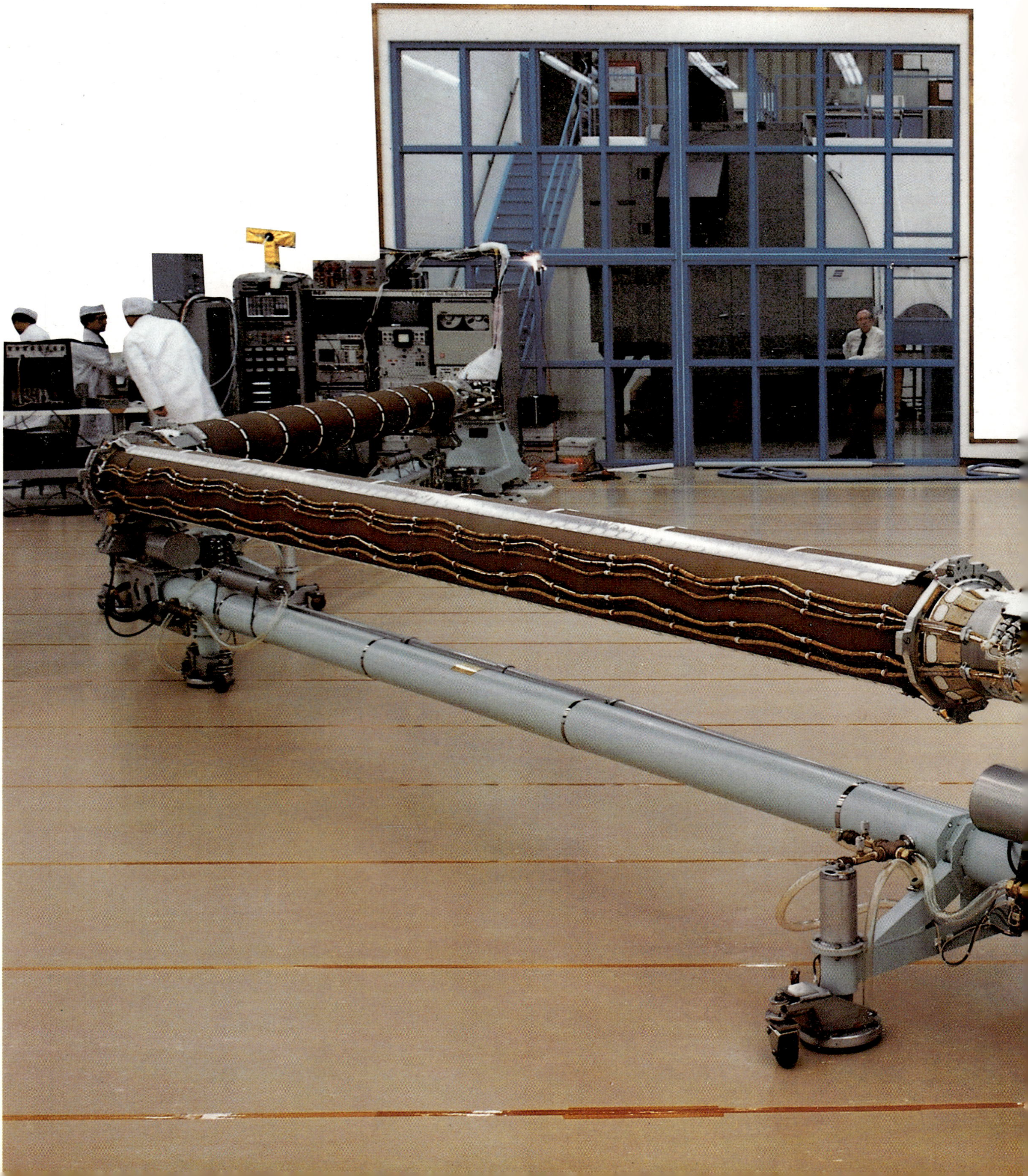

Links: Ein mit eigenem, auf dem Rücken getragenem Düsenantrieb ausgerüstetes Besatzungsmitglied der amerikanischen Raumfähre schwebt neben dem interplanetarischen Roboterarm auf derselben Umlaufbahn! Plötzlich werden alle Vorstellungen und Träume der Nachkriegsgenerationen wahr – meistens auch noch live auf dem Fernsehschirm –, aber noch braucht es eine Weile, bis die soziopolitischen Phantasien dieser Zeit sich vor unseren übersättigten Augen aufzulösen beginnen.

Unten: Sogar noch auf der Erde – in einer Werkstatt in Toronto – bietet der fünfzehn Meter lange Telemanipulator der Raumfähre ein eindrucksvolles Bild. Mit seinen sechs Servomotoren dient er zum Aussetzen und Einfangen von Satelliten. Alle irdischen Raumfahrzeuge, die auf anderen Himmelskörpern gelandet sind, waren mit Armen ausgerüstet, teils ferngesteuerten, teils wesentlich selbständigeren; gerade bei solchen Einsätzen kommt den Roboterarmen eine bedeutende Rolle zu.

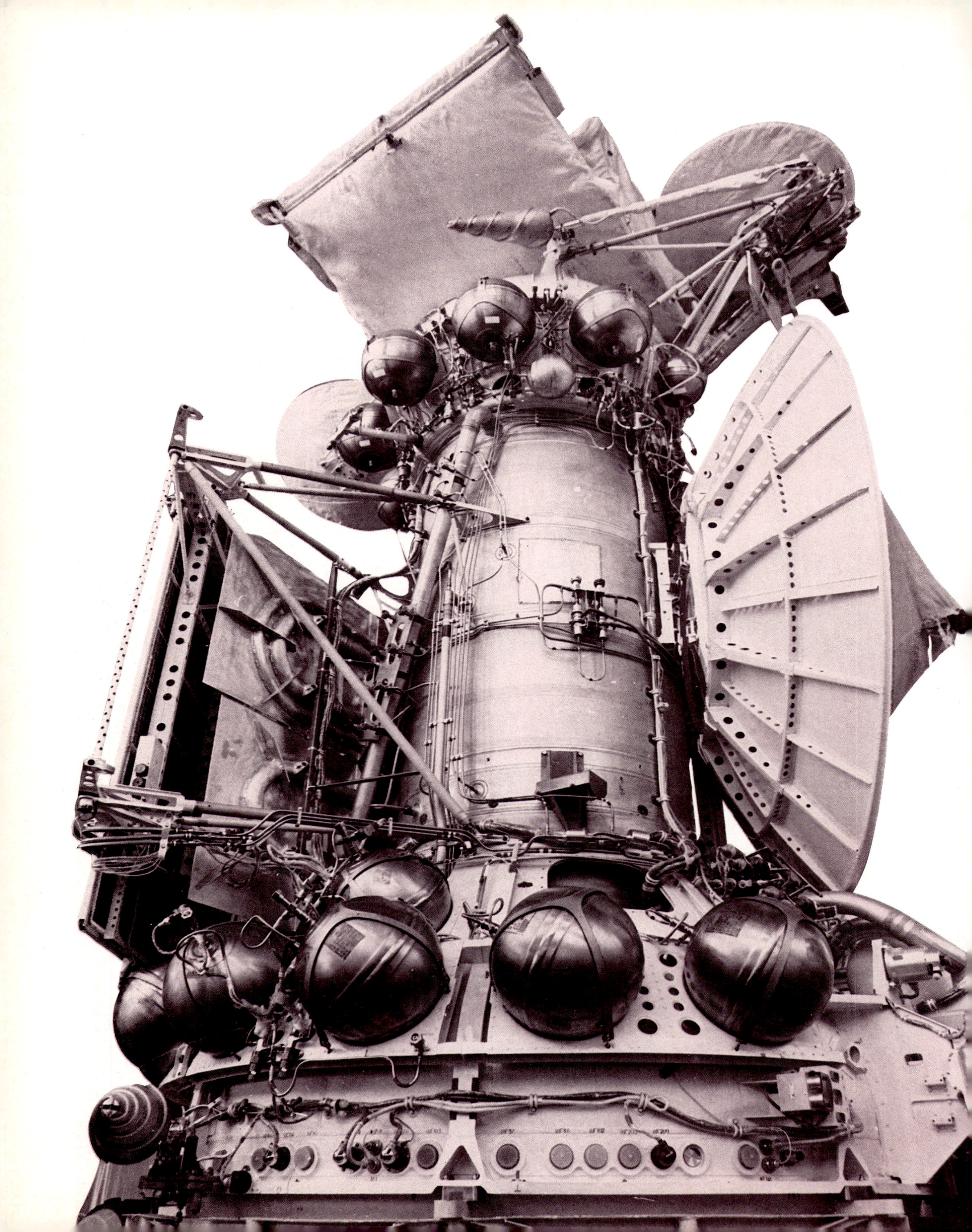

Links: Der Weltraum stellt eine lebensfeindliche Umwelt dar, aber die Venus und noch einige andere Planeten sind von aggressiver Bösartigkeit. Geräte wie die russische »Venus 15«, eine in der äußeren Venusatmosphäre umlaufende Station für die Beobachtung der extremen Drücke und Temperaturen, muß entsprechend kräftig gebaut und widerstandsfähig sein und kann nur mit Robotern »bemannt« werden.

Rechts: Mit ausgestreckten Sensoren einen Weg durch die unbekannten Wüsten des Mars suchend, so stellen sich die Spezialisten für Fernseh-Trickbilder die zukünftigen Nachfolger der NASA-Viking-Sonde vor, einen von Amerikanern und Europäern gemeinsam entwickelten Mars-Rover.

Unten: Ohne Antriebssysteme, die relativistische oder noch spekulative Teilcheneffekte ausnützen, sind uns die Tiefen des Raums durch die Zeit, die die Überwindung der ungeheuren Entfernungen erfordern würde, praktisch verschlossen. Roboter werden diese Reisen ins Unbekannte an unserer Stelle durchführen; einst waren das unsere Träume, aber bald werden sie diese für sich selbst in Anspruch nehmen.

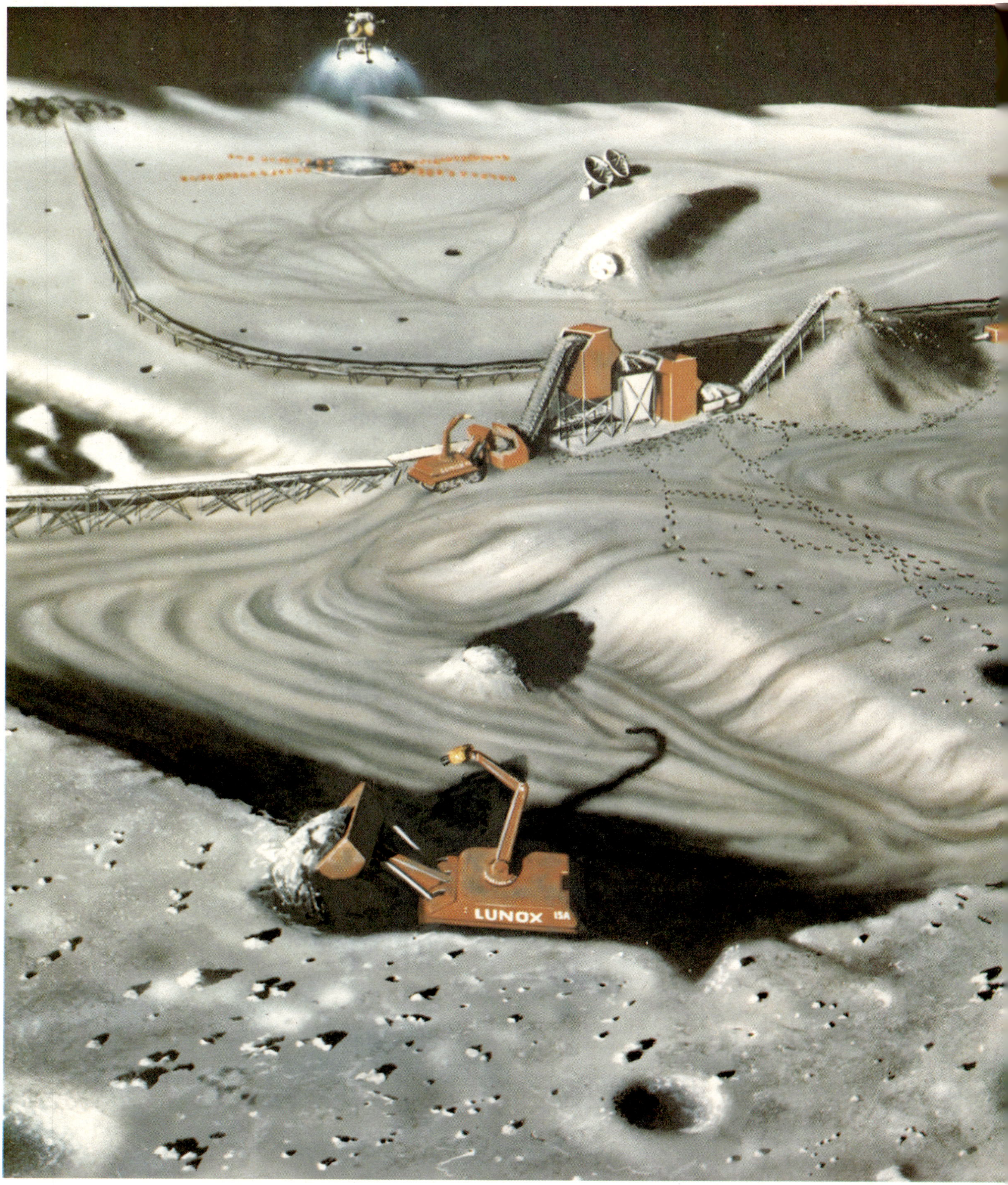
LUNOX
ISA

Oben: Wenn die Erschöpfung unserer irdischen Rohstoffquellen in demselben Tempo weitergeht wie in den letzten hundert Jahren, dann könnten planetarische und interplanetarische bergbauliche und chemische Verarbeitungsindustrien wirtschaftlich sinnvoll werden, vorausgesetzt, daß uns ein entsprechendes Reservoir an robusten, unermüdlichen und genügsamen Robotern zur Verfügung steht. Kosten und Produktivität solcher Arbeitskräfte werden ein entscheidender Faktor bei der Finanzierung solcher Science-Fiction-Industrien sein.

Links: Ein paar hundert Pendler müßten voraussichtlich zwischen Erde und Mond hin- und herfliegen, um die Roboterunterkünfte und -werkstätten einzurichten und zu überwachen. Pflanzliche Nahrungsmittel könnten hydroponisch (in Nährlösungen ohne Erde) auf dem Mond angebaut werden, aber Luft und Wasser wären erst noch aufzufinden. Roboter könnten Stollen in die Mondkruste treiben, um Eis zu finden, und das Gestein zerkleinern, um den chemisch darin gebundenen Sauerstoff zu gewinnen, so daß die menschlichen Siedlungen versorgt wären. Ja, die Roboter könnten unseretwegen alles auf den Kopf stellen, bevor wir überhaupt selbst dort festen Fuß gefaßt haben.

Roboter als Romanfiguren

»I Sing The Body Electric«
(etwa: Ich singe das Lied vom Elektrokörper)
Ray Bradbury

Wir verdanken das Wort »Roboter« einem Bühnenschriftsteller, wir finden in den Romanen eines Science-Fiction-Autors eine ganze Menagerie moralisch und verhaltensmäßig differenziertester Roboter, und die deutlichsten bildlichen Eindrücke entstammen zwei Filmen, einem aus den 20er und einem aus den 70er Jahren. Diese modernen Märchenerzähler sind für das Roboterzeitalter so wichtig gewesen wie die zehnfache Zahl von Roboterfachleuten. Bei ihren visionären Phantasievorstellungen oder auch ihrer Mißachtung weltlicher Realitäten mögen sie eine unwirkliche Wirklichkeit erdacht, Roboter und Roboterideen erfunden haben, die in keiner Beziehung zur Roboterrealität stehen, und doch haben die meisten den Tag erlebt, an dem ihre Träume Wirklichkeit wurden. Die treibenden Kräfte dieser Verwandlung waren natürlich nicht das blinde Schalten und Walten der Geschichte und der wissenschaftlichen Methodik, sondern die Männer und Frauen, die in den letzten hundert Jahren als Kinder und Erwachsene H. G. Wells und Edgar Rice Burroughs und Isaac Asimov und Arthur C. Clarke gelesen haben (die größten und die zweitgrößten lebenden Science-Fiction-Autoren, wenn auch nicht unbedingt in dieser Reihenfolge); die Kinder und Erwachsenen, die sich *Metropolis* und *Frankenstein* und *The Wizard of Oz* und den *Golem* ansahen, und die dann auszogen, um für Unimation und IBM und das Raumfahrtprogramm und das MIT (Massachusetts Institute of Technology) und die vielen anderen Roboter-Brutstätten zu arbeiten. Die wenigsten von uns haben eine Chance, ihren Träumen körperlich Gestalt zu verleihen, noch seltener werden sie sie im Fernsehen wiederfinden, wie sie im Weltraum umherfliegen oder auf dem Mond spazierengehen. Die Leute, denen es gelang, hartleibige Forscherkollegen, Politiker und Beamte zu überzeugen, daß Lunochod von der Erde aus mit Laserstrahlen angepeilt werden sollte, daß die Astronauten mit dem Rucksack-Jet ausgerüstet, die Raumfähre »Enterprise« (Unternehmungsgeist) genannt werden, bei den Erkundungsmissionen in die Tiefen des Weltraums eine vergoldete Plakette mit Grußworten für die Augen und Ohren außerirdischer Bergungsunternehmer ausgerüstet werden sollten – sie alle müssen jeden neuen Arbeitstag mit dem Refrain irgendeiner Weltraum-Kadettenschulen-Hymne begrüßt und sich beim morgendlichen Blick in den Badezimmerspiegel mit den Worten Mut gemacht haben: »Diesen für Buck Rogers!«*) *Si Monumentum requiris, circumspice!***)

Science-Fiction-Roboter

H. G. Wells' Krieg der Welten (1898) mag eine unerwartet treffende Zukunftsvision von Exoskeletten und Laserwaffen sein, aber die ersten eigentlichen Roboter gaben ihr literarisches Debüt erst 1921, dem Jahr, als Karel Čapeks Bühnenstück *Rossums Universal-Roboter* in Prag uraufgeführt wurde, gefolgt 1922 von einer Aufführung in New York. Auf einer geheimnisvollen Insel produziert ein zweckdienlich übergeschnappter Wissenschaftler mit Hilfe biotechnischer Verfahren, neuartiger Kunststoffe und raffinierter Metallverbindungen künstliche Arbeitssklaven. Die Insel bildet einen einzigen Fabrikbetrieb, in dem diese Androiden damit beschäftigt sind, eine komplette Typenreihe hochwertiger Roboter für den Export herzustellen. Während auf diese Weise auf der ganzen Welt eine Roboter-Bevölkerung heranwächst, breitet sich unter dieser eine aufsässige Stimmung aus, die schließlich offen zum Ausbruch kommt und zum Angriff auf die Insel führt. Die Anstifter sind offenbar linksgerichtete Abenteurer des Stammunternehmens, die ein gutgehendes Geschäft vermasseln – der Chef der Physiologischen Abteilung hat den Robotern Seelen gegeben – und, wie der Epilog deutlich macht, Geschlecht. Im letzten Akt ergreifen die Roboter die Macht, entschlossen, ihre eigene Vorstellung des Roboterzeitalters zu verwirklichen. Es ist zwar unverkennbar, daß die Visionen von Söldnerheeren aus Roboter-Drohnen, die sich nach den Launen mitleidsloser Antreiber auf grauenvollen Schlachtfeldern gegenseitig massakrieren und sich dann im Namen der »Roboter-Menschlichkeit« und »Der Seele« gegen diese wenden, ihre Wurzeln in dem kurz vor der Uraufführung beendeten Ersten Weltkrieg haben; die tieferen Quellen, aus denen Čapeks dramatische Erzählung gespeist wird, sind jedoch die klassischen Mythen und Bilder der Geschichte, die Faszination durch das Mysterium des Lebens und die Rache der mißbrauchten Natur.

Im Jahre 1926 erschien dann in USA das erste »Groschenmagazin«, das sich mit Science Fiction befaßte. Hugo Gernsbacks *Amazing Stories* (Verblüffende Geschichten) begründete ein ganzes populäres Science-Fiction-Instrumentarium und -Szenarium, das wohl der bedeutendste einzelne Einflußfaktor für die Phantasie dreier Generationen von Wissenschaftlern war. Von den packend-unheimlichen Umschlagbildern übernahmen Zeichner, Designer, Filmregisseure und Ingenieure ihre Vorstellungen, wie »Die Zukunft« auszusehen habe, aus ihrem Inhalt wurden die Drehbücher, die Romanideen »nachempfunden«, entlehnt und abgekupfert. Die Heckflossen des Cadillac und die Strategische Verteidigungs-Initiative im »Krieg der Sterne« sind beide Ausdruck des Weltbilds von »Amazing«.

Im Jahre 1939 enthielt *Amazing Stories* die erste veröffentlichte Arbeit von Isaac Asimov, damals ein junger Chemiestudent. Noch im selben Jahr machte er sein Abschlußexamen und besuchte die Weltausstellung in New York, wo er »Elektro«, einen von der Westinghouse Electric Company ausgestellten Roboter, beobachten konnte, wie er mündliche Befehle befolgte. 1958 widmete er sich ganz der Schriftstellerei und wurde zum Erfinder der Robotik und zum Freud, zum Moses und zum Psalmisten der Roboter.

Asimovs erste Roboter-Geschichte war *Robbie*, zunächst 1940 unter dem Titel *Strange Bedfellow* (Seltsamer Bettgenosse) veröffentlicht. Der Roboter ist ein Hausgehilfe und Freund, der von menschlichen Gefühlen befallen und wirtschaftlich unbrauchbar wird. In *Evidence* (Beweismaterial) dreht sich die Handlung um die wahre Natur eines Politikers – ist er ein Mensch oder ein Android? In *Satisfaction Guaranteed* (Zufriedenheit garantiert, 1951) verliebt sich Claire, eine enttäuschte Ehefrau in einem Gefängnis von mittelständischem Vororthaus, in ihren Haushaltsroboter, ein kunststoffhäutiges, zwecks Marktforschung eingesetztes Wesen der Firma US Robots namens Tony. Ihr Hauptmotiv scheint zu sein, daß sie sich an der Vorstellung berauscht, Tony fühle sich von ihr angezogen; Tony hingegen handelt entsprechend seinen Vorstellungen von dem, was für seine Arbeitgeberin am besten ist und hat sein Verhalten ganz auf die Hebung ihres Selbstgefühls abgestellt. Asimov bringt damit schon zu einem frühen Zeitpunkt zum Ausdruck, was sein größter Beitrag zu die-

---

*) Buck Rogers ist die Comic-Figur eines Weltraumhelden. Der Ausruf ahmt die Form nach, mit der sich eine Fußballmannschaft anspornt, das Spiel für ihren Trainer zu gewinnen.
**) Wenn Du ein Denkmal suchst, blicke um Dich! Die berühmte Inschrift auf dem Grabmal Christopher Wrens in der Londoner St. Paul's Kathedrale.

Rechts: Die märchenhafte Reise Dorothys und ihrer Freunde in das Land Oz ließ wenigstens einmal auch die zartere Seite des Roboterbildes hervortreten; das war, als der freundliche Blechmann auf der Suche nach einem Herzen, das er lieben und das ihn lieben könnte, etwas geistesabwesend die Gelbe-Backstein-Straße entlangdöste.

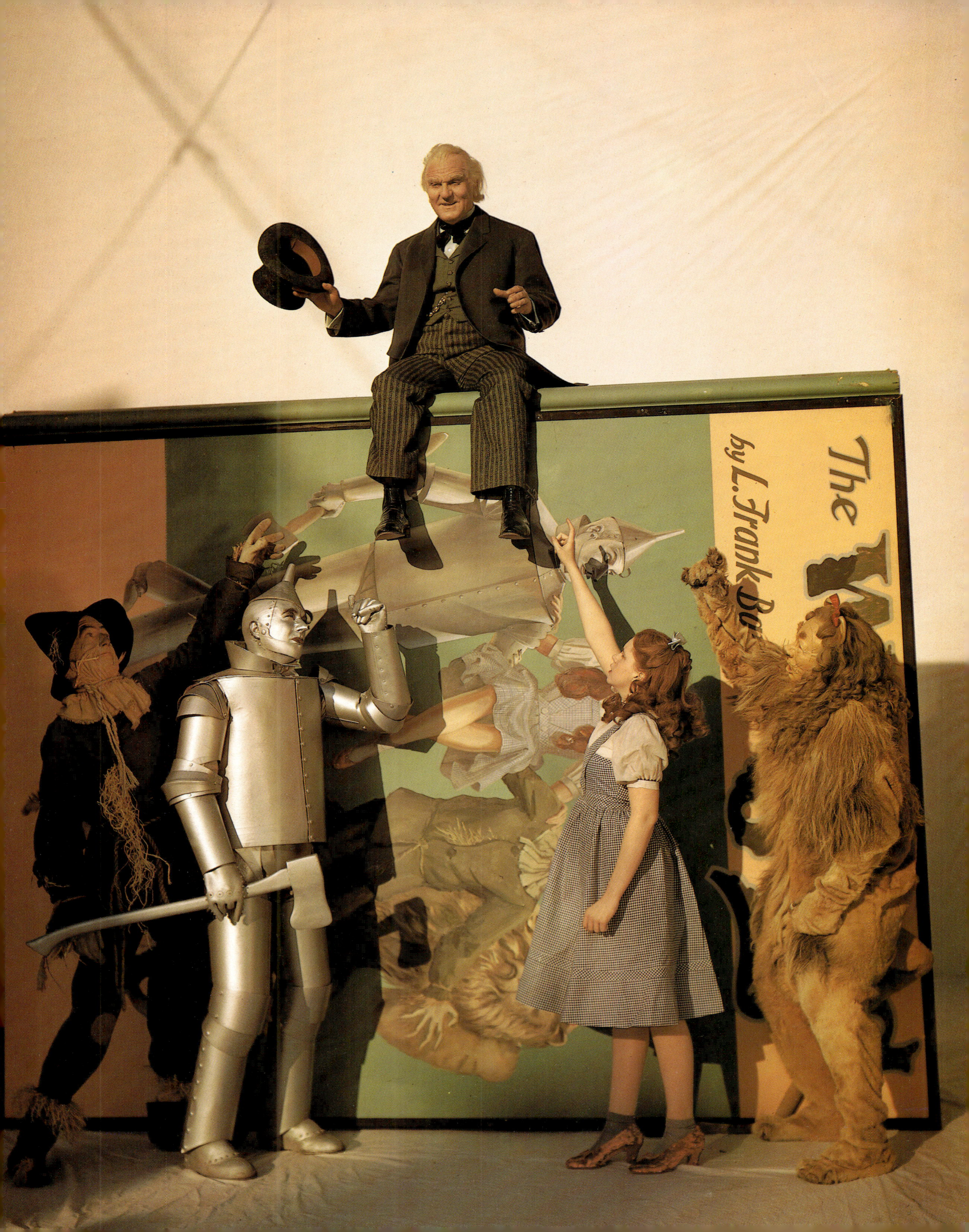
The
by L. Frank Ba

Links: Isaac Asimov, der sich selbst bescheiden als den größten lebenden Science-Fiction-Autor bezeichnet, prägte Anfang der 40er Jahre das Wort »Robotik« und fügte mit seinen Geschichten über Beziehungen zwischen Menschen und Robotern und die darauf anzuwendenden Drei Gesetze der Robotik der Rechtswissenschaft eine neue Facette hinzu.

Unten: Der Haupt-Wörterschmied war freilich Karel Čapek, der 1917 in seiner Erzählung Opilec zuerst das tschechische Wort »robota« (Zwangsarbeit) in dem heutigen Sinn gebrauchte. Die hier (unten, gegenüber rechts und unten) gezeigten Szenen stammen aus seinem besser bekannten Bühnenstück über Robotersklaven R. U. R. (Rossums Universal-Roboter) auf der Inselfestung eines verrückten Wissenschaftlers. »Irgendein Abtrünniger hat den Robotern Seelen gegeben – und Geschlecht!«

sem ganzen Komplex – zu seinem literarischen und zu seinem sachlich-fachlichen Aspekt – sein sollte: Die drei Gesetze der Robotik. Sie wurden 1940 von Asimov und dem Science-Fiction-Fan und Herausgeber John W. Campbell entwickelt, und ihre thematische Anwendung und talmudische Auslegung sind Asimovs vornehmstes künstlerisches Anliegen. Sie lauten im einzelnen:

1 Ein Roboter darf kein menschliches Wesen verletzen oder durch Unterlassung ermöglichen, daß es Schaden nimmt.
2 Ein Roboter muß den Befehlen gehorchen, die Menschen ihm erteilen, außer dann, wenn diese Befehle dem ersten Gesetz zuwiderlaufen
3 Ein Roboter muß seine eigene Existenz so lange beschützen, wie er dadurch nicht mit dem ersten und zweiten Gesetz in Konflikt gerät.

Die Lücken, Widersprüchlichkeiten und möglichen Paradoxien dieser Gesetze haben Asimov zu einem thematischen Leitmotiv und zu einem Lebensunterhalt verholfen. In ihrem Buch *The Cybernetic Imagination in Science Fiction* (Die kybernetische Vorstellungswelt in der Science Fiction) sagte Patricia Warrick von Asimov: »Das Drama, das er mit seinen Drei Gesetzen geschaffen hat, macht uns nachdenklich. Vielleicht könnten in der wirklichen Welt ethische Vorstellungen durch Computertechniken realisierbar gemacht werden. Kein anderer Science-Fiction-Schriftsteller hat der Welt diese Vision eröffnet.« Und in der Tat schreibt Asimov über Menschen und menschliche Zwangslagen aus der Sicht von Robotern und Androiden.

Ein Autor von gleicher Bedeutung und ähnlicher Produktivität ist Robert Heinlein, der 1942 in seiner Erzählung *Waldo* einen zweiten Namen für Ferngreifer (bei Engelberger: Telechir) prägte und 1966 *The Moon is a Hard Mistress* (deutsch: Revolte auf Luna) veröffentlichte, in dem ein auf dem Mond stationierter Computer auftritt, dessen Gedächtnis und sonstige Fähigkeiten eine kritische Schwellengröße überschreiten, so daß er ein intelligentes Bewußtsein erlangt. Bestimmt hatte das WISARD-Team (s. S. 91) dies gelesen und träumte davon, mit dem Computer Mike zu plaudern (richtiger Name MYCROFT, eine Abkürzung mit Blick auf Sherlock Holmes' mysteriösen älteren Bruder); Mike schleudert inzwischen Felsbrocken auf nicht-menschliche Ziele,

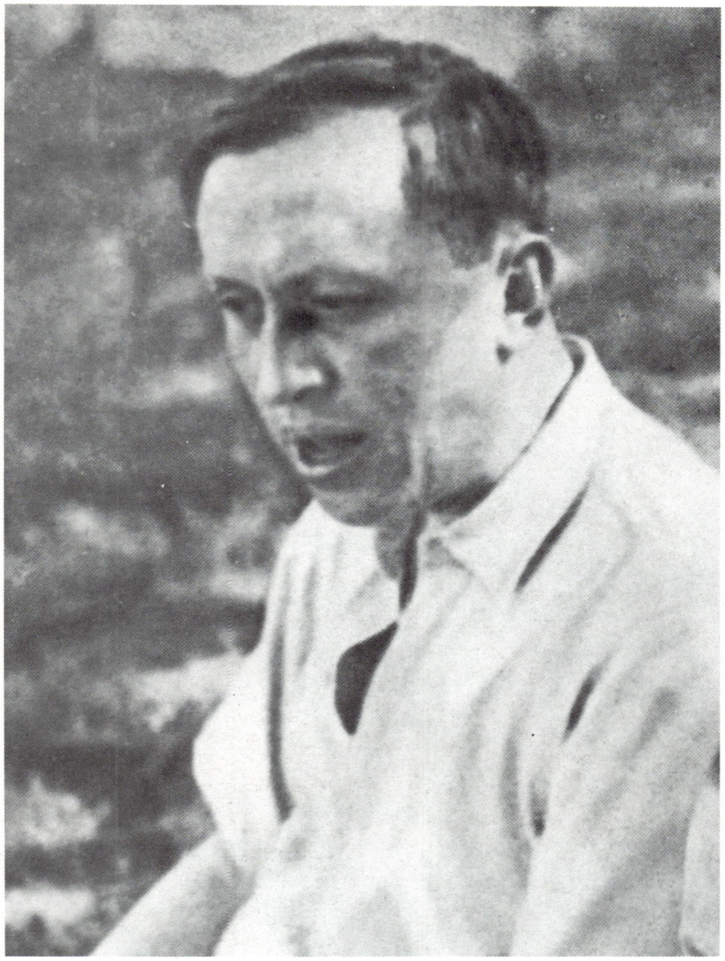

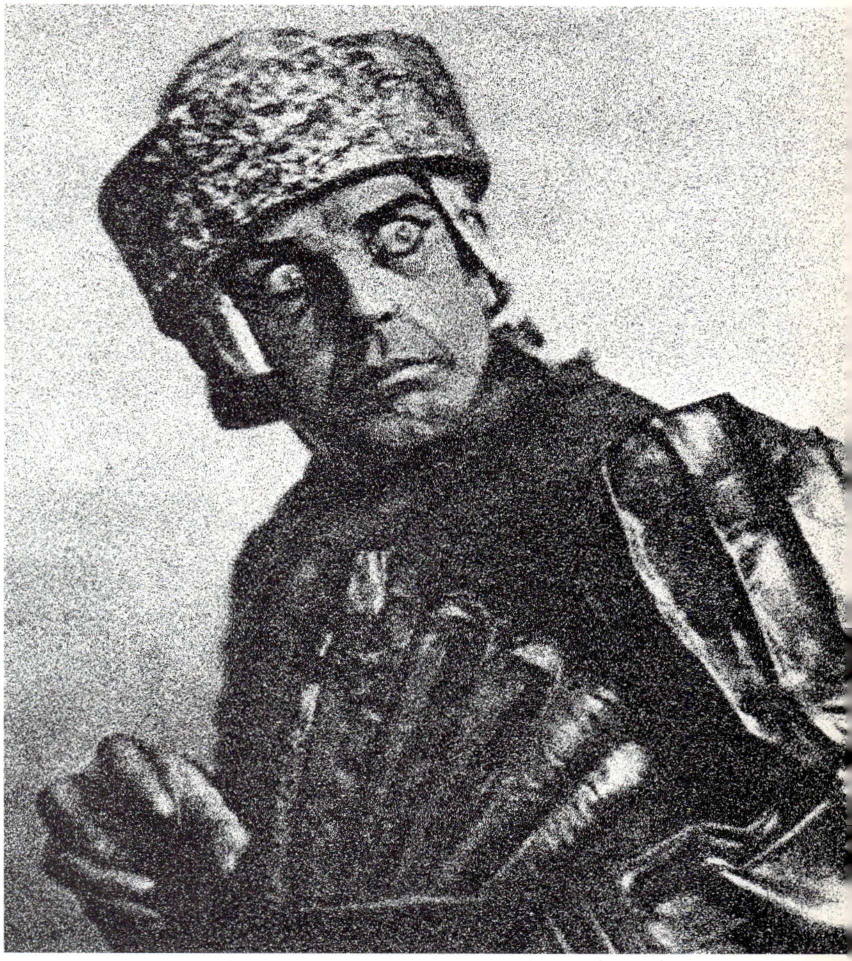

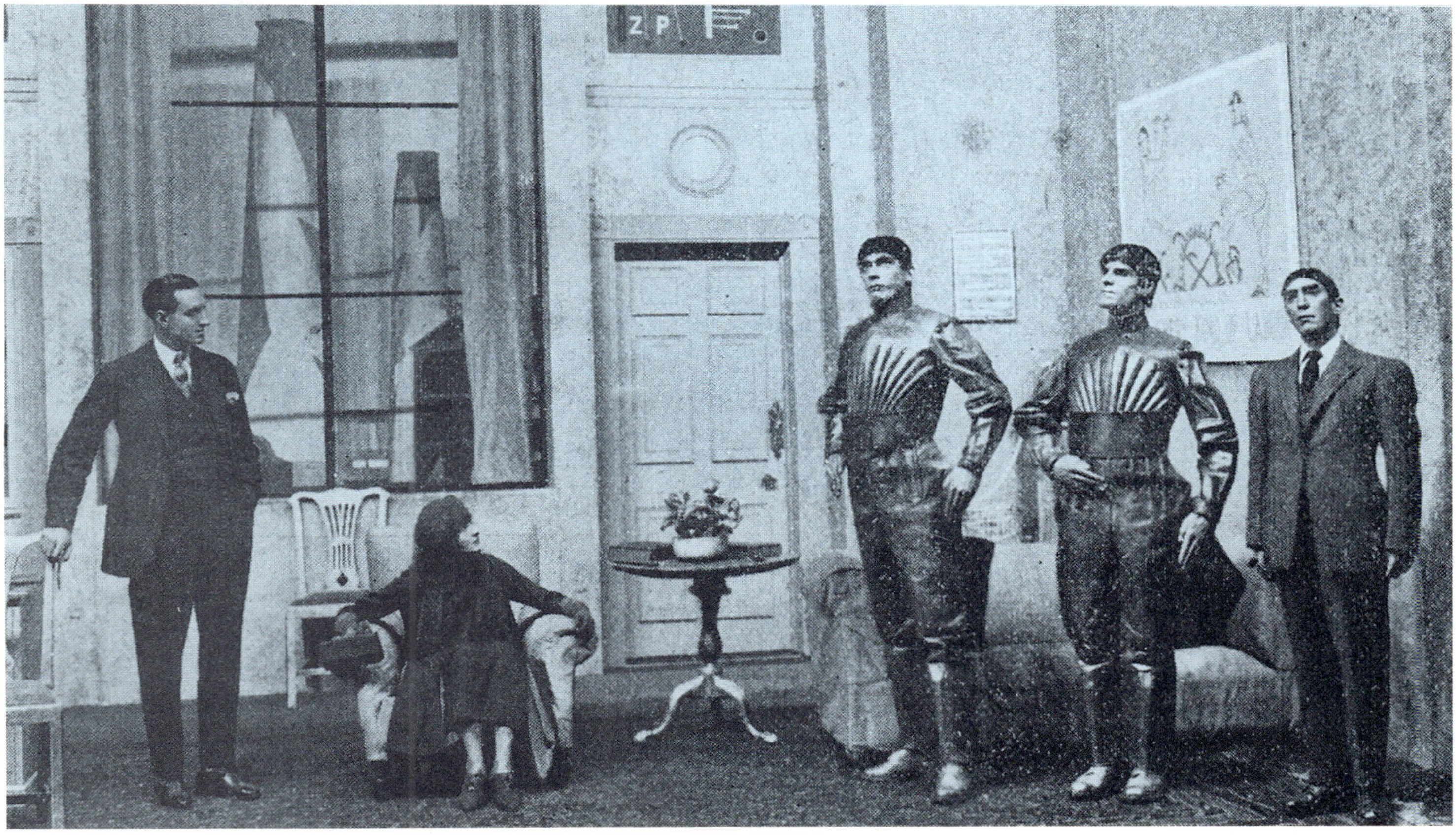
Z P

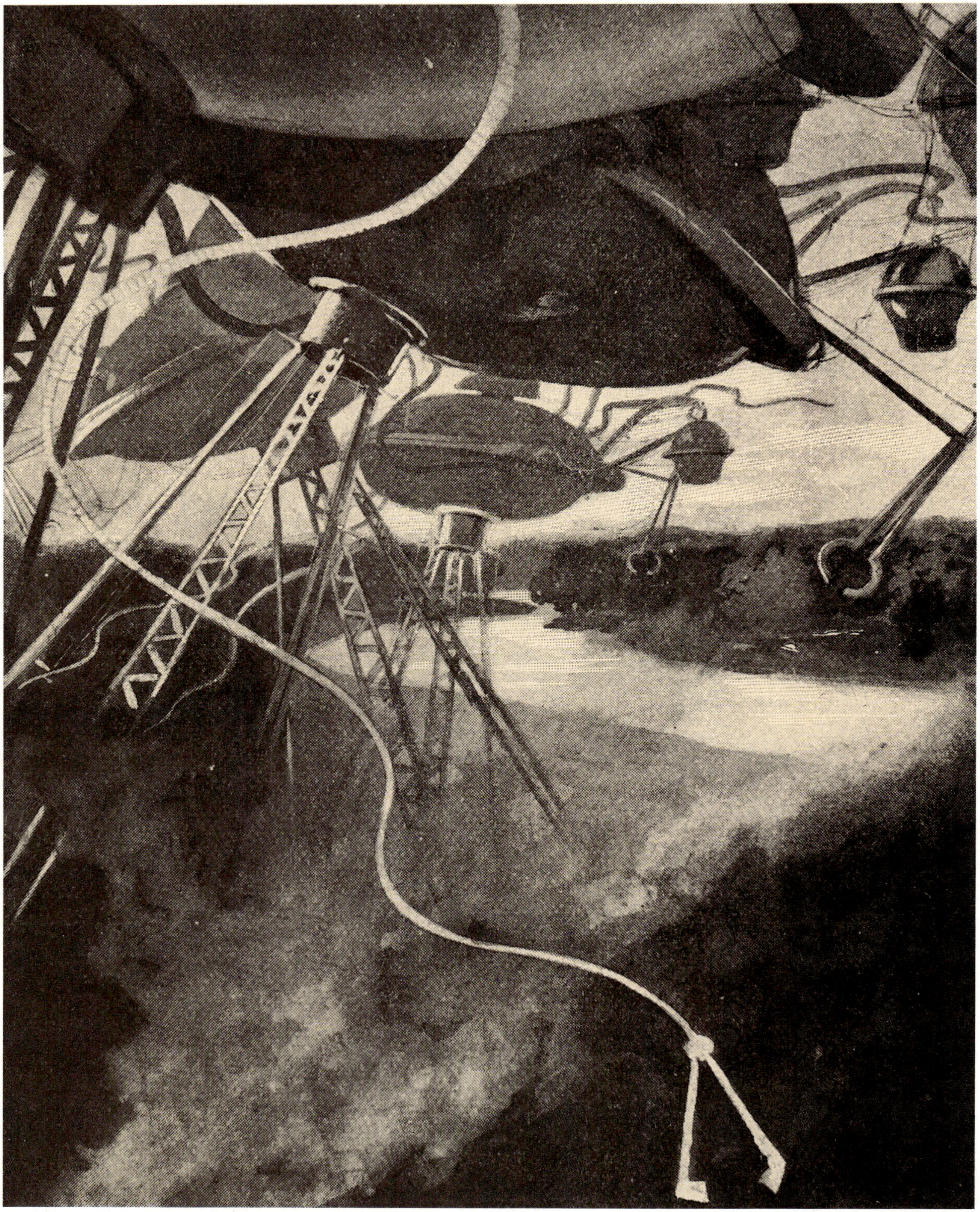

die im Begriff sind, die Erde zu erobern, oder steuert Luftdruck und Temperatur in der Wohnung des Aufsehers (die Mondkolonie ist nichts anderes als ein Gefängnis) so, daß die WCs in entgegengesetzter Richtung funktionieren. Es dürfte schwer fallen, ein besseres und liebenswerteres Beispiel für Roboterintelligenz zu finden. Heinleins Einstellung gegenüber reaktionärer Autorität mag zwar eher aufsässig sein, aber sein Roman *Starship Troopers*, in dem in Exoskelette gesteckte intergalaktische »Sternenkrieger« (so der deutsche Titel) auftreten, ist trotz aller seiner Bekenntnisse zu einem »rationalen Anarchismus« ein recht simplifizierter Lobgesang auf Militarismus und wiederentdeckte Disziplin. Natürlich ist es auch »unverschämt« gut zu lesen und inspirierte ein paar Jahre später den umtriebigen Harry Harrison zu einer boshaften, aber dennoch liebevollen Parodie unter dem Titel *Bill, The Galactic Hero* (Bill, der galaktische Held). Ein gewandter Chronist zukünftiger Geschichte war Clifford D. Simak mit Dutzenden hervorragender Science-Fiction-Erzählungen und Romane. In *City*, einer 1952 veröffentlichten Sammlung thematisch passender Kurzgeschichten aus den 40er Jahren, sind die Hauptfiguren Jenkins, der Roboter-Butler vieler Generationen von Websters, und die Hunde, intelligent sprechende Tiere, die von einem Köter abstammen, der für gehirnchirurgische Versuche verwendet worden war. Während Jenkins unbekümmert um den Zusammenbruch menschlicher Zivilisation auf der Erde weitermacht und weitere Generationen von Websters zu Grabe trägt, zugleich aber ihren Namen und ihre Wunschvorstellungen am Leben erhält, erweitern die Hunde mit ihrer extra-sensorischen Wahrnehmung »der Dinge auf der anderen Seite, den Cobbly-Welten« die Grenzen tierischen und menschlichen Auffassungsvermögens; zugleich haben sie ein wachsames Auge auf das Leben und Treiben der Mutanten, eine Hinterwäldler-Spielart von Super-Intelligenzen, die nichts anderes im Sinn haben, als ein vergnügtes Leben zu führen und den ersten Idealen der bequem gewordenen Websters und ihrer Butler zuwiderzuhandeln, wo immer sie sich herumtreiben. Daß die Roboter und die Mutanten das Erbe über die Erde antreten könnten, von der sie doch nach dem Willen des Menschen abstammen, ist zweifellos ein machtvoller Ausdruck der dunkleren Seite jenes Wunsches nach Unsterblichkeit, der vor allem anderen dem Robotertraum Leben verlieh.

Der Roboter im Film

Europäische Filmemacher knüpften seit den ersten Tagen des Films an das Roboter-Erbe an. 1897 drehte Georges Méliès den Film *Der Clown und der Automat*. 1914 schuf Paul Wegener das noch immer unheimlich packende Filmwerk »Der Golem«, ein Titel, von dem aufgrund der großen Nachfrage noch zwei weitere Fassungen gedreht wurden. 1915 produzierte – ebenfalls in Deutschland – ein nicht mehr bekanntes Team den sechsteiligen Film *Der Homunkulus*. 1910 wurde eine nur zehn Minuten füllende Kurzfassung von Frankenstein gedreht, während die endgültige Fassung der Ungeheuer-Story erst 1931 erschien, unver-

Links: H. G. Wells' 1909, also noch mitten im Dampfzeitalter, erschienener Roman »Krieg der Welten« schlug seine Leser mit der Beschreibung von Marsmenschen mit Raketen-Raumschiffen, Todesstrahlen und Landfahrzeugen mit Exoskeletten in seinen Bann. Dreißig Jahre später löste Orson Welles mit seiner darauf fußenden Rundfunk-Fassung in Form realistisch wirkender Nachrichtenmeldungen unter den inzwischen sehr viel anspruchsvolleren Amerikanern eine Panik aus. Noch heute hören sich manche seiner Einfälle recht überzeugend an, insbesondere der nachdenklich stimmende Sieg irdischer Mikroben über die Invasoren – ein Vorgeschmack auf zukünftige Kriegsführungsmethoden?

Unten: Die ersten Anläufe, Greifer für Roboter zu entwickeln, wurden durch das Vorbild des Robbie the Robot in Forbidden Planet fehlgeleitet, der jedoch mit seinem »umgebauten Toaströster« visuellen Systemen neue Perspektiven eröffnete.

126

Links: Ein kleiner Roboter-Fan fragt den Golem nach dem Geheimnis seiner strengen Frisur; stumm bemüht er sich, sich das Handzeichen für »Lehm« einfallen zu lassen.

Rechts: Der Erschaffer des Homunkulus (ein künstlich erzeugter Mensch) brütet beredt in dem 1915 gedrehten sechsteiligen Film.

geßlich mit Boris Karloff in der Rolle des Angst und Schrecken einflößenden Ungeheuers. Seitdem sind über dreißig Neuauflagen und Remakes (auf Amerikanisch »homages«, mit französischem Anklang) hergestellt worden, aber Karloff blieb unerreicht.

Ein Klassiker von einem Film, ein futuristisches Manifest und eine Roboter-Mona-Lisa wirkten zusammen, um Fritz Langs *Metropolis* zum ausdrucksvollsten Künder des Roboterbildes zu machen, obwohl sein schöner Urtyp, die Maschine des verrückten Professors Rotwang, in Wirklichkeit eine Personifizierung des Bösen ist, mag sie auch ein noch so verführerisches Gehäuse für die Seele der reizenden Maria sein. Da er ein echtes Kunstwerk ist, handelt es sich natürlich nicht um einen Film über Roboter, sondern eher um eine Aussage über Schönheit, Macht und die Seele.

Nachdem die Roboter in *Metropolis* und *Frankenstein* zunächst so einseitig dargestellt worden waren, wurden sie 1939 von der vergnügten Bonhomie des *Blechmenschen* in dem zauberhaften *Wizard* (Zauberer) *of Oz* nachdrücklich in ein anderes Licht gerückt. Da traf es sich dann auch besonders gut, daß die WISARDs von der Brunel-Universität es in den 80er Jahren fertigbrachten, ein recht brauchbares Gehirn zusammenzubauen, wie es auch in dem Film gestellte Aufgabe gewesen war. Noch lange erwärmten sich die Zuschauer an dem verschmitzten Lächeln des Blechmenschen und der Mahnung des scheidenden Zauberers: »Denkt daran, ... daß das Herz nicht danach beurteilt wird, wie sehr Ihr liebt, sondern danach, wie sehr Ihr von anderen geliebt werdet.«

Um so verständlicher war es, wenn dieselben Zuschauer in den 40er Jahren erschauerten und pfiffen und Popcorn nach Gort, dem primitiven, blechern scheppernden Helden des 15teiligen Films *Mysterious Dr. Satan* warfen. Dabei war Gort sicher noch einer der besten aus dem miesen Haufen der aus dem Ausschuß der Studios und den verworfenen Einfällen der Trickateliers zusammengewürfelten Roboter-Schurken; er hätte ein besseres Schicksal verdient als die übliche romantische Lösung, den ihn beherrschenden bösen Geist zu vernichten.

Der nächste bedeutende Leinwand-Roboter war weit entfernt von Gorts an Marlon Brando erinnerndem, grüblerischem Wissen um Gut und Böse; es war Robbie der Roboter, der Star des 1957 uraufgeführten Films *Forbidden Planet* (Der verbotene Planet). Robbie ist ein Schleimer von einem Roboter, der sich an den »dreckigen Weißen« ranschmeißt und sich mit heimlichem Whisky-Brennen auf billige Weise Popularität erwirbt. Er taucht nochmals in einem schnell nachgeschobenen Fortsetzungsfilm, *The Invisible Boy* (Der unsichtbare Junge) auf, aber es ist immer nur Andy Hardy in einer Art Rippenheizkörper, und noch heute tritt er immer wieder in Science-Fiction- und in Horrorfilmen auf.

1962 begann die Londoner BBC mit der Ausstrahlung von *Dr. Who* (Dr. Wer), einer Fortsetzungsgeschichte für Kinder, die bis zu ihrer Absetzung 1985 ununterbrochen lief. Die Serie war weithin bekannt, vor allem wegen ihrer einprägsamen Erkennungsmelodie, die im Radiophonic Workshop der BBC von Ron Grainer künstlich »komponiert« worden war und bis heute das einzige Stück elektronischer Kunst darstellt, das eine sofortige und dauerhafte Popularität erworben hat. Der andere Grund für ihre Bekanntheit war – neben ihrem bescheidenen Produktionsaufwand – die lange Reihe erinnernswerter Weltraumschurken, die trotz der Opera-Buffa-Szenerie ganz schön böse wirkten. Die bösartigsten von ihnen sind die Daleks, winzige eidechsenartige Wesen, die in ihren über den Boden schleifenden, rollenden Schalenpanzern umherflitzen, wobei sie dauernd irgendwo anstoßen und dabei in wirklich unangenehmen »elektronischen« Tönen »Ausrotten! Ausrotten!« quäken; sie sind nicht wirklich böse, nur die Opfer einer phantasielosen Programmgestaltung.

Dann, im Jahre 1968, stürmten die Science-Fiction-Fans die Kinokassen. Stanley Kubricks Film *2001 – Odyssee im Welt-*

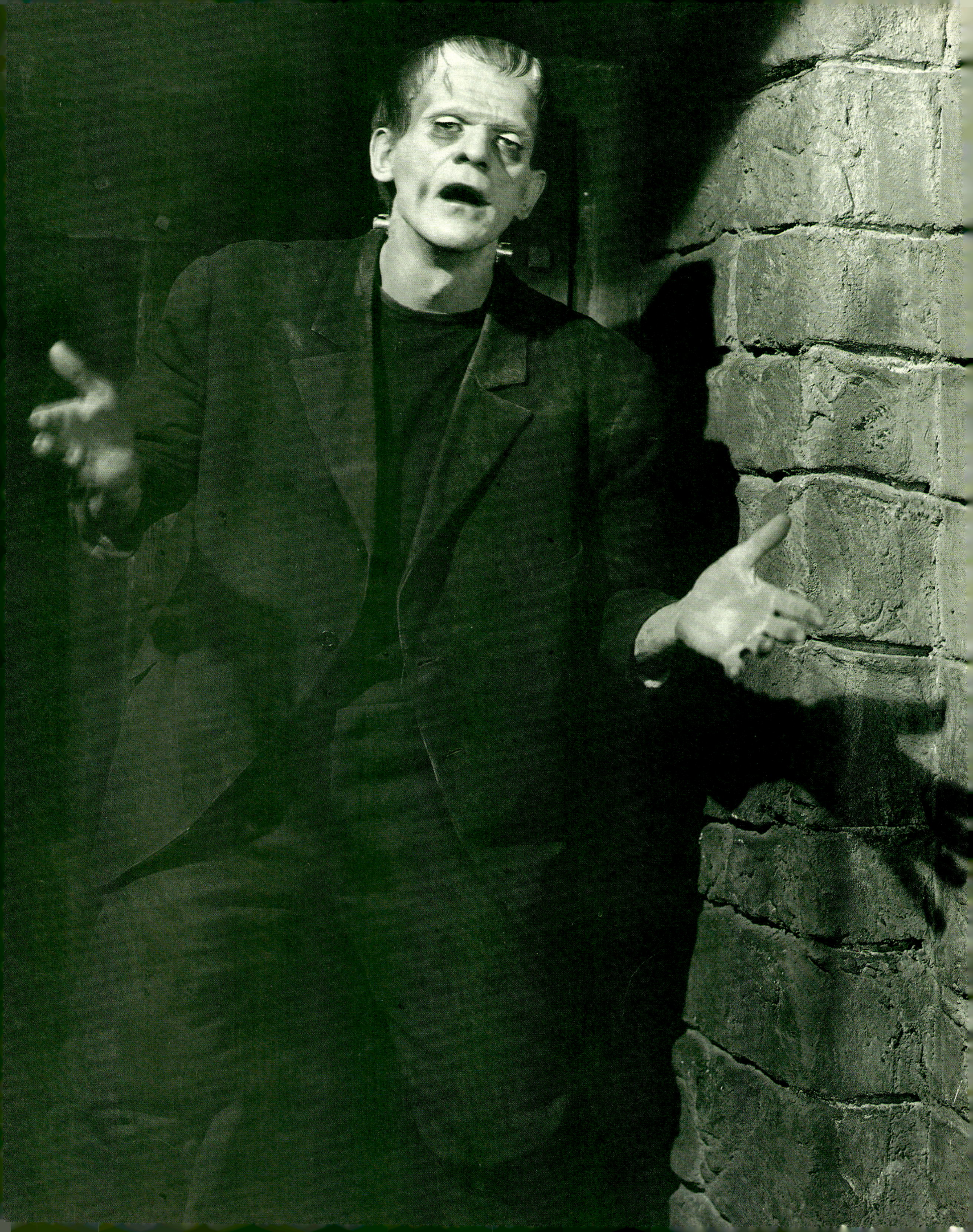

raum, dem die Kurzgeschichte *Sentinel* von Arthur C. Clarke zugrunde liegt, setzte für Drehbuch, Ausstattung und Regie von Weltraumfilmen neue Maßstäbe. Der Computer, der das Raumschiff steuert, in dem die eher farblosen menschlichen Stars zur Suche nach einer außerirdischen Zivilisation aufbrechen, ist der eigentliche Star des Films. Er hat den Namen HAL (abgekürzt aus Heuristisch-Algorithmisch) und besteht aus einem riesigen Neuralnetz, dem von einem verrückten mitteleuropäischen Einpauker Verstehen und Sprechen beigebracht worden sind. Es erkennt, durchaus richtig, daß die menschlichen Besatzungsmitglieder den Erfolg des Unternehmens gefährden, und beginnt, sie »auszulöschen«. Diese Absicht wird jedoch von dem listigen Dave Bowman, einer Art Weltraum-Benedict-Arnold zunichte gemacht; obwohl HAL mit ruhiger, unbewegter Stimme Bowman davon abzubringen versucht, gelingt es diesem, an HAL eine Lobotomie (Durchtrennung bestimmter Nervenbahnen im Gehirn) vorzunehmen. »Sieh her, Dave, ich merke, daß Dich das wirklich ärgert. Aber ich bin wirklich überzeugt, Du solltest Dich ruhig hinsetzen, eine Beruhigungspille nehmen und Dir alles nochmals reiflich überlegen. Ich sehe ein, daß ich in der letzten Zeit ein paar ganz dumme Entscheidungen getroffen habe!« Aber da war es schon passiert...

Nicht minder erfindungsreich und mit einem Bruchteil des Aufwands gedreht, läßt John Carpenter 1974 in seinem *Dark Star* (Dunkler Stern) ebenfalls einen sprechenden Computer-Raumschiff-Roboter auftreten, aber dieses Wesen hat den ganzen unnachahmlichen Charme jener Lautsprecher-Ansageanla-

Links: Die bei weitem eindrucksvollste aller mythischen Robotergestalten in der typprägenden Rolle des unschuldig-schuldigen Ungeheuers: Boris Karloff verbreitet lähmendes Entsetzen als Monster in dem Film Frankenstein.

Rechts: Maria, der Roboter-Star des Films Metropolis, widersteht bei ihrer Suche nach einer eigenen Roboter-Rolle allen männlichen Manipulierungsversuchen und gibt sich schließlich als Inbegriff des gestaltgewordenen Bösen; ihr Peiniger, der verrückte Rotwang, ein notorischer Sklavenhändler und manischer Egozentriker, bleibt als fehlgeleitete, vielleicht willensschwache Figur in Erinnerung.

TOBOR THE GREAT with CHARLES DRAKE

THE SCIENCE-MONSTER WHO WOULD DESTROY THE WORLD!

M·G·M PRESENTS **The Invisible Boy**

STARRING RICHARD EYER · PHILIP ABBOTT · DIANE BREWSTER
WITH HAROLD J. STONE AND ROBBY THE ROBOT
Screen Play by CYRIL HUME · Based On The Story By EDMUND COOPER
A Pan Production · Directed By HERMAN HOFFMAN · Produced By NICHOLAS NAYFACK

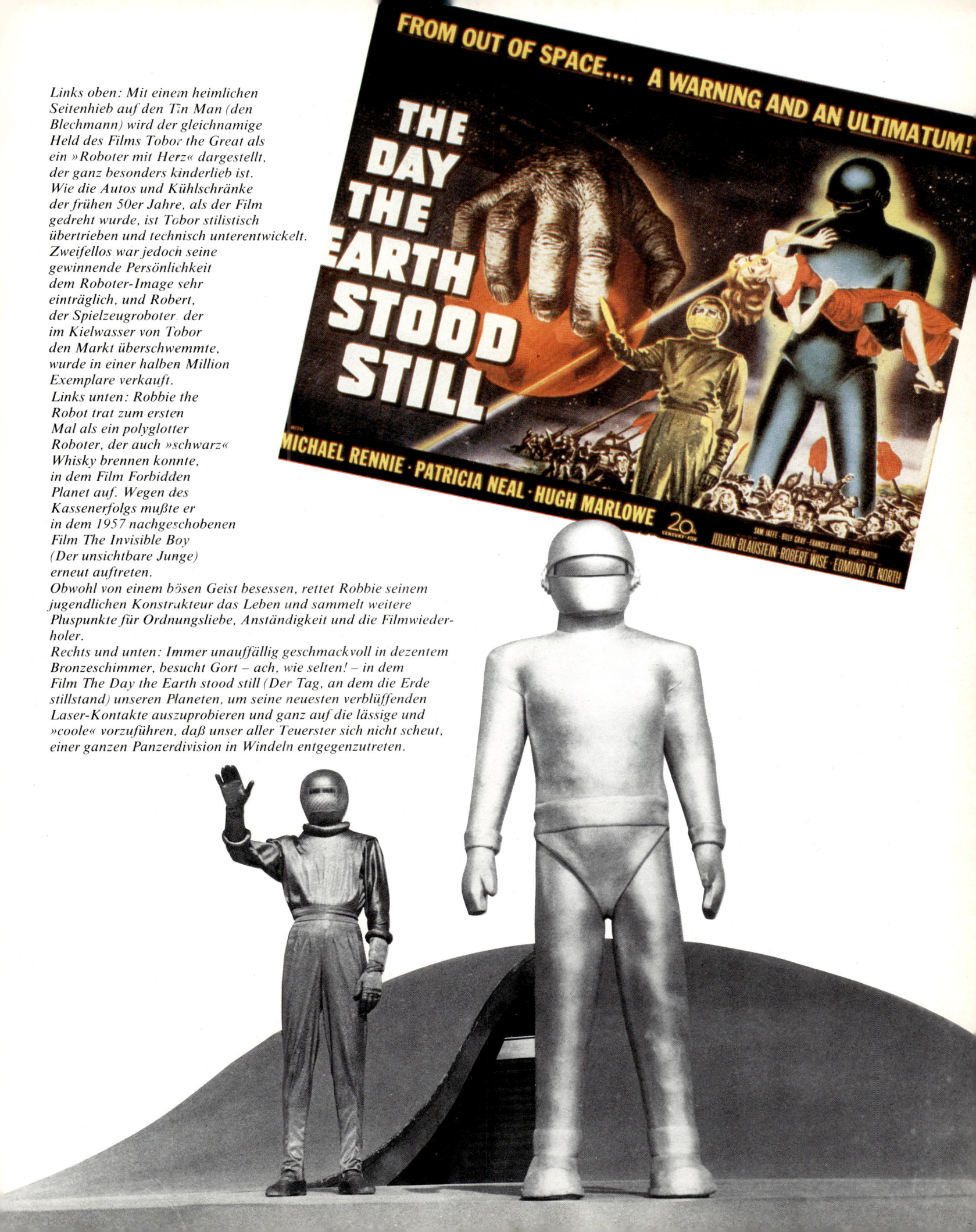

Links oben: Mit einem heimlichen Seitenhieb auf den Tin Man (den Blechmann) wird der gleichnamige Held des Films Tobor the Great als ein »Roboter mit Herz« dargestellt, der ganz besonders kinderlieb ist. Wie die Autos und Kühlschränke der frühen 50er Jahre, als der Film gedreht wurde, ist Tobor stilistisch übertrieben und technisch unterentwickelt. Zweifellos war jedoch seine gewinnende Persönlichkeit dem Roboter-Image sehr einträglich, und Robert, der Spielzeugroboter, der im Kielwasser von Tobor den Markt überschwemmte, wurde in einer halben Million Exemplare verkauft.
Links unten: Robbie the Robot trat zum ersten Mal als ein polyglotter Roboter, der auch »schwarz« Whisky brennen konnte, in dem Film Forbidden Planet auf. Wegen des Kassenerfolgs mußte er in dem 1957 nachgeschobenen Film The Invisible Boy (Der unsichtbare Junge) erneut auftreten. Obwohl von einem bösen Geist besessen, rettet Robbie seinem jugendlichen Konstrukteur das Leben und sammelt weitere Pluspunkte für Ordnungsliebe, Anständigkeit und die Filmwiederholer.
Rechts und unten: Immer unauffällig geschmackvoll in dezentem Bronzeschimmer, besucht Gort – ach, wie selten! – in dem Film The Day the Earth stood still (Der Tag, an dem die Erde stillstand) unseren Planeten, um seine neuesten verblüffenden Laser-Kontakte auszuprobieren und ganz auf die lässige und »coole« vorzuführen, daß unser aller Teuerster sich nicht scheut, einer ganzen Panzerdivision in Windeln entgegenzutreten.

Unten: Der von vielen Film-Enthusiasten – keineswegs nur von Science-Fiction-Fans – als bester Film dieses Jahrzehnts eingestufte 2001 – Odyssee im Weltraum rückte Weltraum, Mega-Computer und extraterrestrische Intelligenz mit seiner kühlen, sachlichen Behandlung solcher halbmetaphysischen Erlebnisse wie des Sternentors in eine glaubwürdige Perspektive. Der vielleicht bemerkenswerteste Aspekt des Films war die Behandlung der Menschen bestenfalls als unberechenbare Wilde, schlimmstenfalls als ahnungslose Schachfiguren in den Händen überlegener Intelligenzen, von denen allerdings mindestens eine von Menschenhand geschaffen war. Die Übereinstimmung dieser Betrachtungsweise mit der Auffassung, in Robotern und künstlicher Intelligenz eine Art Trojanisches Pferd zu sehen, trug wesentlich zu der ominösen Hintergründigkeit des Films bei.

Rechts: In einer faszinierenden und irgendwie unheimlichen Szene zerstört ein Mann der Raumschiffbesatzung – der letzte, am wenigsten schwächliche Überlebende – von innen her die wunderbare organische Intelligenz, die das Raumschiff zu sehr viel mehr als einem bloßen Transportmittel machte. Der HAL-Computer verdankte seine Intelligenz der Vermaschung seiner Neuralverbindungen und der Vielfalt ihrer physischen und sprachlichen Erfahrungen. Aus der Sicht der 60er Jahre ist dies eine geradezu unheimliche Vorausahnung der Arbeiten über künstliche Intelligenz der 80er Jahre, ganz besonders des WISARD-Projekts.

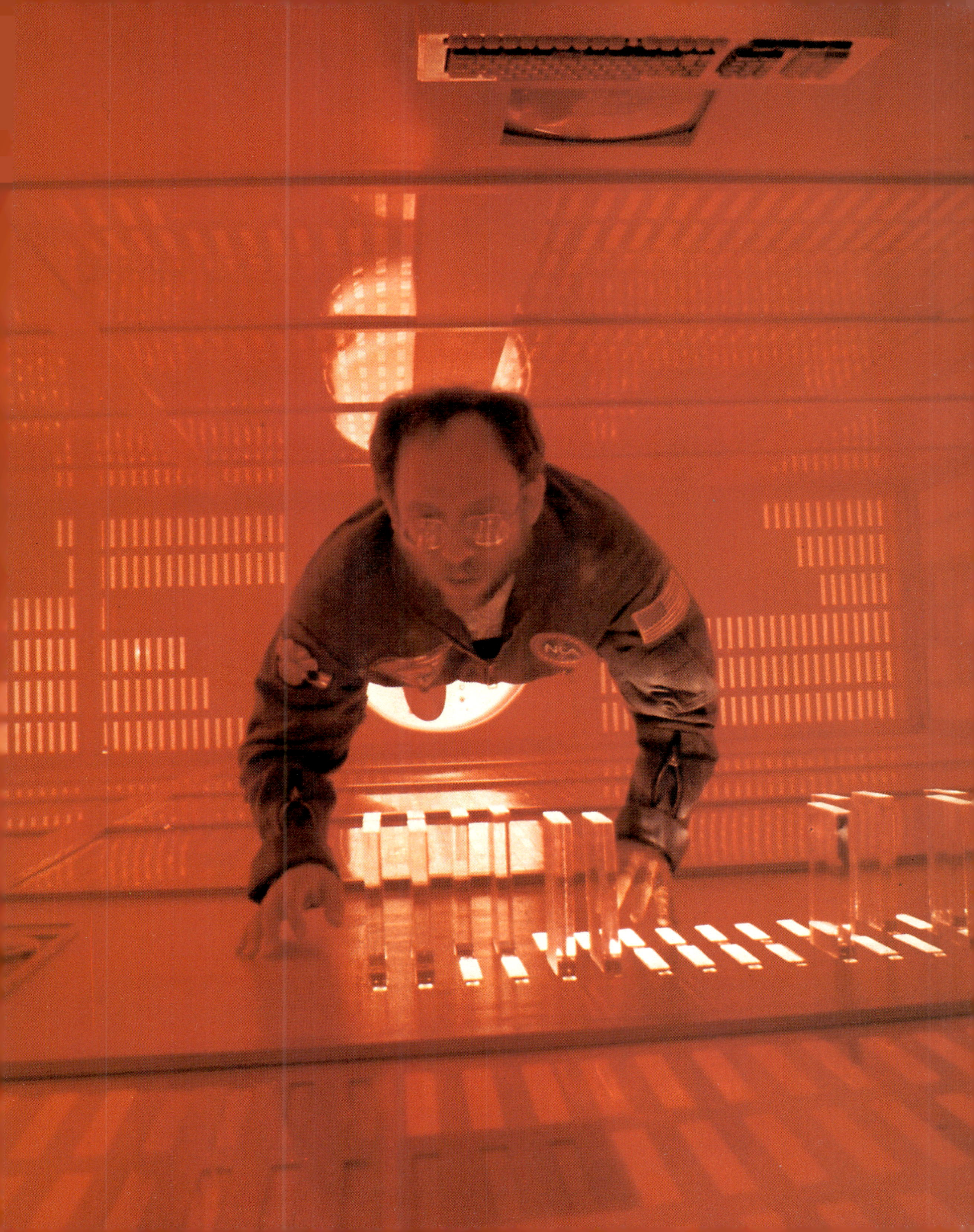

WESTWORLD

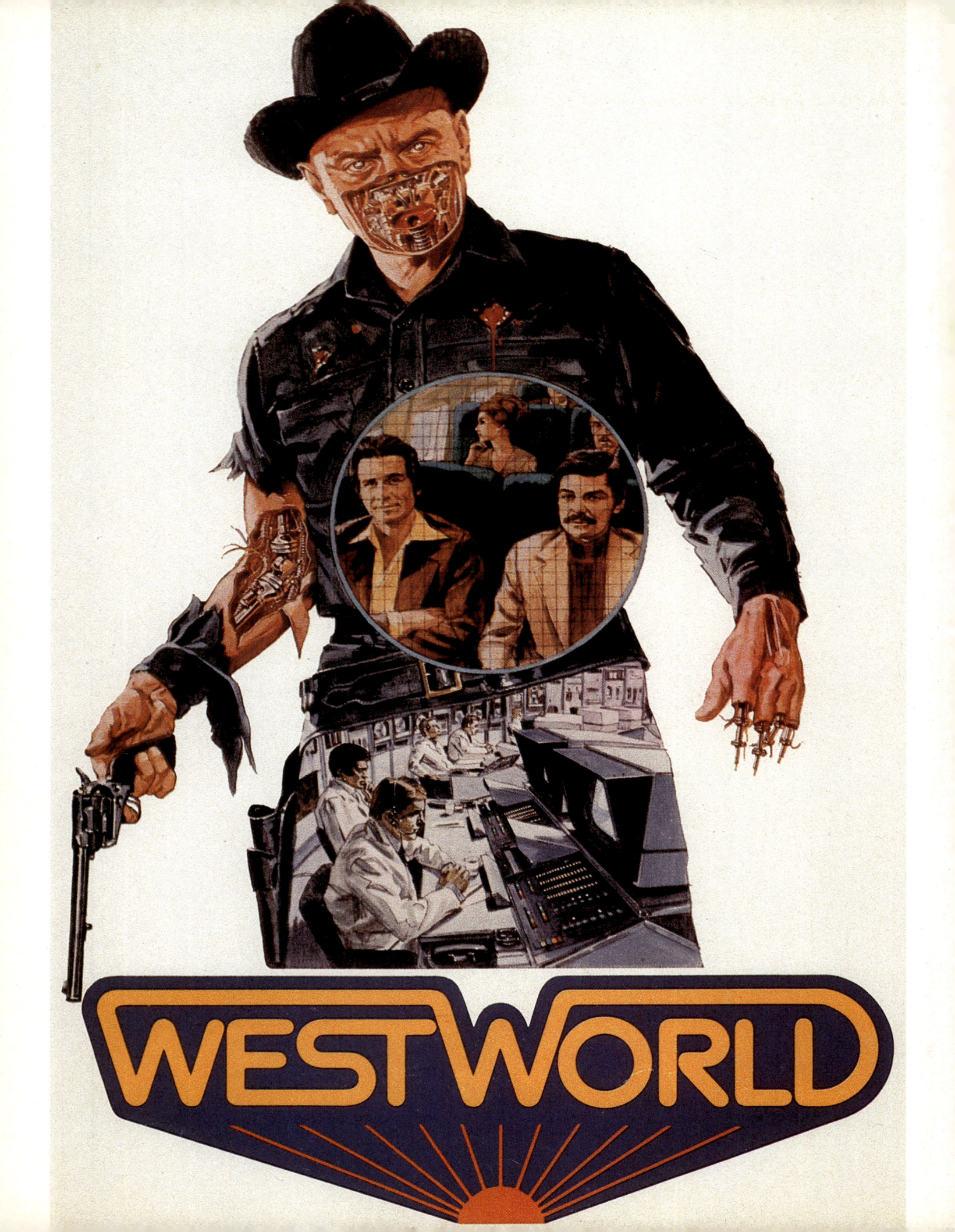

Links: Hektor, der erste aus der Halbgötter-Serie von Supermarkt-Packträgern wäre gern der Bösewicht von Saturn Drei, wurde aber bei der Probeaufführung für einen Kunstturner gehalten.

Gegenüber: Der Roboter-Pistolenheld aus dem Film Westworld überzeugt seine menschlichen Kunden und Programmierer, daß ein Hardware-Fehler ihn und andere einschlägige Produkte in gnadenlose Killer verwandelt hat, aber Roboter-Fans lassen sich nicht so leicht übers Ohr hauen, sie erkennen Star-Qualität, wenn sie sehen – 1 : 0 für Gort!

gen, die einem auf dem Flughafen verkünden, daß der Flug um vier Tage verschoben werden muß. Dieser hier ist zwar ebenfalls unerbittlich »liebenswürdig«, lehnt es aber eisern ab, sich auf die Sex-Phantasien der Besatzung einzulassen: »Diese gedanklichen Irrwege, in mir einen zarthäutigen, anschmiegsamen und schwer atmenden weiblichen Humanoiden zu sehen, sind weder gesund, noch zu einem reibungslosen Betrieb des Raumschiffs angetan. Ich muß Sie daher bitten, dies zu unterlassen!« Die Wasserstoffbomben, die die Besatzung über unzuverlässigen Planeten des Milchstraßensystems abwirft, sind selbst Roboter, die freundlich mit dem Schiffscomputer und der Besatzung plaudern: »Ich freue mich darauf, den Auftrag, für den ich konstruiert wurde, auszuführen.« Infolge der buchstabengetreuen Denkweise einer Maschine und einfachen menschlichen Irrtums beginnt eine der Bomben mit dem Countdown, obwohl sie noch am Raumschiff hängt. Der Kommandant versucht, ihr das auszureden, indem er ihr einen Vortrag über Phänomenologie hält. Dummerweise eilt die Maschine ihrem Mentor voraus, zitiert Descartes' berühmte Maxime (s. S. 8) und explodiert. Dies ist der erste glaubwürdige Science-Fiction-Film, der über sich selbst zu lachen vermag und dessen Drehbuch, Regie und »Trickkiste« bis heute nichts an seinem Witz eingebüßt hat.

Ähnlich kurios, aber mit einer sehr viel eindringlicheren Aussage, stellt sich Douglas Trumbulls 1972er Film *Silent Running* dar, in dem es ebenfalls um ein Unternehmen entfremdeter Menschen in die Tiefen des Weltraums geht: dieses Mal handelt es sich jedoch um die Bewacher und Pfleger der letzten Wälder der Erde, die sie, vor der Verschmutzung an ihren bisherigen Standorten beschützt, in den riesigen Plastikkuppeln ihrer Raumfahrzeuges mit sich führen. Als der Befehl kommt, den Wald zu zerstören und nach Hause zurückzukehren, geht ein Mann der Besatzung, ein umweltbesessener Sonderling, mit dem Raumschiff, dem Wald und drei Robot-Homunkulussen namens Hewey, Dewey und Louie auf und davon. Diese liebenswerten kleinen Kerle helfen bei der Waldpflege und leisten dem einsamen Menschen mitfühlend Gesellschaft. Als die Nemesis in Gestalt eines weiteren Raumschiffs von der Erde erscheint, wird der Wald unter der Obhut der Roboter noch weiter in die Tiefen des Weltraums entführt – besserer Beschützer menschlicher Werte als die Menschen selbst. »Paß gut auf den Wald auf, Dewey!«

Die Gegenwart gehört allerdings den abscheulichen R2D2 und C3PO aus George Lucas' 1977er *Krieg der Sterne*. Diese kosmischen Dick-und-Doofs sind der endgültige Triumph der Zuckerbäckerei und repräsentieren den ganzen kriecherisch-effekt-

Links: Die Roboter-Polizisten aus THX 118 sind ein durchaus glaubhafter Aspekt einer nicht allzu fernen zukünftigen Gesellschaft, in der die Roboterprinzipien von Regelung und Rückkopplung (Rückmeldung) zum Status eines moralischen Imperativs erhoben werden.

Rechts oben: Eine nicht so offensichtlich böse, aber moralisch fragwürdigere Vision einer robotischen Gesellschaft war Westworld, ein avantgardistisches Disneyland, in dem willfährige Roboter die zügellosen Phantasien moralisch korrupter menschlicher Besucher auf der Bühne nachvollzogen.

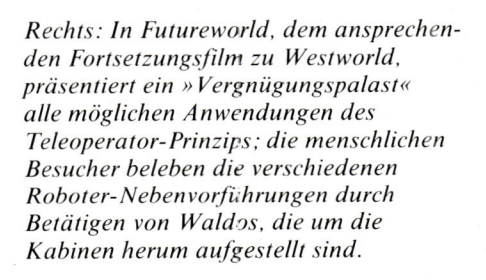

Rechts: In Futureworld, dem ansprechenden Fortsetzungsfilm zu Westworld, präsentiert ein »Vergnügungspalast« alle möglichen Anwendungen des Teleoperator-Prinzips; die menschlichen Besucher beleben die verschiedenen Roboter-Nebenvorführungen durch Betätigen von Waldos, die um die Kabinen herum aufgestellt sind.

Rechts: Ein bösartig selbstsüchtiger Computer spielt die beherrschende Rolle in Demon Seed (Saat der Dämonen). Nachdem er die elementarsten Lektionen vom Menschen gelernt hat, versucht er, seine besitzergreifenden Instinkte an der nächsten erreichbaren Frau auszutoben. Eine vielsagendere Entlarvung des Superman-Mythos ist kaum vorstellbar – von erträglich gar nicht erst zu reden.

Unten: In erfreulichem Gegensatz zu den gekünstelten Mätzchen der Robbie und Genossen zieht Huey, einer von drei Waldarbeiter-Robotern des Films Silent Running, seinem menschlichen Einsatzleiter bei einem ersten gemeinsamen Pokerspiel »die Hosen aus«. Wie viele von den besseren Roboterfilmen endet auch dieser damit, daß ein gescheiterter Mensch das Ersehnte und mühsam Erreichte – hier den letzten erhaltenen Wald der Erde – einem Roboter zu treuen Händen übergibt.

Rechts: Ein Roboter-Gruselwettbewerb, bei dem Robbie und Tobor mitwirken, ist eine müde Sache, sofern nicht auch die beiden hier gezeigten galaktischen Super-Heinis mit von der Partie sind. R2D2 und C3PO aus dem Krieg der Sterne dürften die bekanntesten Roboter aller Zeiten sein.

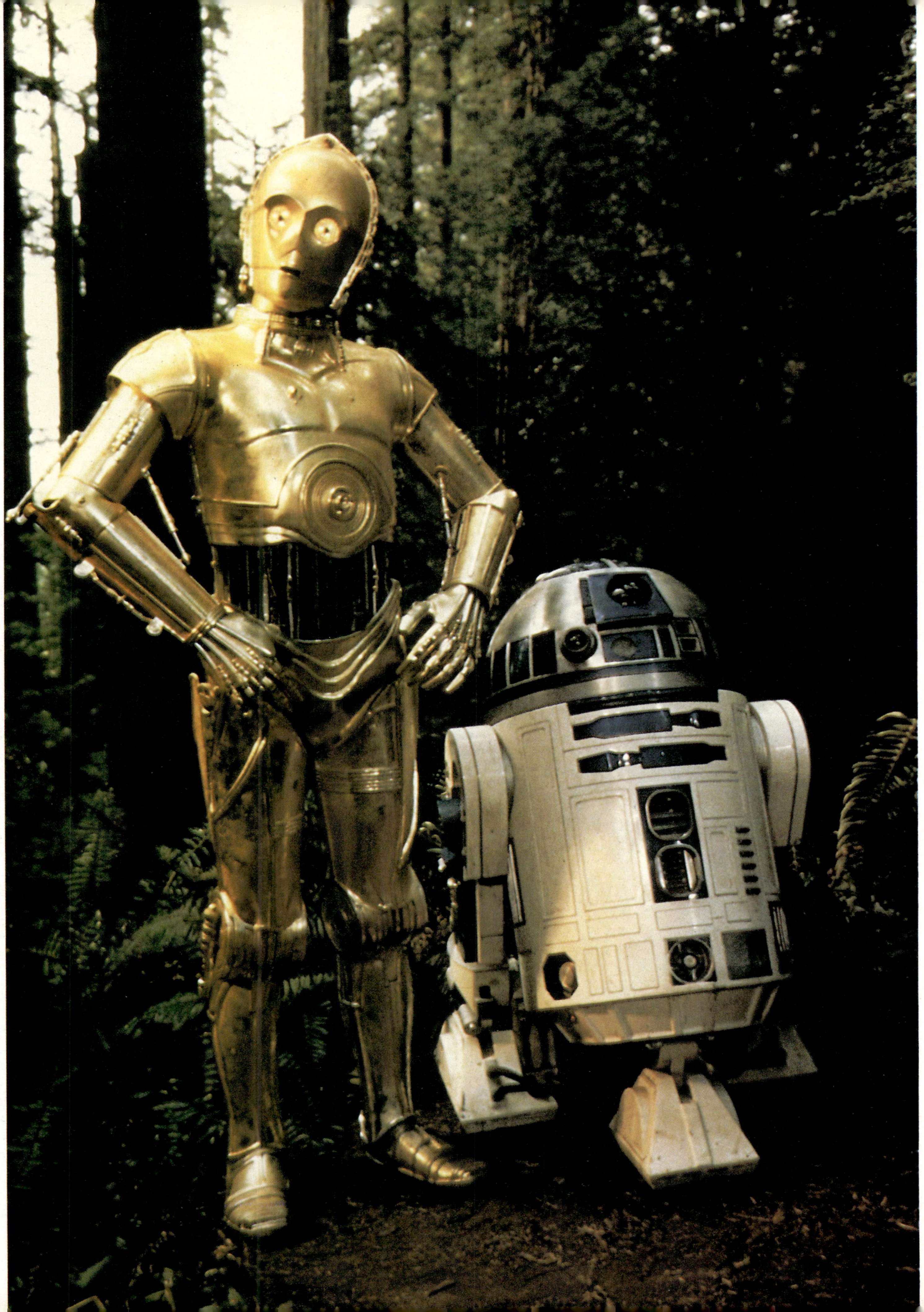

»Menschlicher als menschlich« ist das Motto der Androiden-Hersteller in dem Film Bladerunner. Er basiert auf Philip K. Dicks SF-Roman Do Androids Dream of Electric Sheep? (Träumen Roboter von elektrischen Schafen?) und behandelt das wohlbekannte Doppelthema der Feindschaft und der Liebe zwischen Robotern und Menschen. Androide Banditen mit übermenschlichen Kräften, »Replicants« (etwa: Nachbildungen) benannt, kehren von ihren Weltraumsiedlungen inkognito zur Erde zurück, ein Widerhall von Arthur C. Clarkes elegischem Roman Childhood's End (Die letzte Generation). Ein Privatdetektiv (eben der »Bladerunner«, alle Sam Spades und Phillip Marlowes' Hollywoods in einem) hat den Auftrag, sie aufzuspüren und auszurotten. Er schlägt sich mit ihrer physischen Stärke, ihrer Intelligenz und ihrem Haß herum und verliebt sich zugleich in eine von ihnen, die reizende Rachel – offenbar so etwas wie eine Metropolis-Maria des 21. Jahrhunderts. Die Genialität des Erschaffers der Androiden ist durch krasse Profitgier derartig pervertiert, daß er sich auf die Herstellung von Monstrositäten und Sexobjekten und eben auch diese gefährlichen »Replicants« verlegt hat. Zugleich hilft er jedoch den Entlaufenen aus einem gewissen väterlichen Empfinden gegenüber seinen Robotersprößlingen, sich der Verfolgung zu entziehen.

hascherischen Schwachsinn, die ganze lollylutschende Ausdruckslosigkeit eines Robbie the Robot, von denen uns Gort und HAL durch ihren Tod befreien sollten.

Dennoch ist vielleicht noch nicht alles verloren – noch gibt es so etwas wie Douglas Adams 1978er Hörspiel *The Hitchhiker's Guide to the Galaxy* (Per Anhalter durch die Galaxis), worin sowohl Marvin, der paranoide Android auftritt (»Grips und Ausbildung genug, um einen Planeten zu regieren, und die lassen mich Papier von links nach rechts schieben«), und in dem auch das Buch selbst vorkommt. Dieses sprechende Vademecum, ein Erzeugnis der zynischen Sirius Kybernetik-Gesellschaft (von der ein Roboter als »Ihr Kunststoffkumpel, mit dem es Spaß macht, zusammen zu sein« beschrieben wird), verkündet in dem familiären Umgangston des populärwissenschaftlichen Plauderers zweifelhafte und tendenziöse Fehlinformationen »über das Leben, über das Universum, über Alles«. Das Buch hat für mehrere andere Bücher Pate gestanden, für eine Fernsehserie, ein Computerspiel, einen Film des Produzenten Ivan Reitmous, und für eine »Die Besten Zwanzig«-Nominierung für Marvins eigene erste Schallplattenaufnahme. Unbeeindruckt von seiner Starrolle (»Ich glaube, Sie sollten wissen, daß ich mich sehr niedergeschlagen fühle«) und unbeirrt von dem philosophischen Gehabe seiner menschlichen Kameraden (»Das Leben? Erzählen Sie mir nichts über das Leben!«), ist Marvin der »alternative« Zeitgeist, die Salmiakpastille gegenüber C3POs Sahnebaiser, die wahre Stählerne Persönlichkeit. Bei ihm ist das Roboter-Image gut aufgehoben.

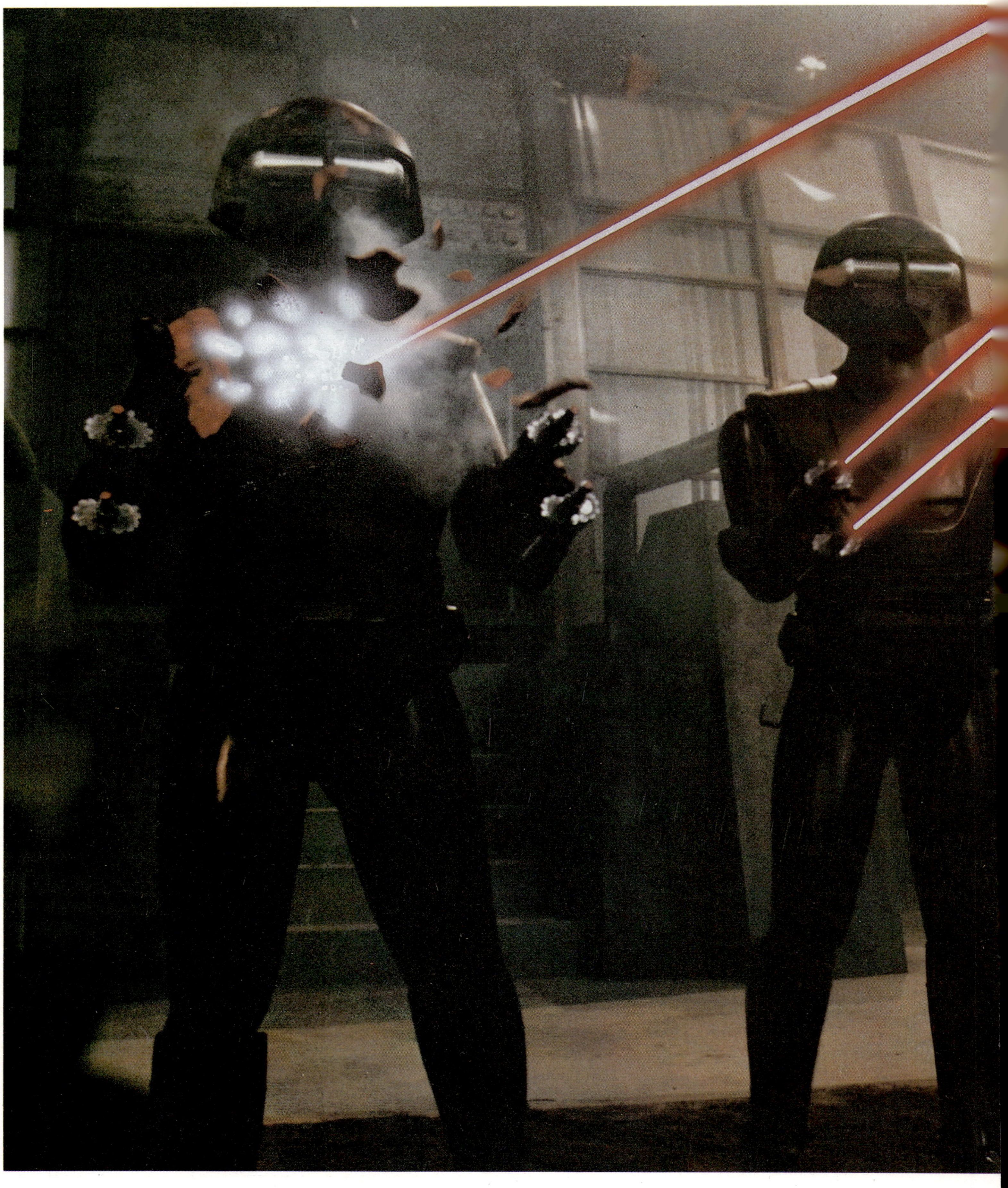

Links: In den meisten Science-Fiction-Filmen spielt der Griff in die Trickkiste eine wesentliche Rolle, eine Tradition, die in dem Weltraumspektakel Das Schwarze Loch wahre Orgien feiert.

Unten: Vincent, die halbe Portion von einem Roboter-Butler in Walt Disneys Das schwarze Loch, greift auf Befehl seines Käpt'ns zum Schießeisen.

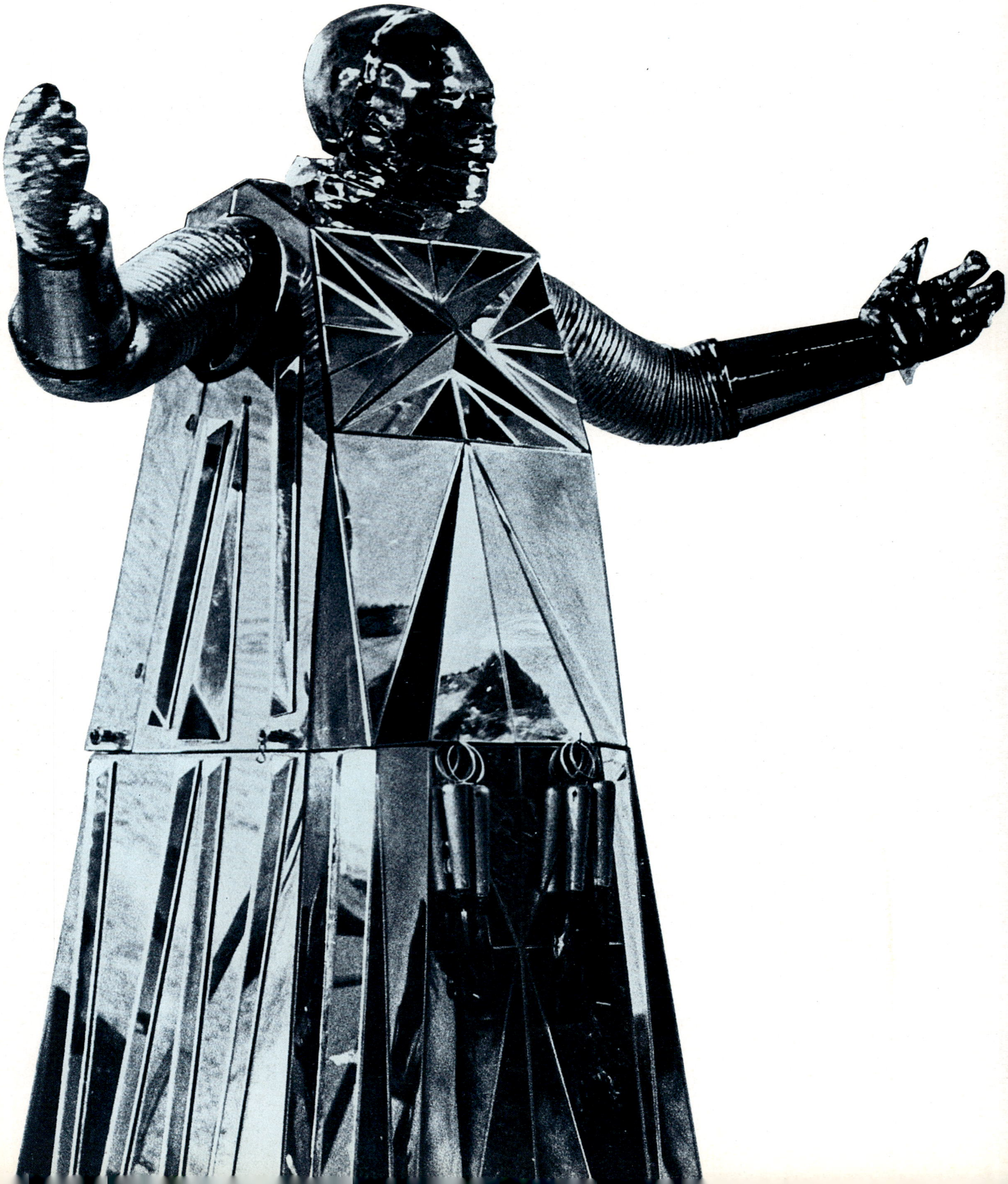

Gegenüber: Ein glänzendes Äußeres (mit Ofenrohrarmen) kennzeichnet die Roboter-Wächter in Logans Run als Schrittmacher der Robotermode.

Links: Robotermythos und klassische Märchenatmosphäre scheinen sich in Heart Beeps aufs glücklichste zu vermischen, eine aktionsgeladene Filmstory von Liebesleid und -lust vor dem Plüsch-Hintergrund eines geheimen staatlichen Forschungsinstituts für Organübertragung.

Eine Zukunft mit Robotern

»Technik ... der Dreh, die Welt so herzurichten, daß wir sie nicht erleben müssen«
Max Frisch

Die Roboterzukunft hat zwei Aspekte: die Zukunft der Menschen in einer Welt, die zunehmend von Robotern bevölkert wird, und die Zukunft der Roboter selbst. Die letztere ist weniger problematisch, sich mit ihr zu beschäftigen weniger beunruhigend. Die erstere birgt düstere Möglichkeiten, überschattet von der Angst vor Arbeitslosigkeit und drückenden sozialen Problemen; eine Vision, die mehr mit der gegenwärtigen Stimmung in Einklang ist als eine optimistische Idylle kultivierter Muße inmitten eines von Robotern getragenen beschaulichen Wohlstands. Es ist erheblich einfacher, den Stand der Technik in fünfzig Jahren vorauszusagen, als die politische Stimmenverteilung im amerikanischen Senat im Jahr 1995, und zudem erheblich weniger wichtig.

Die Roboterentwicklung der letzten fünfzig Jahre hat diese Wissenschaft auf einen Stand gebracht, wo sie anfängt, ihren Ansprüchen gerecht zu werden und die Erwartungen der Öffentlichkeit zu erfüllen. Fertigungsvorgänge werden zunehmend automatisiert, Fabriken werden von Robotern für Roboter entworfen, überall werden die Menschen Roboterwerkzeuge, Robotermaschinen und Robotermitarbeiter haben. Das eigene Zuhause wird der Roboterwelle noch am längsten widerstehen, teils aus finanziellen Gründen, teils, weil die vorhandenen Geräte der westlichen Überflußgesellschaft die Robotertechnik Schritt um Schritt übernehmen werden, ohne ihr Aussehen und ihre Arbeitsweise wesentlich zu verändern. Der Verkehr, die Ausbeutung der Rohstofflager, die Meeresboden- und Weltraumprospektion werden allesamt vom Einsatz von Robotergeräten und von Roboterintelligenz profitieren. In den Straßen unserer Städte wird sich eine unheimliche Ruhe ausbreiten, während führerlose elektrische Fahrzeuge geräuschlos an Roboter-Verkehrspolizisten und Roboter-Parkwarten vorbeirollen, durch Straßen, in denen Verbrechensbekämpfungsroboter patrouillieren, bis hinaus zu den festungsartigen Häusern der Reichen, die von bewaffneten Robotern bewacht werden.

Dies sind alles Betrachtungen auf lange Sicht, nicht unbedingt Voraussagen oder auch nur Zielprojektionen, eher hingeworfene Skizzen. Sie ergeben sich jedoch aus unserer vornehmlich utilitaristischen Betrachtungsweise, die im Roboter ein neues Werkzeug, eine neue Produktionstechnik sieht. Trotz des üppigen mythologischen Rankenwerks, das die Roboter umgibt, trotz gelegentlicher Betrachtungen über die Grenzen menschenähnlichen Verhaltens, sind wir letzten Endes als Menschen doch Materialisten; wenn es ein Werkzeug gibt, benützen wir es auch. Seine Funktion, sein Funktionieren, sind nicht nur eine ästhetische Wechselbeziehung, sondern auch ein Wert an sich. Wir werden daher trotz aller Besorgnisse hinsichtlich sozialen Wandels und wirtschaftlicher Entzweiung den metallenen Handschuh aufnehmen und den Roboter ganz allmählich mehr und mehr einsetzen, bis wir plötzlich feststellen, daß die Auseinandersetzung längst entschieden ist, daß es längst nicht mehr darum geht, die Auswirkungen des Robotereinsatzes in bestimmte Bahnen zu lenken und das Wachstum eines neuen Industriezweiges zu steuern, weil alles längst passiert ist. Wie der Tabak, wie das Auto, wie das Fernsehen, so kommt auch der Roboter weder als Segen noch als Fluch, sondern nur um dem einen oder anderen ein paar Dollar oder Yen oder Mark verdienen zu lassen: Und dann, bevor man sich versieht, hat jeder einen oder möchte einen oder kann ihn nicht mehr loswerden, und schon ist das Ding eine Last und eine Pest und ein wahres soziales Übel.

Wir begannen dieses Buch mit einer Betrachtung über das Fahrrad als einen Wegbereiter des Maschinenzeitalters, und bestimmt wollte niemand alles Gute und Böse gegeneinander aufrechnen, was diese letzten hundert Jahre uns gebracht haben. Man kann getrost behaupten, ohne Widerspruch zu erregen, daß das Fahrrad nicht zu den großen Übeln dieser Ära zu rechnen ist. Die Gründe für diese neutrale Einordnung verdienen eine nähere Betrachtung.

Das Fahrrad paßt zu uns, es ist beim Fahren weder unangenehm noch zwingt es uns zu irgendwelchen Verrenkungen – weder körperlich noch seelisch; selten dürften wir auf einem Fahrrad die Gefühle der Verärgerung, des Verdrusses, des Draufgängertums, der Eifersucht und der Wut in uns aufsteigen fühlen, die uns am Steuer eines Autos überkommen. Das Fahrrad stellt weder in der Produktion noch im Betrieb besondere Ansprüche an den Einsatz von Material oder Energie. Es gewährt aber auch keine unverhältnismäßig großen Vorteile. Es vergrößert unseren Aktionsradius, aber wir werden dabei dreckig und verschwitzt. Es beschert uns längere Beine, aber es ersetzt sie nicht.

Können wir den Roboter hieran messen? Ist er eine gutartige natürliche Erweiterung einer in ihrer Anlage vorhandenen menschlichen Fähigkeit? Spiegelt er hinsichtlich Form und Funktion irgendeinen Aspekt menschlicher Proportionen wider? Hält sich sein Energiebedarf in vernünftigen und natürlichen Grenzen? Bringt uns der Roboter im Arbeitseinsatz mehr oder weniger eng mit sozialen Fragen in Berührung, die uns wichtig sind? Es ist nicht einfach, auf diese Fragen positive Antworten zu finden, selbst wenn man die Auffassung derer teilt, die die Zukunft in das allerrosigste Roboterlicht getaucht sehen. Die kommerzielle Frage scheint bereits beantwortet; die Roboter sind arriviert und fest etabliert. Was bleibt, ist die soziale Frage: Wird sich unser aller Lebensqualität verbessert haben, wenn wir feststellen, daß wir von stumpfsinnigen, sich ständig wiederholenden Arbeiten befreit sind? Werden wir die Roboter entsprechend unseren Bedürfnissen immer wieder verändern – in den Städten, auf den Straßen, im Hause? Wir sind mit dem Aufkommen des Automobils nicht allzu gut fertig geworden, und mit der Atomenergie auch nicht – haben sich diese Dinge selbst mehr geändert, als sie uns verändert haben? Müssen wir die Schrecken einer industriellen Revolution alle fünfzig Jahre von neuem durchmachen, oder können wir den Roboter benützen, uns eine kleine

Rechts: Maschinen können uns Arbeit abnehmen, aber Roboter können mehr: Wenn es uns gelingt, sie dazu zu überreden, können sie uns im Kriege sogar das Sterben abnehmen. Der Illustrator Alan Daniels vermag tiefes Mitgefühl für diese beinah-menschliche Amazone zu wecken, die im Kampf in den Tiefen des Weltraums tödlich verwundet ist.

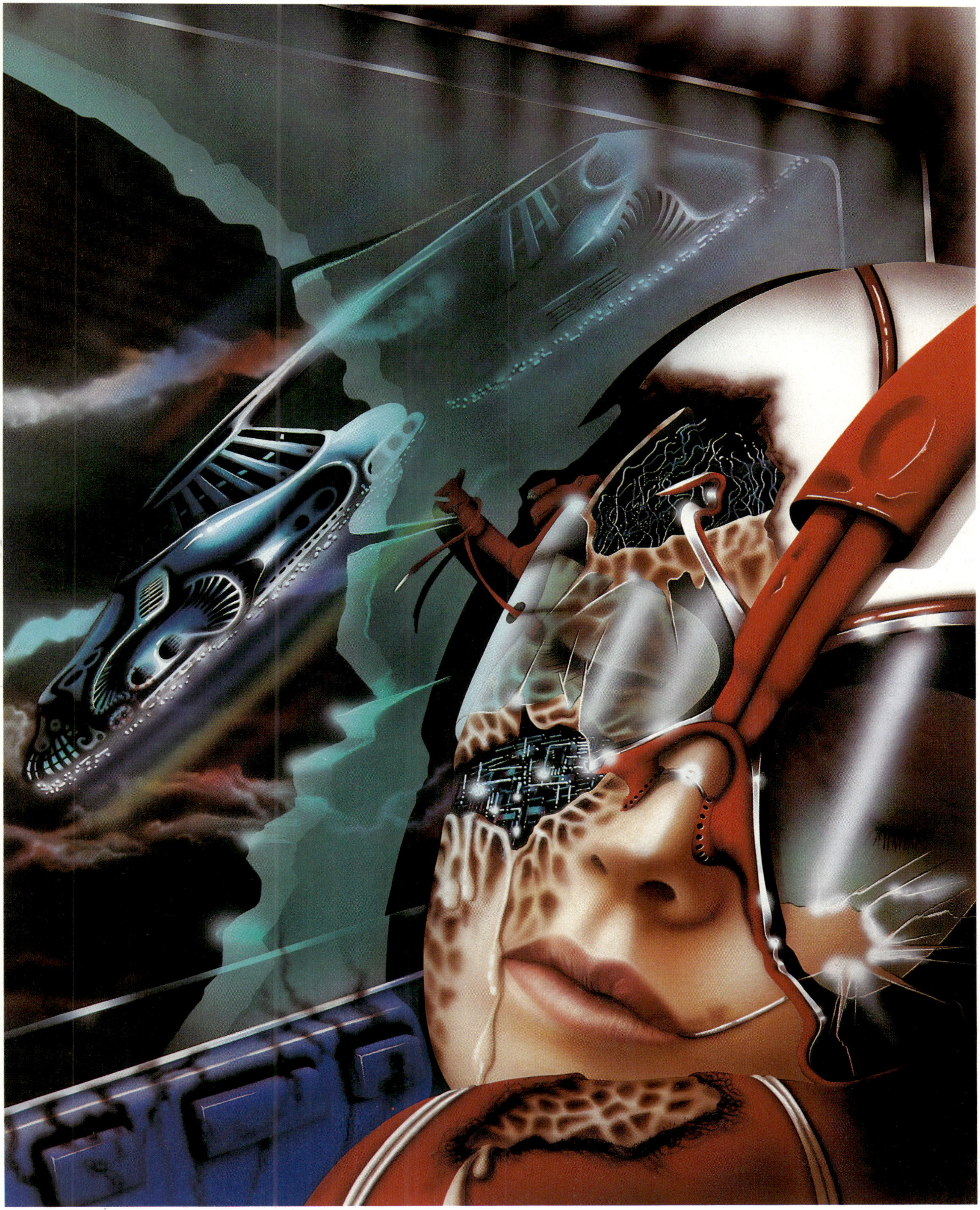

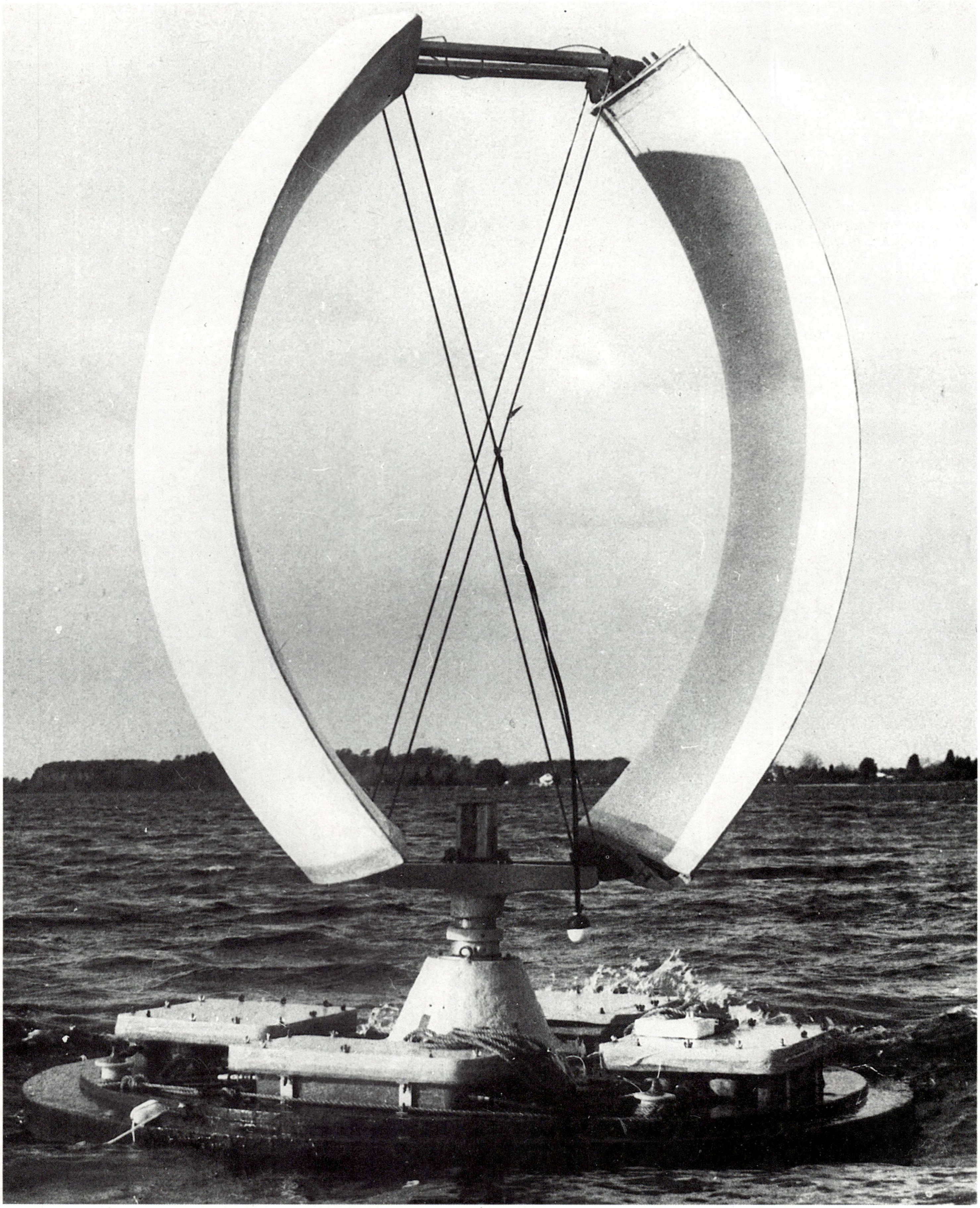

Links: Die wirkliche Roboter-Zukunft wird dadurch gekennzeichnet, daß Sensor- und Bewegungstechniken in ganz alltägliche Geräte Eingang finden. Dieses Segelboot trägt den Namen SKAMP für Station Keeping And Mobile Platform (Positionsbewahrende bewegliche Plattform). Vom Wind angetrieben und unbemannt, steuert es jeden gewünschten Punkt an und behält diese Position bei, wobei der Antrieb durch die Windflügel und die Steuerung mittels »Satnav«-Gerät (Satelliten-Navigation) erfolgt.

Rechts: Nicht minder als die Ausbeutung der Rohstoffquellen unseres Sonnensystems steht auch die materielle Erschließung des Meeresbodens vor der Tür. Dieses amerikanische Unterwasserfahrzeug ist mit Teleoperatoren und Positionierungsgeräten ausgerüstet.

Unten: In dem Maße, wie das Leben in der Stadt immer komplizierter und drangvoller wird, wird auch der Bedarf an großräumiger Lenkung des Zug-, Schiffs- und Flugverkehrs immer dringender.

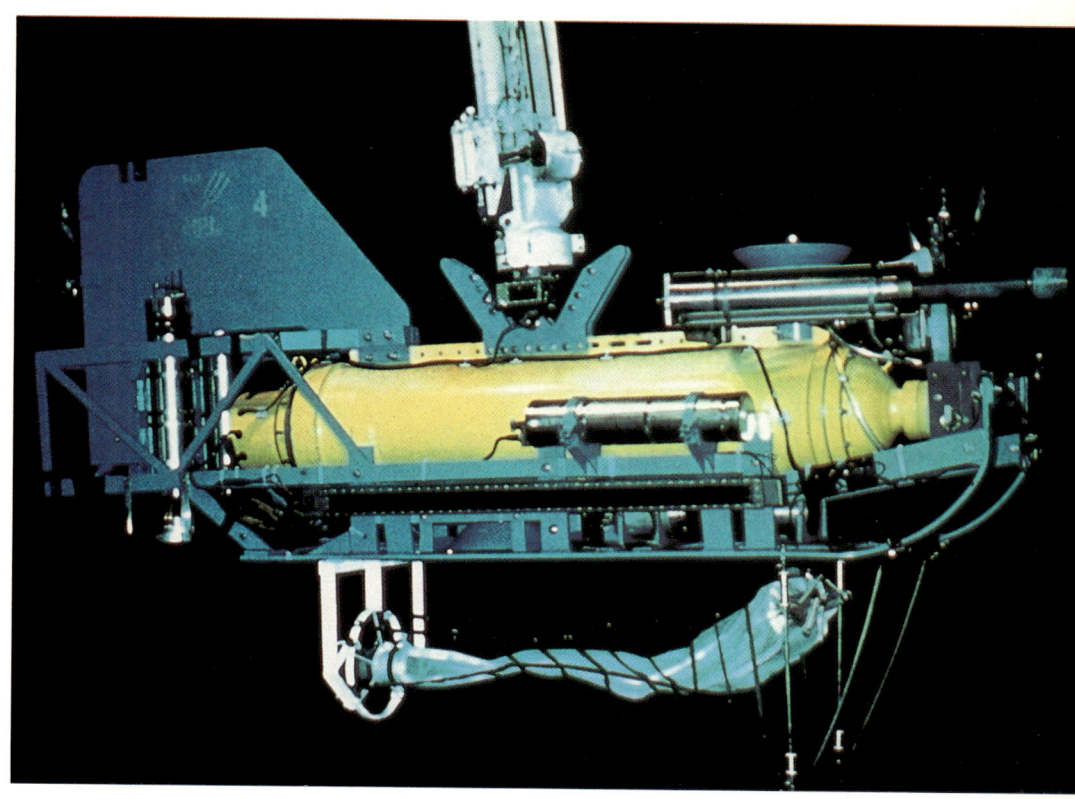

Links: Die Hände des Klavierspiel-Roboters, wie auch der ganze Roboter selbst, sind weniger als eine Entwicklung auf dem Gebiet der Musik von Bedeutung, wohl aber als Gegenstand intensiver Forschung auf dem Gebiet der Bewegungs- und Steuertechnik einschließlich zugehöriger visueller Systeme.

Rechts: Von den Jahren intensiver Forschung auf dem Gebiet ultraschneller real-time-Steuer- und -Regelsysteme, wie sie von Robotikern betrieben wurde, ist bei dieser Art spitzentechnologischer Hardware dankbar Gebrauch gemacht worden. In diesem Entwurf eines unbemannten NASA-Flugzeugs scheint mehr als ein »Schuß« Buck Rogers zu stecken. (Mit real time wird eine »schritthaltende« Datenverarbeitung bezeichnet, die unmittelbar nach dem Ablauf der erfaßten Vorgänge auch die entsprechenden Daten weiter verarbeitet und dadurch mit dem realen zeitlichen Fortgang »schritthält«.)

Unten: Das dramatische Aussehen des Roboters und seine musikalische Virtuosität stehen im Mittelpunkt dieser Symphoniegroteske, eines überdimensionalen Werbegags seiner Hersteller.

Unten: Am Rand der Atmosphäre und darüber sind Roboter und die Robotertechnik die wichtigsten Hilfsmittel der Forschung, Erkundung und technischen Entwicklung.

Instrumente der Sonne-Erde-Forschung
(obere Querleiste = zukünftig;
untere Querleiste = gegenwärtig)
Shuttle = Raumfähre
Shuttle Plasma Laboratory = Raumfähre-Plasmalabor
Mother Daughter = Mutter/Tochter
Dual Air Density = Zweifach-Luftdichte
Hawkeye = (Falkenauge)
Atmosphere Explorer = Atmosphäre-Explorer
Sun = Sonne
Interplanetary = interplanetarisch
Terrestrial Environment = Erdumgebung
Solar Observatories = Sonnenobservatorien
Pioneer = Pioniere
Sounding Rockets = Raketen-Sonden
Balloons = Ballons
Magnetic Observations = magnetische Beobachtungen

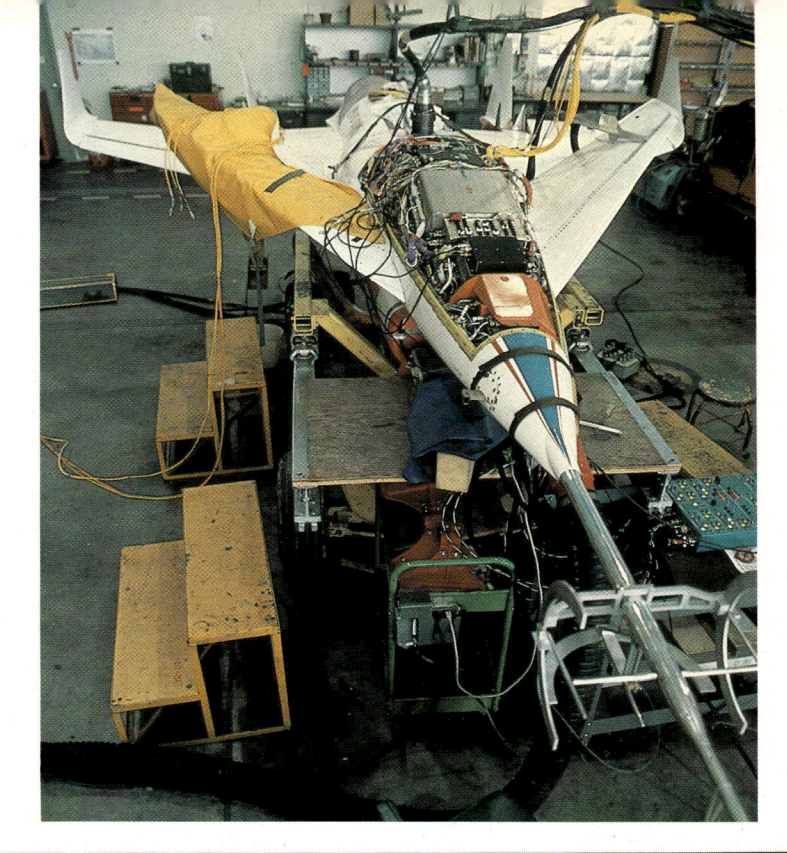

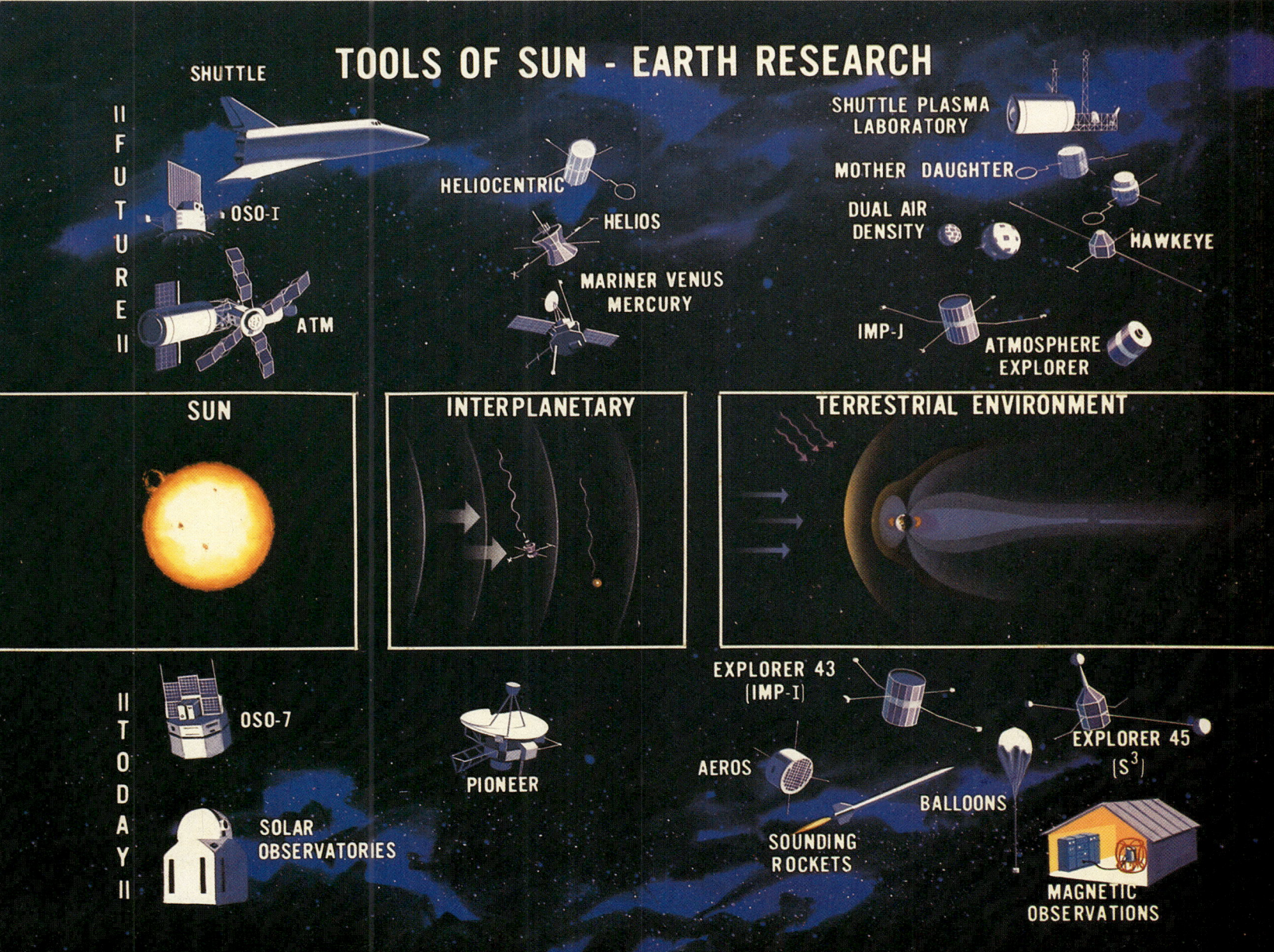

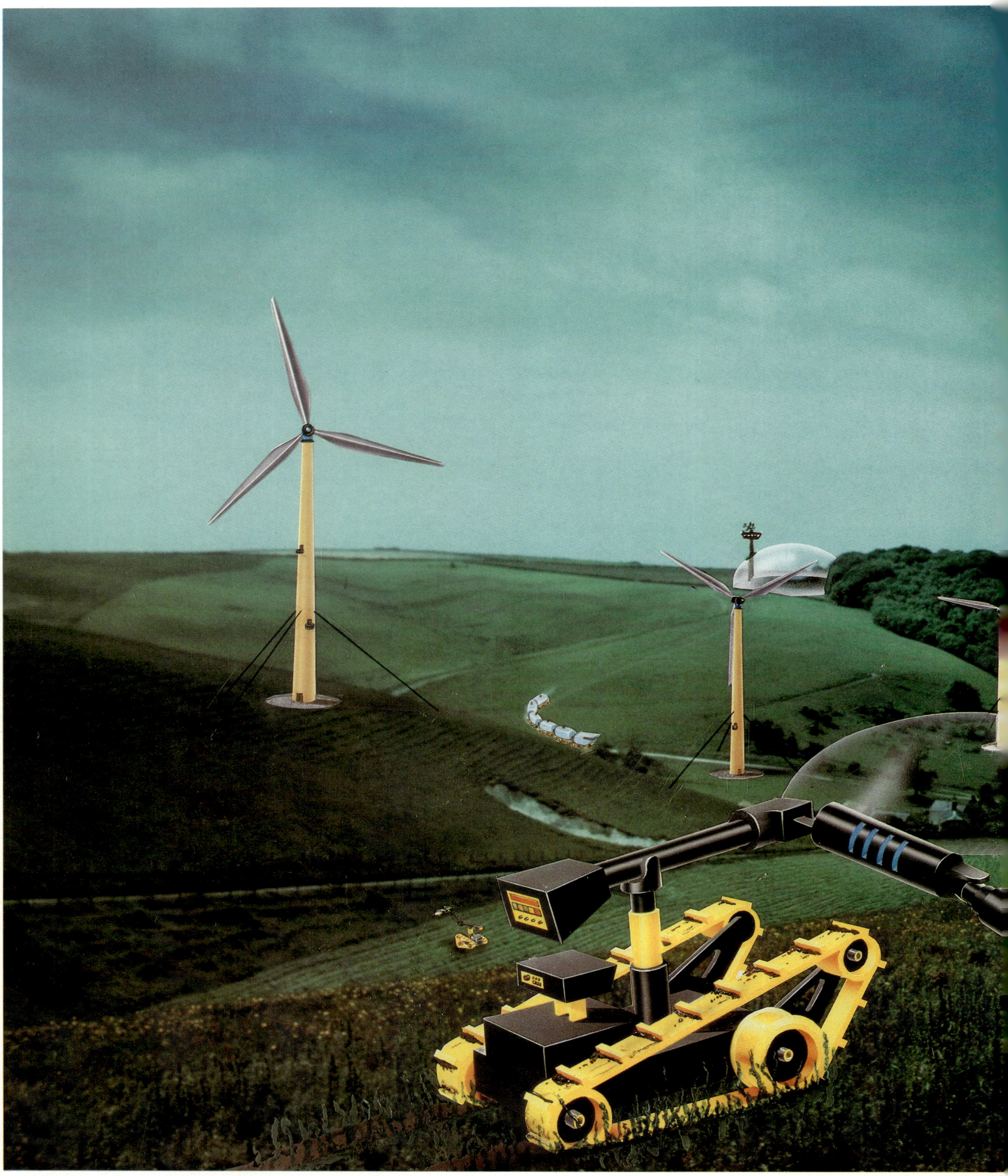

Der Roboter wird auch auf dem Lande eine immer vertrautere Erscheinung sein, hoffentlich allerdings in nicht so knalligen Farben. Was die anderen vier Sinne anbetrifft, wäre es am besten, wenn er gänzlich unbemerkt bliebe.

Teleoperatoren sind Geräte, die den Wirkungsbereich eines menschlichen Gliedes in einem Maßstab oder einem räumlichen Umfang erweitern, der weit über die eigene körperliche Reichweite hinausgeht. Innerhalb dieses mit einer Bedienungszelle verbundenen Teleoperators stellt ein Astronaut soeben Überlegungen über seine weiteren Manöver auf der Oberfläche eines Asteroiden an.

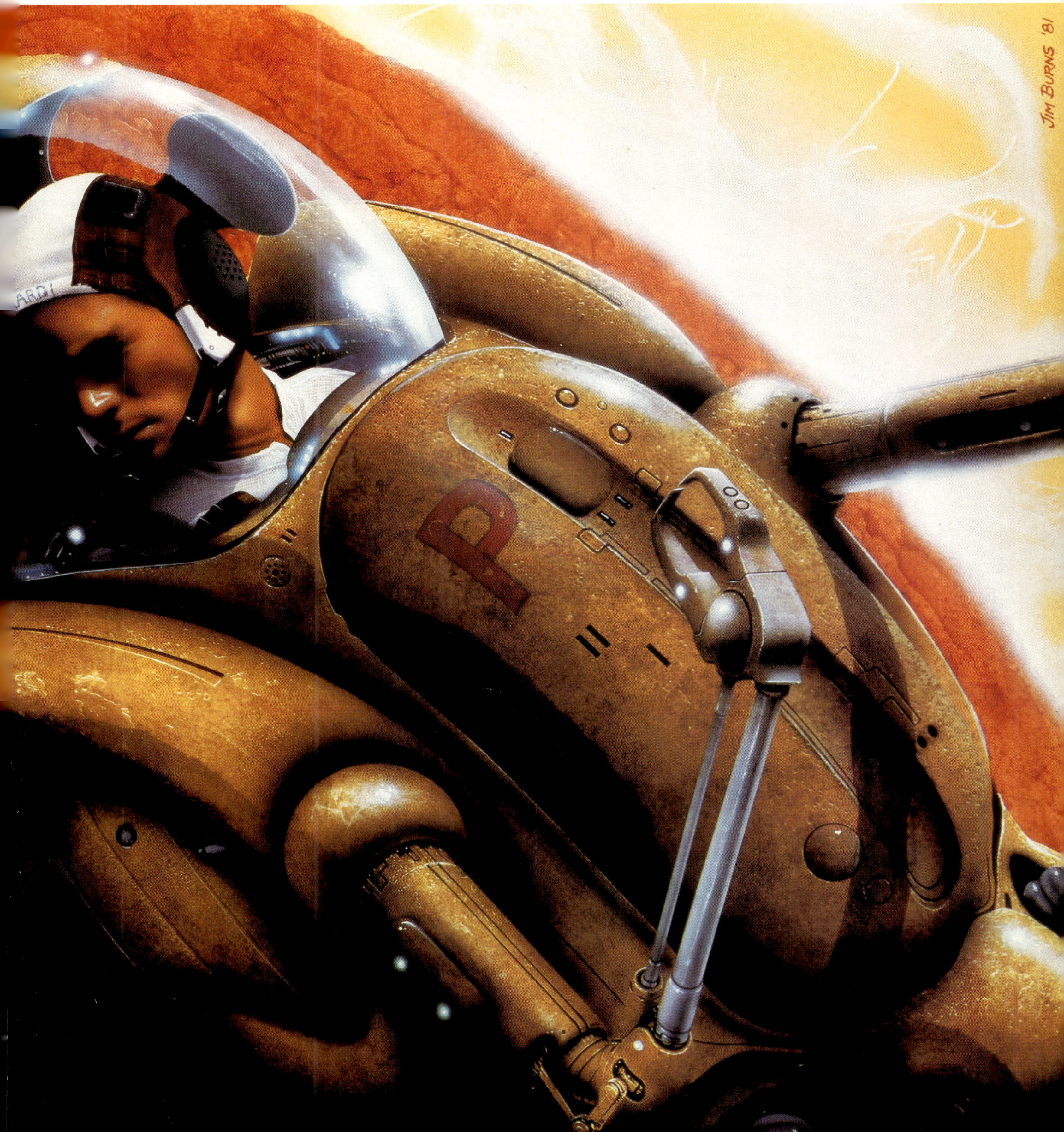
JIM BURNS '81

Links: Wenn jemals solche Weltraumstädte gebaut werden sollten, dann von Robotermonteuren unter Robotervorarbeitern, Gruppenführern und Werkmeistern, allenfalls noch unter der Oberaufsicht menschlicher Architekten und Planer. Da jedoch der Weltraum gegenüber allem menschlichen Leben so feindselig ist und die Kosten für die Überwindung der Erdanziehung so außerordentlich hoch sind, scheint es doch recht unwahrscheinlich, daß sich für diese Torus- (Ringwulst-) Welten jemals menschliche Bewohner finden lassen – warum sollte man sie dann überhaupt erst bauen? Roboter brauchen keine Schwerkraft, keine Unterkünfte, keine Badezimmer, keine Verpflegung und keine Ruhepausen.

Rechts: Die technischen Voraussetzungen für die Konstruktion und Ausrüstung solcher Kampfroboter für Weltraumeinsätze existieren inzwischen, wenn auch die Kosten enorm und die taktische Verwendbarkeit höchst zweifelhaft wären. Aber wann wäre je die Entwicklung eines neuen Waffensystems durch solche Überlegungen aufgehalten worden?

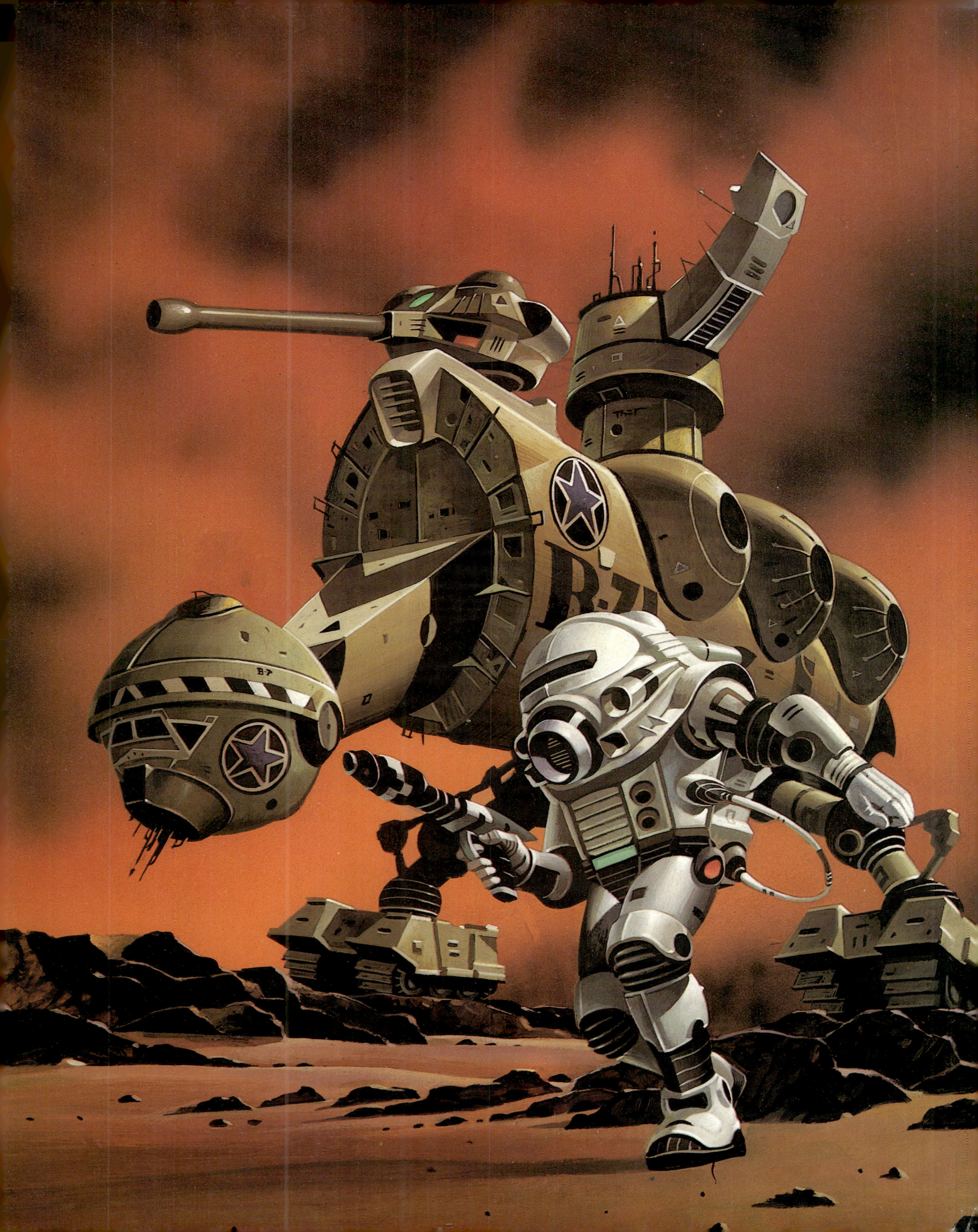
B-7

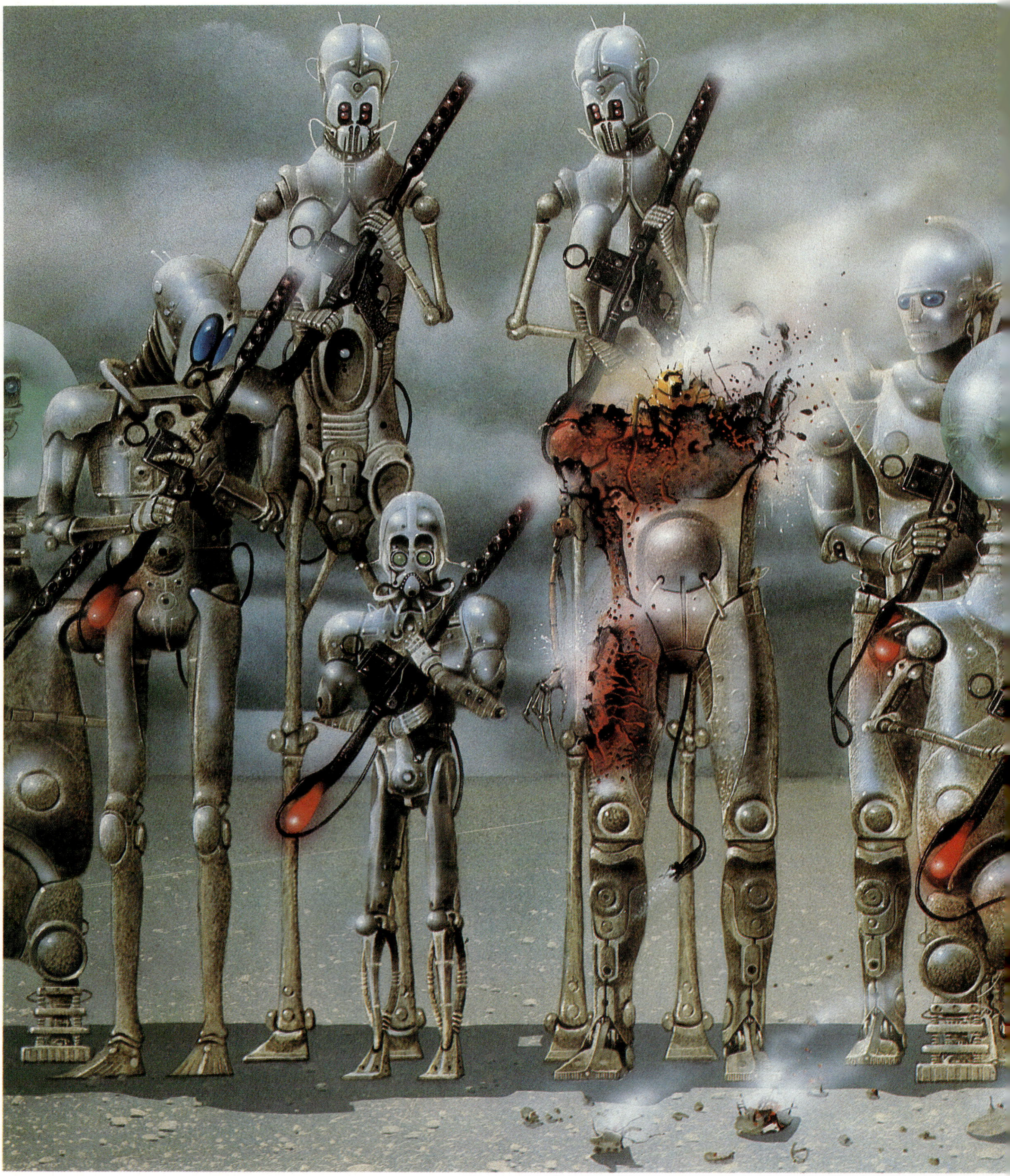

Wenn Sie dies Letzte Fähnlein vor Ihrem Bunker aufmarschieren sehen und »We shall overcome« singen hören, dann wissen Sie, daß es ernst wird!

Verschnaufpause und ein wenig Besinnung zu verschaffen, ein kurzes beschauliches Intermezzo? Oder müssen diese Fernlaster rollen, die Fabriken dröhnen, neue Werksgelände unsere Gärten verschlingen, den Nachen heimlicher Hoffnungen an einem anderen Riff zerschellen lassen?

Auf dem Mond, auf den Asteroiden, auf den Jupitermonden werden Roboteranlagen Mineralien und andere Rohstoffe ausspeien, um die unter zunehmender Materialverknappung leidende irdische Industrie zu versorgen. Die Laserreflektoren und die raffinierten Bomben werden die Erde umkreisen, während die Asteroiden-»Fänger« mit ihren Schleppnetzen um die Sonne kreisen. Und irgendwo wird eine Stimme flüstern: »Gort...«, und irgendein kleiner, verirrter Robot wird auf eine Mauer aus Plastikziegeln kritzeln: »Der Golem kommt wieder...«

Rechts: ... Und doch war die Menschheit nie damit zufrieden, eine schöne Legende zu vergessen, bloß weil sie mit den gegenwärtigen technischen Gegebenheiten nicht übereinstimmte. Der Roboter von morgen wird nicht nur ein Kind der Wissenschaft und der Technik sein, sondern auch ein Produkt des Wunschdenkens, der schöpferischen Phantasie und des Zeitgeists. Wenn die Spezies, die die höchsten Berggipfel erklommen und die tiefsten Abgründe des Meeres erforscht hat, nicht eines Tages auch die Wüsten des Mars durchquert, dann wäre es ein überraschender Bruch mit der Vergangenheit, wenn diese Durchquerung nicht statt dessen von einem Geschöpf unternommen würde, das wir nach unserem eigenen Bilde geschaffen haben.

Unten: Die Bedeutung, die der Roboterarm in der sachlichen Welt der Industrie besitzt, gewinnt völlig andere Aspekte in den wilden Phantasien der Filmproduzenten, der Romanschreiber und sonstiger Mythenvermarkter. Bis jetzt sind dies alles nebelhafte Schemen, Zuckerwatte serviert mit heißer Luft und bengalischer Beleuchtung; die Roboter in unseren Abwasserkanälen sinnen nicht auf Rache, ebenso wenig leiden sie ergeben unter der ihnen auferlegten Fron. Die richtigen Roboter arbeiten in Farbspritzkabinen und hantieren mit Gußformen, schleifen und schweißen ohne jeden selbständigen Gedanken.

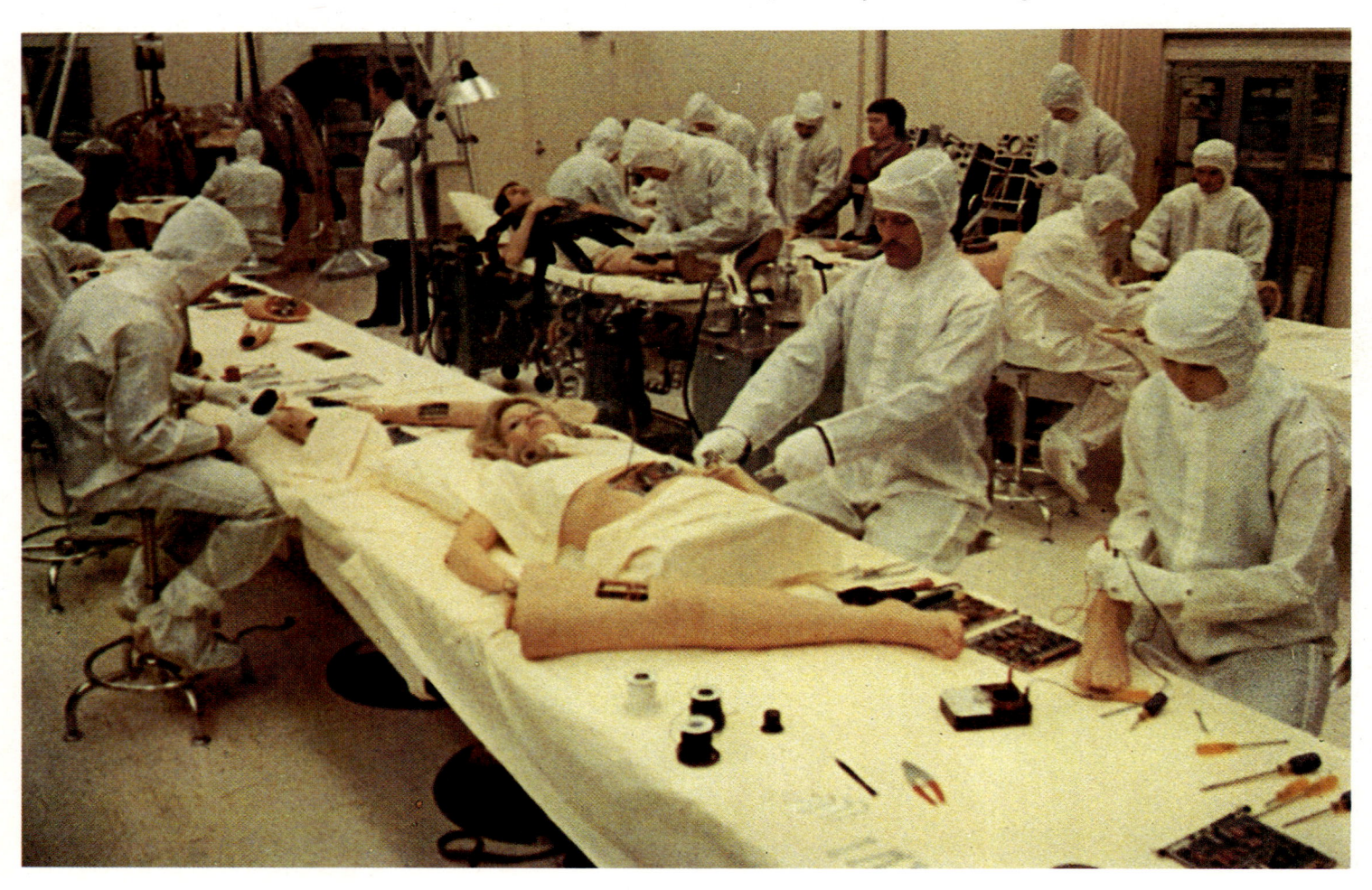

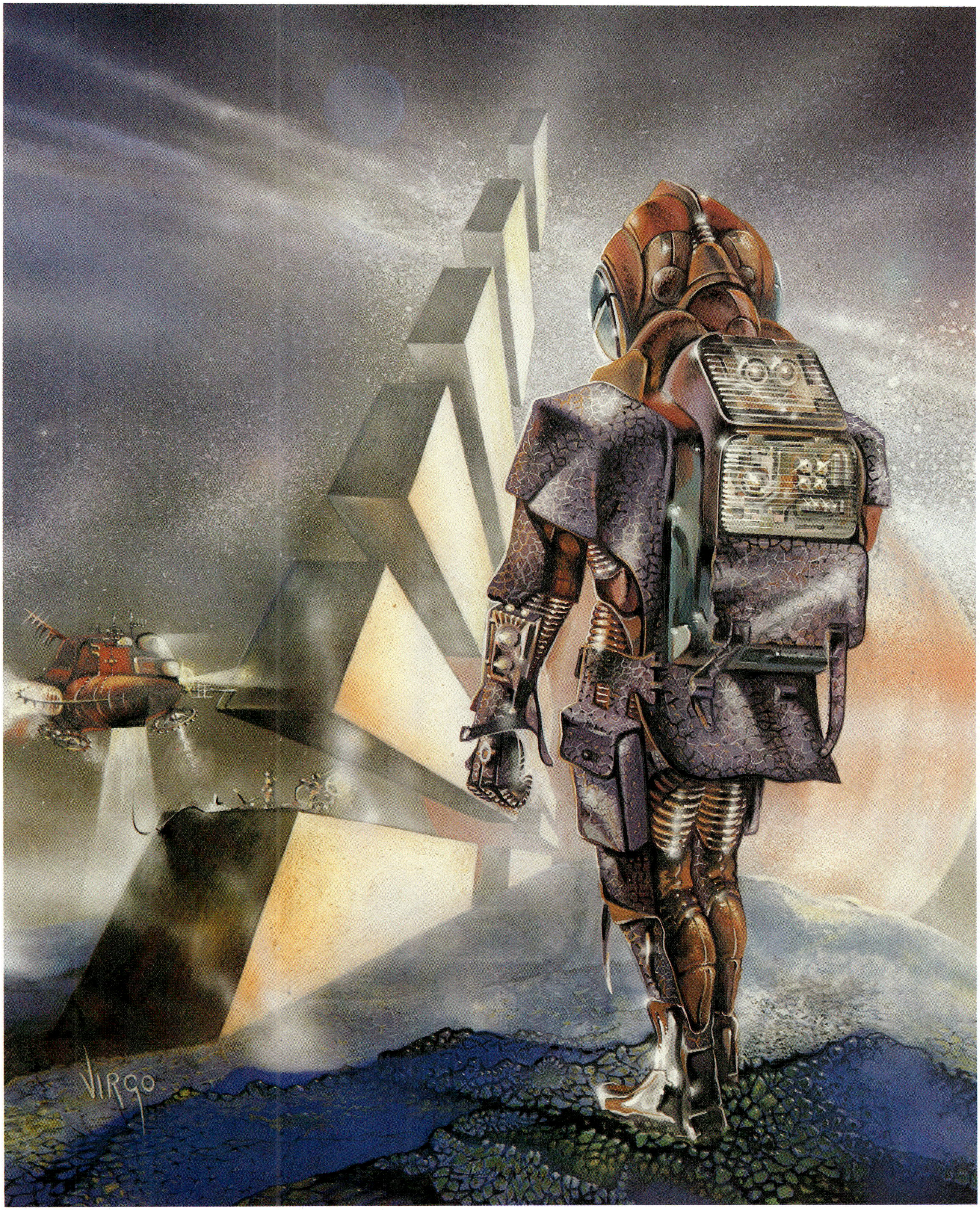
VIRGO

Anhang

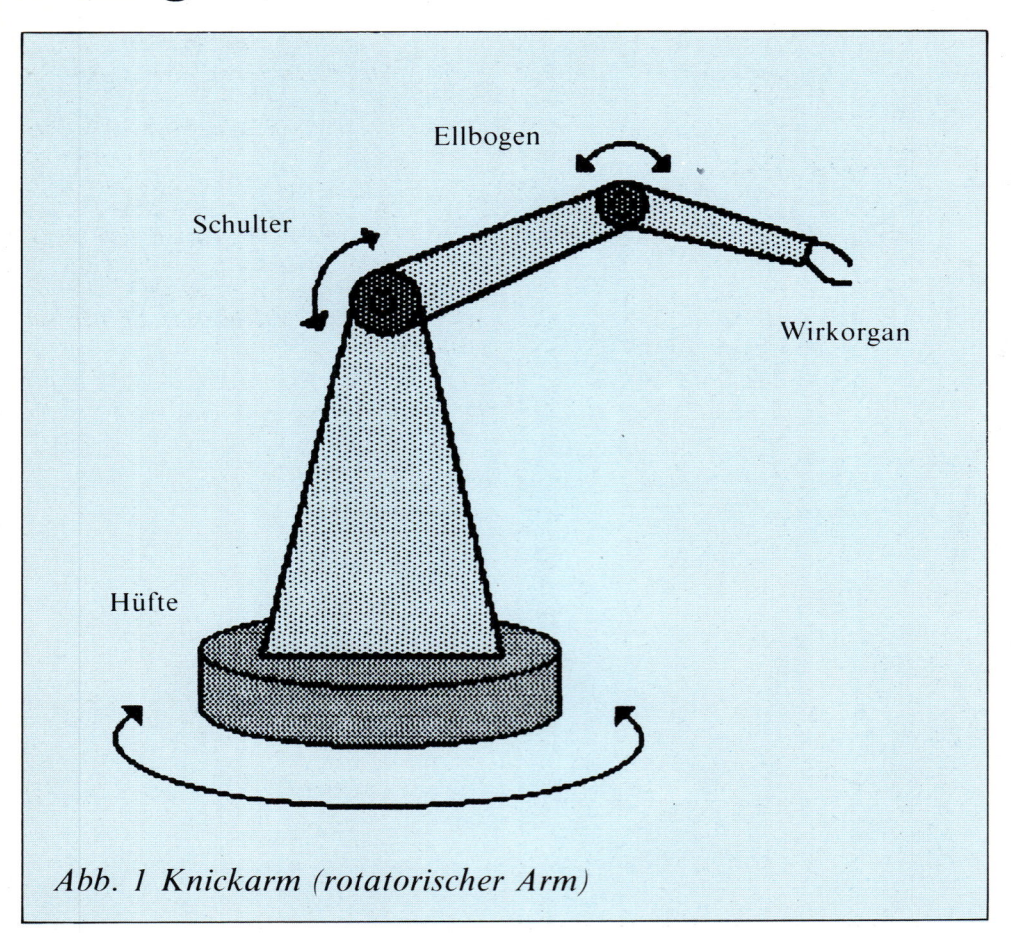

Abb. 1: Die rotatorische Grundbauart (Knickarm) besitzt drei rotatorische Gelenke, die dem Arm ein Höchstmaß an Flexibilität verleihen; ein großer Teil der Zielpunkte innerhalb des Arbeitsraums können auf mehr als einem Wege angesteuert werden (mit dem Ellbogen „oben" oder „unten", aber unter Beibehaltung des Winkels zwischen Ober- und Unterarm) – ein großer Vorteil, wenn der Arm in einem beschränkten oder mit Hindernissen verstellten Raum arbeiten muß.

Abb. 1 Knickarm (rotatorischer Arm)

Abb. 2: Ersetzt man eines der rotatorischen Gelenke des Knickarms durch ein lineares (translatorisches) Stellglied, so erhält man die polare Grundbauart (Schwenkarm). Hier ist der Arbeitsraum eine Kugel, deren Mittelpunkt das Schultergelenk ist. Der Vorteil dieser Bauart gegenüber dem Knickarm besteht darin, daß alle Stellglieder sehr nah beieinander und auf der Mittelachse des Geräts angebracht werden können. Dadurch wird die Gewichtsverteilung innerhalb des Arms wesentlich verbessert, so daß ein größerer Teil der Antriebskraft für die Arbeitslast, statt für das tote Gewicht der Stellglieder zur Verfügung steht.

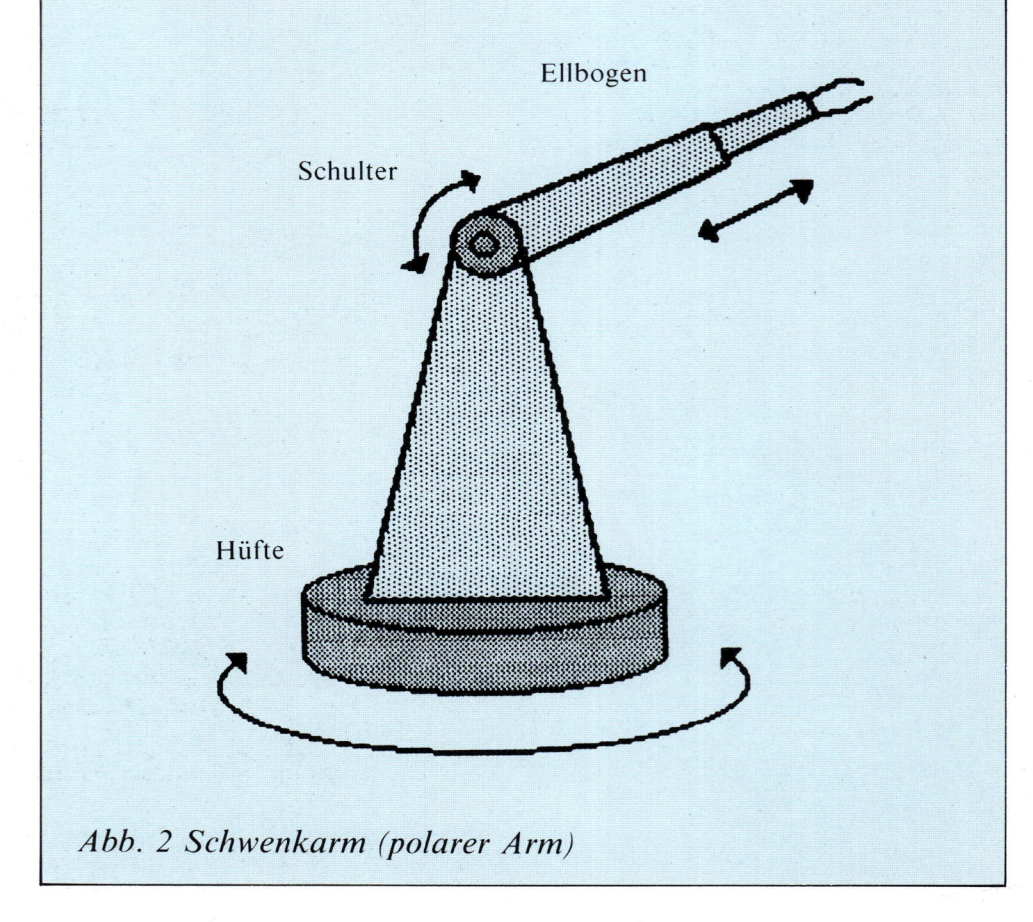

Abb. 2 Schwenkarm (polarer Arm)

Anhang

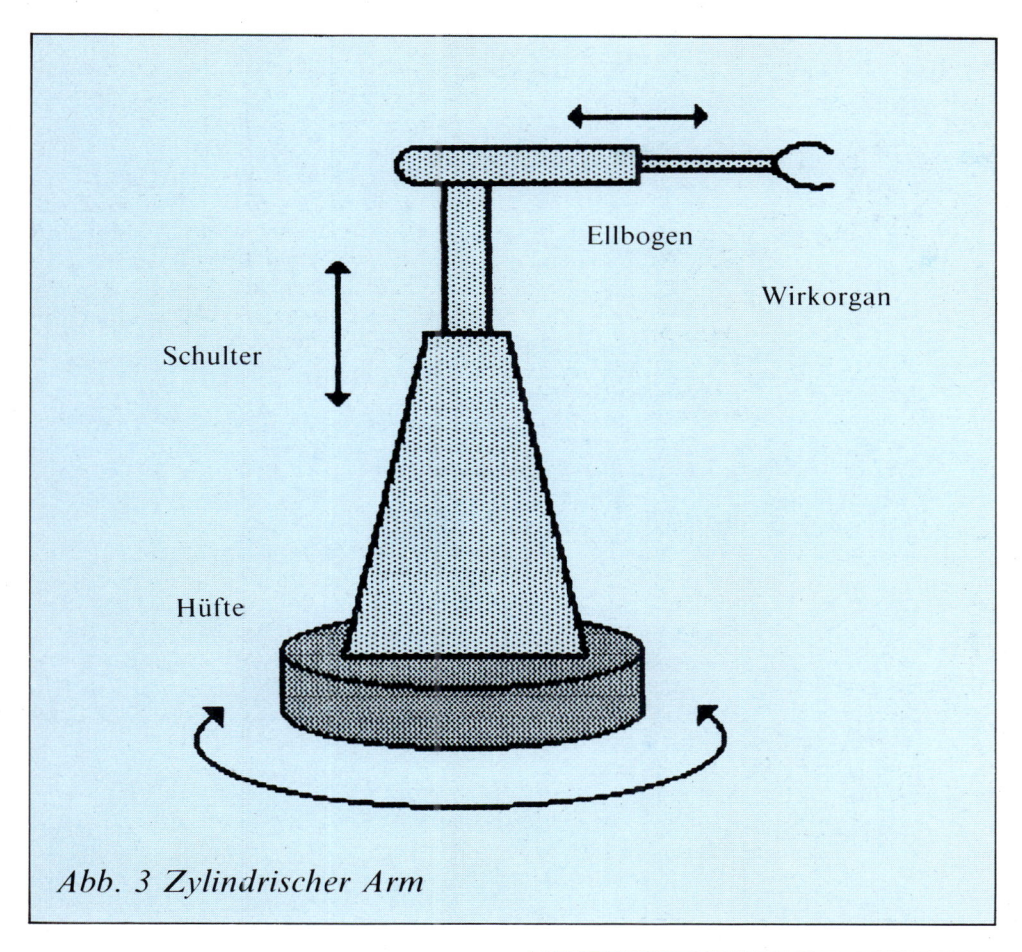

Abb. 3: Mit zwei linearen (translatorischen) Stellgliedern und einem rotatorischen Gelenk bestreicht die zylindrische Grundbauart einen zylindrischen Arbeitsraum, dessen Mittelachse mit der senkrechten Mittelachse des Geräts übereinstimmt. Dieser Arbeitsraum ist zwar etwas beschränkt, aber für viele industrielle Anwendungen sehr gut geeignet, wo die Zielpunkte im Umkreis leicht zugänglich, aber der Höhe nach auf verschiedene Ebenen verteilt sind.

Abb. 3 Zylindrischer Arm

Abb. 4: Die drei linearen (translatorischen) Achsen der kartesischen Bauart machen diese ideal geeignet für Handhabungsarbeiten wie Palettieren und Magazinieren sowie für „Pick-and-Place"-Aufgaben, die sich gut in den kubischen Arbeitsraum einfügen.

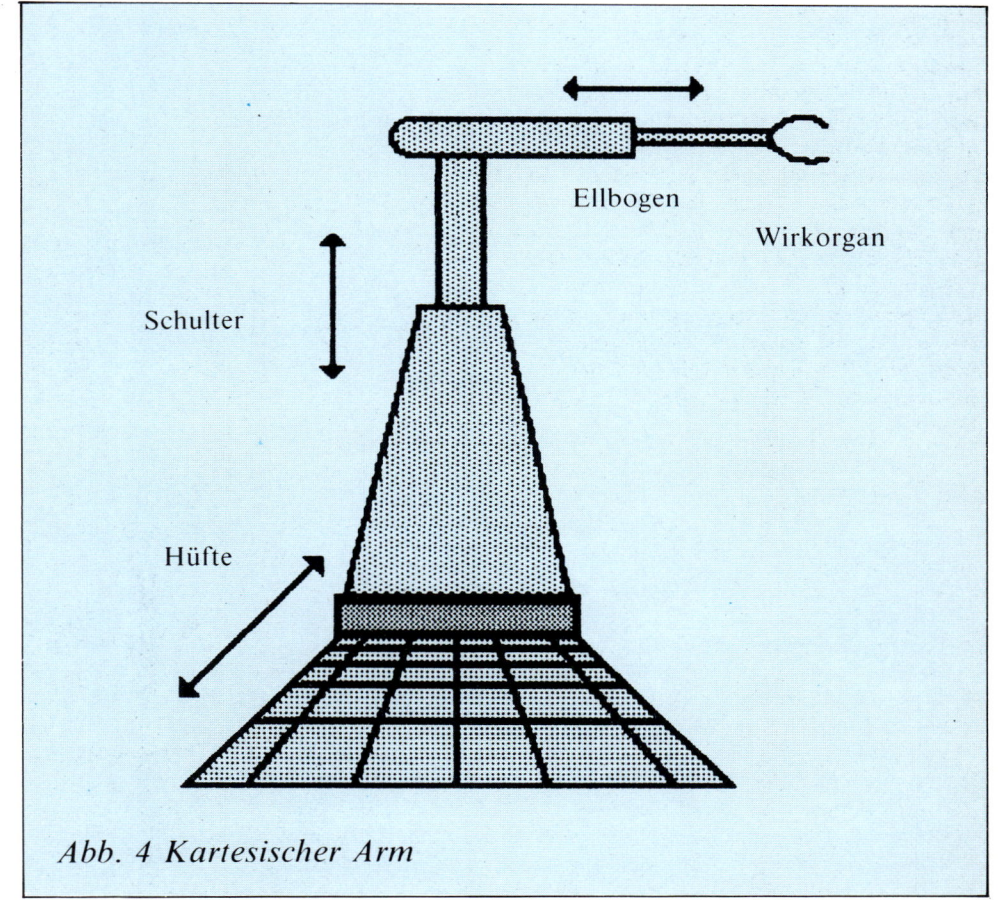

Abb. 4 Kartesischer Arm

Fachwörterverzeichnis

Android
Ein Roboter, der wie ein Mensch aussieht, vielleicht sogar eine menschenähnliche Haut hat. In Romanen ist der Android die häufigste Form eines Roboters und erweckt auch am meisten Furcht. Einen glaubhaft wirkenden Androiden gibt es allerdings noch nicht, und auch kaum kommerzielle Anreize, einen zu erfinden.

Arbeitsraum (seltener: Arbeitsbereich)
Der räumliche Bereich, innerhalb dessen sich der Roboter frei bewegen kann, genauer gesagt, der Raum, der der äußersten Spitze des Wirkorgans zugänglich ist. Der Arbeitsraum wird bestimmt durch die Geometrie der Robotergelenke, dergestalt, daß rotatorische Gelenke sphärische Raumgrenzen und translatorische Gelenke ebene Raumgrenzen erzeugen. Die Form des Arbeitsraums eines Roboters und seine Freiheitsgrade sind entscheidend für die Bestimmung der Aufgaben, für die er am besten geeignet ist.

ATS
Automatisiertes Transport-System mit weder ferngesteuerten noch völlig freizügigen Transportgeräten; es handelt sich in der Regel um unbemannte Flurförderzeuge in Fabriken, die beispielsweise mittels im Fußboden verlegter Leitdrähte auf einem vorbestimmten Kurs gehalten werden und mit Hindernissensoren ausgerüstet sein können.

Automaten
Ein mechanischer Automat, der nicht in der Lage ist, eingegebene Informationen zu verarbeiten, ein Roboter ohne Sensoren. Beispiele für Automaten sind Vaucansons Ente, eine Musiktruhe oder ein Spielzeugroboter.

Binär
Aus zwei Einheiten bestehend. Meistens im Zusammenhang mit dem binären Zahlensystem (auch als duales Zahlensystem bezeichnet) gebraucht, das nur die beiden Ziffern 0 und 1 verwendet. Dieses System eignet sich speziell für die Arbeitsweise von Computern, da diese im wesentlichen aus Schaltgeräten bestehen. Schalter haben zwei Stellungen, Ein und Aus, die sich durch die Ziffern 0 und 1 darstellen lassen.

Einlegeeinrichtungen
Im Amerikanischen Pick-and-Pack-Systeme. Werkstückbewegung von einer Stelle zur anderen, eine alltägliche Arbeit, die Roboterarme besser und billiger ausführen können als herkömmliche Einrichtungen wie Förderbänder, Kräne oder Menschen. Die meisten Industrieroboter nehmen einfach Gegenstände an einem Arbeitsplatz auf und legen sie an einem anderen zurecht.

Exoskelett
Hilfskraftverstärktes Stützgerüst, das den Operateur umgibt und ihn zu größeren und/oder weiteren Bewegungen befähigt.

Ferngreifer (Teleoperator)
Ein fernbetätigtes Gerät, das die Bewegungen des Operateurs nachvollzieht. Die Manipulatoren, die zum Hantieren mit radioaktiven Substanzen aus der sicheren Deckung einer Panzerglasscheibe gesteuert werden, sind ein wohlbekanntes Beispiel. Sie werden aber auch in Form von Kleinmanipulatoren von Chirurgen für komplizierte Eingriffe (etwa an Nerven oder im Gehirn) oder von Facharbeitern beim Zusammenbau von Mikrochips verwendet. (Die amerikanische Bezeichnung „Telechir" ist in der deutschen Fachsprache bisher weitgehend unbekannt.)

Flexible Fertigungssysteme
Das komplette Industrieroboter-„Paket": ein System von Robotern und Software, das an einem Arbeitsplatz für eine bestimmte Aufgabe eingerichtet, aber leicht umprogrammiert und umgestellt werden kann, um andere Aufgaben zu übernehmen.

Freiheitsgrade
Die Anzahl von Bewegungen, die die Gelenke eines Roboters (gewöhnlich eines Roboterarms) aufgrund ihrer Bauweise ausführen können. Beispielsweise hat der menschliche Ellbogen den Freiheitsgrad „eins", während das Handgelenk drei Freiheitsgrade hat.

Kartesische Grundbauart
Ein Roboterarm mit drei linearen (translatorischen) Gelenkbewegungen. Sein Arbeitsraum (Fachausdruck der „Robotiker" für Arbeitsbereich) ist ein Rechtkant.

Künstliche Intelligenz
Ein besonderes Anliegen der Computerprogrammierung, das darauf abzielt (bisher mit begrenztem Erfolg), menschliche Fähigkeiten wie das Treffen von Entscheidungen, die Selbstberichtigung und das Nachprüfen von Vermutungen nachzuvollziehen. Die einschlägige Forschung hat erhebliche Anstrengungen unternommen, Computer (und damit auch Roboter) so zu programmieren, daß sie gesprochene Worte, vor allem auch im Zusammenhang verstehen.

Kybernetik
Die Wissenschaft vom Steuern. Sie wurde von Norbert Wiener aufgrund seiner Untersuchungen über die Rückkopplung bei Organismen und Maschinen begründet. Bei einigen seiner Nachfolger hat sie etwas von der Verbindlichkeit einer Ideologie oder einer Gesellschaftslehre angenommen.

Neuralnetz
Im Verfolg ihrer Bemühungen, menschliche Intelligenz nachzuahmen, haben Forscher analog zu den Neuralverbindungen des Gehirns Gedächtnischips miteinander verbunden; ein solches Netz erwirbt Kenntnisse über seine Umgebung mittels seiner Sensoren anstatt durch Programmierung.

Polare Grundbauart (Schwenkarm)
Bauart eines Roboterarms mit einer linearen (translatorischen) und zwei drehenden (rotatorischen) Gelenkbewegungen. Sein Arbeitsraum ist kugelförmig.

Punktsteuerung (amerikanisch: Point-to-Point)
Bewegungsablauf, bei dem der Roboter zwischen den Fixpunkten seiner Arbeit seine Bewegungsbahn selbst wählt. So kann beispielsweise ein Einlegeroboter so programmiert werden, daß er an einer Stelle aufnimmt und an einer anderen ablegt, ohne daß ihm jedoch ein bestimmter Weg vorgeschrieben wird; dagegen würde ein Roboter mit Stetigbahnsteuerung abgefahrenen oder programmierten Bahnen folgen, die in allen Einzelheiten vorherbestimmt sind.

Robotik, Die drei Gesetze der
Von dem Science-Fiction-Autor Isaac Asimov aufgestellt (der auch die Bezeichnung „Robotik" für die Wissenschaft vom Roboter prägte), sollten diese Gesetze für das Verhalten aller autonomen Roboter maßgeblich sein:
1 Der Roboter darf kein menschliches Lebewesen verletzen oder durch Untätigkeit zulassen, daß einem menschlichen Wesen Schaden zugefügt wird.
2 Ein Roboter muß dem ihm von einem Menschen gegebenen Befehlen gehorchen, es sei denn, ein solcher Befehl würde mit dem ersten Gesetz in Konflikt geraten.

3 Ein Roboter muß seine eigene Existenz beschützen, solange dieser Schutz nicht mit dem ersten und zweiten Gesetz in Konflikt gerät.

Rotatorische Grundbauart (Knickarm)
Bauart eines Roboterarms mit drei drehenden (rotatorischen) Gelenkbewegungen. Sein Arbeitsraum ist kugelig (genauer: torusförmig).

Rückkopplung
Rückspeisung einer von einem System ausgegebenen Information in dasselbe. So meldet beispielsweise ein Thermostat die Temperatur eines Systems an dasselbe zurück, so daß die Temperatur eines Raumes oder des Kühlsystems eines Automobils gesteuert (geregelt) werden kann.

Schrittmotor
Ein als Stellantrieb für Roboterarme oft benützter Elektromotor, dessen Welle sich in genau bestimmten Winkelschritten drehen kann. Die Welle kann daher genau positioniert werden, indem man eine entsprechende Zahl von Steuersignalen an den Motor gibt.

Servomotor
Ein Elektromotor, der mit einem Winkelstellungssensor versehen ist. Die Länge des Steuersignals, das an den Motor gegeben wird, bestimmt die Winkelstellung der Motorwelle. Ein solcher Motor wird oft als Stellantrieb für Roboterarme verwendet.

Stellantrieb (Actuator)
Die Antriebseinrichtungen eines Roboters; sie treiben die beweglichen Teile des Roboters an. Diese Einrichtungen können Elektromotoren, hydraulische oder pneumatische Antriebe sein. Elektromotoren sind sauber, leise und arbeiten mit hohem Wirkungsgrad, aber sie sind auch relativ schwer und müssen auf dem Roboter selbst angebracht werden, so daß sie einen Teil der aufgebrachten Antriebskraft für sich selbst verbrauchen. Für gering belastete Roboter – z. B. für Lehr- und Spielzwecke – werden gewöhnlich Schrittmotoren oder Servomotoren verwendet.
Hydraulische Antriebe sind vergleichsweise schmutzig und laut, aber die Druckpumpe – die die Antriebskraft liefert –, braucht nicht auf dem Roboter selbst angebracht zu sein, so daß die auf den Arm wirkende tote Last gering ist. Derartige Antriebe finden sich an den meisten Industrierobotern.
Pneumatische Antriebe haben dieselben guten Eigenschaften wie hydraulische Antriebe, aber weil komprimierte Luft elastischer ist als die für die Hydraulik verwendeten flüssigen Medien, sind pneumatische Systeme generell nicht so präzise hinsichtlich der Positionierung. Sie werden vor allem dort eingesetzt, wo es besonders auf Sauberkeit ankommt oder Preßluftleitungen bereits vorhanden sind.

Stetigbahnsteuerung
Ein Roboterarm kann entweder durch einen menschlichen Operateur, dessen Bewegungen er folgt (Abfahren einer Bahn), eingesteuert oder für den gewünschten Bewegungsablauf (z. B. Schweißen oder Farbspritzen) programmiert werden. Solche Bewegungen sind für den Roboter schwieriger als das freizügige Anfahren einzelner Positionen, da sich im ersteren Fall möglicherweise mehrere Gelenke des Arms gleichzeitig bewegen müssen. Man stelle sich beispielsweise vor, daß ein rotatorischer (Knick-) Arm eine gerade Linie beschreiben soll.

Wirkorgan (auch: Endeffektor)
Das Gerät am Ende eines Roboterarms. Man sollte es nicht als Hand bezeichnen, da es die verschiedensten Formen annehmen kann – vom Schraubenschlüssel bis zum Laser.

Zylindrische Grundbauart
Bauart eines Roboterarms mit zwei linearen (translatorischen) und einer drehenden (rotatorischen) Gelenkbewegung. Sein Arbeitsraum hat die Form eines Zylinders.

Literaturverzeichnis

Joseph F. Engelberger, *Industrieroboter in der praktischen Anwendung*, Carl Hanser Verlag, München, Wien 1981

Igor Aleksander, Piers Burnett, *Die Roboter kommen – Wird der Mensch neu erfunden?* Birkäuser Verlag, Basel, Boston, Stuttgart 1984

Siegfried Kämpfer, Roboter, *Die elektronische Hand des Menschen*, VDI-Verlag, Düsseldorf 1985

Norbert Wiener, *Mensch und Menschmaschine*, Alfred Metzner Verlag, Frankfurt am Main, Berlin 1952

Karl Steinbuch, *Automat und Mensch*, Springer Verlag, Berlin, Göttingen, Heidelberg 1961

Bildquellen

A One Design/Commotion 26 oben, 63 *AD Creative* 99 oben *Pete Addis* 15 *Apple Computer Limited* 17 unten *Art Directors* 53 Mitte *A.S.E.A.* 42 *B.B.C.* 122 links *BBC Hulton Picture Library* 11 oben, 18, 19, 21, 23, 65, 123 oben links *J. Billingsley* 89 unten, 90–91 *Cincinnati Milacron* 66, 67, 72–73 *C.N.R.S.* 61, 99 unten *Colorific!* 11 unten, 16 oben, 25, 26 unten, 29, 30 unten, 32, 35, 38, 39, 44, 45, 53 unten, 59 oben, 83 oben, 84, 86, 87, 88, 89 oben, 94–95, 150 oben *Conran Foundation* 102 *De Vilbis* 74 *Economatics* 97, 98 unten *Mary Evans* 7, 12, 124 *Fanuc Limited* 59 unten *Joel Finler* 137, 144, 145, 160 *Foster Berry Associates* 104–105, 106, 107 unten *Ronald Grant Archive* 130 oben, 131 unten, 132 *Sally und Richard Greenhill* 96, 100, 101, 102 *Alex Hamilton* 22 unten *David Hardy* 117 unten, 119 *The Image Bank*, Al Sutterwhite 66 *Mat Irvine* 117 oben *Kinnear* 98 oben *John Knight* 41 *Kobal Collection* 9, 94, 121, 125, 128, 129, 131 oben, 133, 134, 136–137, 139, 142–143, 143 *Mander and Mitchenson Collection* 122 rechts, 123 oben rechts, 123 unten *M.A.R.S.* 114–115 *Mason Bryer Studios Limited* 107 unten *Meta Machines* Schmutztitel Seite 1 *Alan McKenzie* 130 unten, 135 *Musée d'Art et d'Histoire* 10 links *N.A.S.A.* 116, 118–119, 151 unten *National Film Archive* 126, 127, 138 *Novosti Press Agency* 22 oben, 112–113 *Origa Limited* 28 unten *Photosource* 68, 83 unten, 148 *Redwood Publishing* 103 *Rex Features* Vorsatz, 30 oben, 58, 74–75, 108 *Ann Ronan Picture Library* 13 *Science Photo Library* 149 oben, 151 oben *Spine Robotics* 75 *Frank Spooner Pictures* 40, 76, 77, 80, 81, 82, 93, 140, 140–141, 141, 150 unten *Tony Stone* 28 oben, 31, 47, 49, 53 oben, 54–55, 55, 79 oben *Sunday Times* 34–35, 36 *Tass* 34, 111, 116 *Texas Instruments* 52 oben *Topham* 14 unten, 17 oben, 20, 46–47 *Trustees of the Science Museum* 14 oben, 16 unten *Tsukuba* 70, 71 *United Kingdom Atomic Energy Authority* 69, 78, 79 unten *Universal Machine Intelligents* 37, 43, 85 *Wellcome Institute* 9 oben *Young Artists* 4–5, 56–57, 147, 149 unten, 152–153, 154–155, 156, 157, 158–159, 161 *Zefa* 27, 52 unten, 54

Register

„2-XL 102" 96
Adams, Douglas 141
   Per Anhalter durch die Galaxis
Addierer 49
   Halb und Volla. 50, 51
AI (Artificial Intelligence)
   s. künstliche Intelligenz
Algebra 13, 20
Allen, Woody 92, 94
„Alpha" 20
Antrieb
   elektrischer 38, 41, 42
   hydraulischer 29, 38, 42
   linearer 42
   pneumatischer 38, 42
   durch Windflügel 149
   Drehmoment-Charakteristik 40, 41
Apple Corporation 17, 23
„AMF"-Versabran 75
Arbeitsraum/-bereich 29, 30, 32, 35, 75, 76, 81, 92, 154, 162, 163
Armdroid 34
ASEA 42, 74, 75
Ashby, W. Ross 18
Asimov, Isaac 120, 122
   Strange Bedfellows
   Satisfaction Guaranteed
Atari Computers 92
Aufnehmen u. Ablegen 29, 30, 73, 107, 163
Autonomes Lenkfahrzeug (AGV) 43, 44

Babbage, Charles 11, 13
   „analytische Maschine" 13
   automatisches Rechnen 11
   „Differenz-Maschine" 11
Battelle Institute 72, 88
BBC – Mikrocomputer 62, 63
   „Buggy" 97, 102
   geräte 98
„Beasty" 62
„Big Trak" 96, 102, 107
Billingsley, John 89, 90
Binäre Zahlen 48, 49, 50, 51, 91
Blake, William 6
Boole, George 13, 20
   s. a. Algebra
Bradley, Milton 96, 102
Burroughs, Edgar Rice 120
Bushnell, Nolan 92

„C3 Po" 9, 92, 136, 138, 141
Čapek, Karel 18, 24, 120, 122
   Rossums Universal Roboter Opilec
   s. a. RUR
Carpenter, John 129

Chaplin, Charlie 9
Cincinnati „Milacron" 32, 67, 75
Cincinnati „T3" 73, 75
„Claire, Mademoiselle" 13
Clarke, Arthur C. 120, 127, 140
   Sentinel
   Die letzte Generation
Cleese, John 108
„Colossus" 14
Computer 46
   Entwurf v. Schaltungen 54
   Fehlererkennung u. -beseitigung 75
   Gedächtnis 47, 60
   Programmieren 13, 50, 51
   Röhren u. Transistoren 14, 47, 48, 49
   Rechnen (Arithmetik) 48, 49
   Rechenschaltung 49
   s. a. Sensoren
Computersprachen
   Ada 13
   AML 88
   BASIC 88
   FORTRAN 14, 88
   LOGO 96, 101, 102
   VAL 88
CPU (Zentraleinheit) 46
Cranfield-Polytechnikum 36

Daedalos 6, 8
Daniels, Alan 146, 147
„Darleks" 127
Descartes, René 8, 10, 30, 136
Devol, George C. 17, 60, 67, 73
Dezimalsystem 48
Dick, Philip K. 140
   Do Androids Dream of Electric Sheep?
Direktzugriffsspeicher s. „RAM"
Disney, Walt 143
Drehmoment
   Faktor bei Roboterkonstruktion 38
Drosdowa, Galina 22

„EDSAC" (Electric Delay Storage Automatic Calculator) 20
„Electro" 120
Einlern-Steuergeräte 26, 27, 34, 64, 65
Engelberger, Joe 15, 17, 24, 64, 76, 122
   s. a. Unimation
„Ente" 8, 9
Exo-Skelette 80, 81, 108, 120

Freeman, Michael 96
Fertigungssysteme, flexible 78
Filme:
   -2001- Odyssee im Weltraum 127, 132

Bladerunner 140
Der Clown u. d. Automat 125
Dark Star 129
Demon Seed 138
Forbidden Planet 125, 127, 130, 131
Frankenstein 8, 120, 125, 127, 128, 129
Futureworld 135
Der Golem 6, 120, 125, 126, 127
Heart Beeps 145
Der Homunkulus 125, 126, 127
The Invisible Boy 127, 130, 131
Krieg der Sterne 35, 92, 108, 136, 138, 139
Logans Run 144, 145
Metropolis 120, 127, 129, 140
Moderne Zeiten 9
Mysterious Dr. Satan 127
Saturn Drei 135
Das Schwarze Loch 142, 143
Silent Running 136, 138
Sleeper 92, 94
Der Tag, an dem die Erde stillstand 131
Westworld 134, 135, 137
Dr. Who 127
Der Zauberer von Oz 120, 127
Freiheitsgrade 35, 36, 73
Fügsamkeit (Fügemechanik) 76

Galatea 6
Galilei 42
„Genesis"-Arm 92
Gernback, Hugo 120
   Amazing Stories
Gilbert, U. S. 6
„Gort" 127, 131, 141
Grainer, Ron 127

„HAL" 129, 132, 141
Halbaddierer 50
Hardner, Robert 13
Harrison, Harry 125
   Bill, The Galactic Hero
Heath Zenith 92
„Hector" 135
Heinlein, Robert 81, 92, 122, 125
   Revolte auf Luna
   Starship Troopers
   Waldo
Hephästos 6
„Herman" 69
„Hero 1" 92
Heron v. Alexandria 8, 96
Hollerith, Hermann 13, 14
   s. a. IMB
Honeywell Inc. 70
„Hubot" 92

Ikarus 8
IBM 13, 14, 36, 88, 92, 120
   Hermann Hollerith und TRC 14
   Roboter-Arm 7535 76
   Neuorientierung 20
   Personal Computer 36
Intelliboter 43
Intelligent Knowledge-Based System (IKBS) 88
Intelligenz, künstliche 36, 62, 82, 88, 90, 91, 132

Jacquard, Joseph Marie 13
Jacquet-Droz, Pierre 8, 10
   s. a. „Schreiber"

Kenward, Cyril C. 67, 73
Kilby, Jack 52
Kubrick, Stanley 127, 132
Kybernetik 18

Laccy, Bruce 108
Lang, Fritz 127
   s. a. Filme: Metropolis
„Leachim" 96
Leibniz, Gottfried W. 13
Lovelace, Ada Gräfin 13
Löw, Rabbi 6
Lucas, George 136
   s. a. Filme: Krieg der Sterne
„Lunochod 1" 110, 112, 113, 120

Manipulator 68
„Maria" 127, 129, 140
„Mark Twain" 24, 25
Mars-Expedition 110, 117
   s. a. Viking
„Marvin" 141
Maus
   elektromechanische 20
   „Lisa" und „Macintosh" 23
   Mikromaus v. Battelle 88
   Mikromaus-Wettbewerb 23, 89, 90, 91
„Meldog Mk 1" 108
Méliès, Georges 125
Mikrochip 17, 32, 36, 46, 53, 54, 91, 98
   Entwurf 47
„MINERVA"(-System) 91
Molang, Ole 73
Mond-Expedition 110, 112, 113
Moore, George 8
   „laufende Lokomotive" 8, 13
„Morfax Marander" 72

NEIN-Gatter 49
„Neptune"-Arm 92
Neuralnetz 90, 91, 132

ODER-Gatter 47, 49
„Odex 1" 45

Omnivac 38
Optimierung 86

Papert, Seymour 101, 102
   Mindstorms
Pascal, Blaise 13
Pawlow, Alexander 22
Peddle, Chuck 98
„Personal Computer" 17, 36, 37, 46, 98, 99
   Apple II 92
Pick and Place
   s. Aufnehmen u. Ablegen
Prothesen 82
„PUMA" 76
Pygmalion 6

„R2 D2" 24, 108, 136, 138
„RB5X" 92
Raketenantriebe, spekulative 117
„RAM" 47, 91
„real-time" 151
Reflexhandlung 58
„Rhino XR" 96
„Rivet" 69
RMS (Remote Manipulator System) 42, 110, 115
„Robbie" 120, 127, 130, 131, 138, 141
„Robo 1" 107
Roboter
   Bewegungsarten 24, 35, 36, 40, 44, 45, 150
   Blindenhunde 84, 86, 108
   Definition 24
   Einsatzbedingungen, schwierige 67, 68
   Entwicklungsgeschichte 6, 8, 9, 10, 11, 12, 13, 64
   Fahrzeuge 42, 43
   Ferngreifer 69, 78, 79
   Gehirn 46–63, 91
      Diagnoseprogramme 76
      Informationserwerb u. Auswertung 18
   Haushaltseinsatz 92, 93, 108
   historische Parallelen 6
– Industrielle Nutzung
   Atomkraftwerkswartung 69, 70, 71
   Botengänger 72
   Farbspritzen 18, 32, 42, 75, 88
   Lastenheben 26, 27, 28
   Kabellegen 68
   Montage 18, 32, 75, 76
   Packettiergreifer 73
   Schweißen 18, 30, 32, 67, 73, 74, 75, 76
   Saugnäpfe 64, 65
   Überwachungsaufgaben 72, 73
– Intelligenz 51, 88
   s. a. Intelligenz, künstl.
   Kampfroboter 156, 157, 158, 159
   Klavierspielende 22, 85, 150
   u. Krieg 13, 14, 67, 146, 156
   für Lehrzwecke 22, 34, 36, 37, 92, 96, 99, 102
   i. d. Medizin 108, 109

menschlicher Körperbau u. Roboter 80, 81, 82, 84, 85
   u. Minen-Suche 70
   Mode 145
   Mond 110, 112, 113
   Navigation 44
      s. a. Sat-Nav-Systeme
   Optische Systeme/Sehvermögen 58, 59, 60, 61, 62, 74, 150
   Ortsgebundenheit 42
   pokerspielende 138
– Programmierung
   numerische 85
   -smöglichkeiten 13, 24, 26, 34, 50, 51, 64, 65
   u. Satelliten 110
   schachspielende 24, 26
   Schafschur-Roboter 60
   als Schaufensterpuppen 102–108
   Segelboot 149
   u. selbständiges Arbeiten 73
   Selbstwahrnehmung d. Laserabtastung 58
– Sensoren für
   Akustik 62
   Berührung 58, 60
   Datenverknüpfung 58, 60
   Gehör 92
   Geruch 62, 68
   Geschmack 68
   Optik 58, 59, 60, 61, 62, 74, 92, 150
   Position 40
   Sprachsynthese 92
   Tastempfindung 77
   Wärme 62
– soziale Bedeutung 24, 27, 146
   sozio-industrielle Folgen 64, 67
   als Spielzeug 92, 96, 102–107
   Stückzahlen i. d. Industrie 78
   tanzende 108
   Tanzsitten, Nachahmung 108
   tischtennisspielende 40, 41, 62, 89
   als Übungspatient 108
   für Unterhaltungszwecke 22, 46, 92
      s. a. Spielzeug
   Untertagebau 68
   Unterwassergeräte 68, 70, 82, 149
   im Weltraum 110, 111, 112, 115, 116, 117, 119, 156
   Weltraumbesiedlung 119, 156
   Zukunftsausblick 146–161
Roboterarm 17, 24, 26
   i. d. Automobilindustrie 30, 32, 62, 74
   Bezeichnungen, irreführende 32
   Greiferkonstruktionen 29, 30, 31, 32, 42, 92
   Grundbauart
      kartesische 29, 30, 32, 36, 73, 163
      polare 29, 162
      rotatorische 29, 30, 35, 163
      zylindrische 29, 162, 163
– Industrielle Anwendung (allg.) 30, 32, 42, 53, 60, 61, 64, 81, 88, 92
   Patent, erstes 17
   Produktivitätssteigerung 64
   Vielseitigkeit 26, 32

Robotik 10, 11, 64, 67, 122
„Rocomp" 72
Rosenblueth, Arturo 18
Rossums Universal-Roboter
   s. RUR
„R-Theta" 43
Rückkopplung 18
   in Exo-Skeletten 80, 81, 82, 84
   und Homöostase 20
   Wattscher Dampfregler 10
„RUR" (Rossums Universal-Roboter) 18, 24, 122

Sat-Nav-Systeme 109, 149
„SCARA" 76
Schaltung, integrierte (IC) 52, 54
„Schildkröte" 20, 22, 23, 60, 88, 96, 101, 102
„Schreiber" o. „Schriftsteller" 8, 9
Schreitender Transporter 82, 83, 85
Schrittmotor 40, 88, 92, 96, 98, 101
SDI (Strategic Defense Initiative) 110
„Seehund" 68
Servomotor 40, 41, 42
Shaw, G. B. 6
Shannon, Claude 20, 90
Shelley, Mary 8
   Frankenstein
Silicium 6, 14, 53

Simak, Clifford D. 125
   City
Sinclair, Sir Clive 98
SIRCH-Mustererkennungssystem 76
Sirius Cybernetic Corp. 141
„SKAMP" 149
Stetigbahn 75
„Surveyor" (Mondflug) 110

Talos 6
Taylor Hitac 70
Telechir 69, 78, 79, 81, 122, 154
Telemanipulation 78, 110
Texas Instruments 52
„THX 118" 137
Tilotama 6
„Tobor" 130, 131, 138
„TOPO" 92, 94
Trallfa 73
Trumbull, Douglas 136
Transistor 14, 16, 47, 48, 49
Turing, Alan 14
„Türke" 8

UMI 43
UND-Gatter 47, 49
Unimation Inc. 15, 17, 24, 64, 67, 73, 76, 88, 120
Unterwassergerät GE/DEMS 70

Vancanson, Jaques de 89
„Ver-bot" 107
Venus-Expedition 110, 117
„Viking" 110, 117
Viller, Phillipe 64
„Vincent" 143

„Waldo" 79, 81, 137
Walter, Grey 20, 22, 23, 60, 88, 102
Warrick, Patricia 122
   The Cybernetik Imagination in Science Fiction
„Wasubot" 22
Watson, Thomas J. 20, 92
   s. a. IBM
Watt, James 10
Wegener, Paul 125
Wells, H. G. 110, 120, 124, 125
   Der Krieg der Welten
Westinghouse 120
Wiener, Norbert 18
Wilkes, H. V. 20
Wirbelsäulen-Bauweise 75
WISARD 91, 122, 132
Wozniak, Steve 17, 98

Yamaha 22